AF357312

NOUVEAUX ÉLÉMENS

DE

BOTANIQUE.

IMPRIMERIE DE RIGNOUX.

NOUVEAUX ÉLÉMENS

DE

BOTANIQUE,

ET

DE PHYSIOLOGIE VÉGÉTALE.

SECONDE ÉDITION,

REVUE, CORRIGÉE ET AUGMENTÉE,

Par Achille RICHARD,

DOCTEUR EN MÉDECINE, DÉMONSTRATEUR DE BOTANIQUE A LA FACULTÉ DE MÉDECINE DE PARIS, PROFESSEUR SUPPLÉANT A LA FACULTÉ DES SCIENCES, MEMBRE DE LA SOCIÉTÉ PHILOMATIQUE ET DE LA SOCIÉTÉ D'HISTOIRE NATURELLE DE PARIS, CORRESPONDANT DE LA SOCIÉTE LINNÉENNE DE BORDEAUX, DE LA SOCIÉTÉ DES CURIEUX DE LA NATURE DE BONN, ETC., ETC.

Avec huit planches gravées en taille-douce, représentant les principales modifications des organes des végétaux.

A PARIS,

CHEZ BÉCHET JEUNE, LIBRAIRE,

PLACE DE L'ÉCOLE DE MÉDECINE, N° 4.

1822

BENJAMINO DELESSERT,

INTER REGIÆ SCIENTIARUM ACADEMIÆ

LIBEROS SOCIOS

ADNUMERANDO;

VIRO AMOENISSIMO ET JUCUNDO,

PRÆ CÆTERIS OFFICIOSISSIMO;

PRÆSTANTISSIMO STUDIORUM

BOTANICORUM PATRONO;

HUNCCE LIBRUM,

PERPETUUM

REVERENTIÆ ET GRATITUDINIS

MONUMENTUM ET SACRUM

ESSE VOLUIT

ACHILLES RICHARD.

AVERTISSEMENT

DE LA

SECONDE ÉDITION.

L'accueil favorable dont le public a daigné honorer la première édition de cet ouvrage, a été pour nous un motif de plus pour mettre tous nos soins à en faire disparaître, autant que possible, les imperfections qui pouvaient s'y trouver. En effet ceux qui compareront les deux éditions, remarqueront dans celle que nous publions aujourd'hui non-seulement des changemens et des additions considérables à un grand nombre des articles déjà existans, mais encore des chapitres entièrement nouveaux : tels sont ceux de la théorie de l'accroissement des végétaux, de la greffe, de la marcotte, de la bouture, de la défoliation, des nectaires, etc.

Quelques personnes s'étaient plaint du peu d'extension des différens articles de physiologie végétale. Nous nous sommes empressé de donner à cette partie intéressante de la

A

Botanique des développemens suffisans, pour
la mettre en harmonie avec le reste de l'ouvrage. Aussi avons-nous cru devoir modifier
le premier titre de ces élémens, en y indi-
quant que la physiologie végétale n'y était
point négligée.

Quelques critiques, plutôt dans l'intention
de faire parade de leur érudition que dans
le but d'améliorer notre ouvrage, nous ont
reproché d'avoir oublié de donner l'explication de quelques expressions destinées à
représenter des modifications d'organes tellement rares, que plusieurs nous étaient
presque inconnues. Malgré l'empressement
que nous avons montré dans toutes les autres
circonstances de suivre les conseils bienveil-
lans que l'on a daigné nous donner, nous
n'avons pas cru devoir remédier à l'oubli qui
nous a été reproché. En effet notre intention
n'a pas été, en composant cet ouvrage, de
faire un traité complet d'organographie botanique, de donner la liste et l'interprétation
de tous les mots employés dans la langue
technique de cette science, mais seulement
de présenter avec précision et clarté les bases
fondamentales de la science des végétaux,

ne perdant pas de vue que notre ouvrage a spécialement été composé pour les jeunes gens qui se destinent à l'étude de l'art de guérir.

En terminant cet avertissement nous saisirons cette occasion d'adresser nos remercîmens à MM. les professeurs de botanique qui ont daigné distinguer notre ouvrage et en recommander la lecture à leurs élèves, et en particulier à MM. Desfontaines, professeur au Jardin du Roi; Delile, professeur à la Faculté de médecine de Montpellier; Nestler, professeur à la Faculté de médecine de Strasbourg; Guiart, professeur au collége de pharmacie de Paris.

PRÉFACE

DE LA

PREMIÈRE ÉDITION.

L'ouvrage que nous publions aujourd'hui, sous le titre de NOUVEAUX ÉLÉMENS DE BOTANIQUE, appliquée à la médecine (1), était vivement désiré par les personnes qui se livrent à l'étude de la Botanique, et surtout par les nombreux élèves qui suivent les cours de la Faculté de médecine de Paris. Depuis long-temps, un grand nombre d'entr'eux s'étaient adressés à mon père, pour l'engager à rédiger et à publier les leçons élémentaires de Botanique que, depuis 25 ans, il faisait à la Faculté de médecine de Paris. Mais d'autres occupations, et surtout la direction qu'il avait imprimée à ses travaux, dont le but principal était le perfectionne-

---

(1) Tel était le titre de la première édition : nous avons cru devoir le changer pour la seconde, à cause des changemens et des additions considérables que nous y avons faits.

ment de la partie philosophique de la science,
l'avaient constamment détourné de l'exécution de ce projet. C'est donc d'après ses conseils, et en quelque sorte sous sa direction, que
j'ai entrepris le travail que je livre aujourd'hui
au public. Je ne me suis point dissimulé ses
nombreuses difficultés : la composition d'un
livre élémentaire est loin d'être facile. Cependant je ne suis pas très-éloigné de croire que,
pour présenter les élémens d'une science avec
simplicité, précision et clarté, il ne faut point
encore avoir eu le temps d'oublier quels sont
les obstacles que l'on a rencontrés soi-même,
afin de les aplanir devant ceux que l'on dirige dans la même carrière.

Attaché depuis plusieurs années, en qualité
de démonstrateur de Botanique, auprès de
la Faculté de médecine de Paris, je me suis
principalement occupé des moyens les plus
convenables pour simplifier les élémens de
cette science. C'est surtout en rédigeant cet
ouvrage, que j'ai voulu élaguer de la Botanique les inutiles et vagues hypothèses, les
détails fastidieux dont on l'a souvent et inu-
tilement surchargée. Destinant principalement ce livre à l'instruction des jeunes gens

qui s'adonnent à l'étude de l'art de guérir, sachant le nombre et l'importance des connaissances qu'ils doivent acquérir, connaissances au nombre desquelles la Botanique occupe un rang distingué, je me suis efforcé de ne leur présenter que les notions en quelque sorte indispensables de cette branche de leurs études. Je n'ai voulu leur offrir de la Botanique que les principes les plus généraux et les mieux établis, que ceux enfin, à l'aide desquels ils puissent facilement arriver à la connaissance exacte des plantes officinales.

Car, quel est le but du médecin, en se livrant à l'étude de la Botanique? Il ne veut point embrasser l'immense étendue de cette science : il cherche simplement à connaître ses principes fondamentaux, et à savoir par quels moyens il peut parvenir à distinguer imperturbablement les différens végétaux utiles à l'homme, pour combattre ses maladies ou satisfaire ses besoins.

En effet la Botanique est une source intarissable de remèdes efficaces pour le médecin qui sait y puiser. Est-il une autre classe de corps naturels qui lui offre autant de médicamens utiles, que celle des végétaux? Or quel est le médecin instruit, jaloux d'exercer son art avec la noblesse et la supériorité qui l'élèvent au-dessus de tous les autres, quel est le médecin, dis-je, qui peut, sans quelque honte, prescrire chaque jour à ses malades des plantes qu'il connaît à peine de nom, qu'il n'a jamais vues fraîches, et qu'il ne saurait distinguer de celles même avec lesquelles elles n'ont aucun rapport, parce qu'il n'en a point étudié les caractères! C'est le chirurgien qui, pratiquant une opération, ignore les organes que divise son instrument. Le médecin, dans ce cas, se montre non-seulement au-dessous de l'opinion avantageuse qu'on a pu concevoir de lui, mais par son inexpérience condamnable, il se met dans le cas d'approuver les erreurs les plus préjudiciables, et de sanctionner les méprises les plus funestes à l'humanité souffrante.

Qui n'a point, en effet, entendu parler de ces empoisonnemens causés par l'ignorance de quelques herboristes qui, au lieu d'une plante salutaire, en avaient donné une autre douée de propriétés vénéneuses? Si le médecin chargé du soin des malades auxquels un pareil accident arrive, eût possédé les connaissances nécessaires de Botanique, il eût reconnu l'erreur grossière de l'herboriste, et en eût prévenu les funestes effets; ou du moins il eût pu, connaissant l'action délétère du végétal employé, administrer à temps les remèdes propre à la neutraliser.

C'est ainsi, pour n'en citer qu'un exemple, que la ciguë a souvent été prise pour une autre ombellifère, douée de propriétés bienfaisantes et avec laquelle elle pouvait avoir quelque ressemblance par les caractères extérieurs, mais dont elle différait essentiellement par les organes de la fructification.

Un avantage non moins inappréciable que le médecin trouve dans l'étude de la Botanique, c'est de pouvoir remplacer par d'autres plantes plus communes ou plus à sa portée, les végétaux que l'on emploie habituellement, mais qui ne croissent pas dans le pays qu'il habite, ou qui y sont d'un prix trop élevé. Il pourra, en effet, opérer facilement ces substitutions, quand l'étude des familles naturelles sera venu l'éclairer sur les principes qui doivent le guider dans cette opération. Ainsi, il saura que tous les individus d'une même espèce jouissent essentiellement des mêmes propriétés médicales ; que les espèces d'un même genre possèdent des vertus analogues, et que souvent tous les genres d'une même famille naturelle de plantes participent des mêmes propriétés. D'après cette connaissance il substituera indistinctement à tel genre de la famille des Crucifères, tel autre qu'il se procurera plus facilement, parce que tous les genres de cette nombreuse famille ont pour principe une huile essentielle, âcre et stimulante, qui leur donne une propriété tonique et antiscorbutique qu'on retrouve dans presque toutes les espèces. Il en sera de même de la famille des Labiées, des Graminées, des Malvacées, et de beaucoup d'autres encore.

Mais il apprendra également qu'il est certaines familles, tout aussi naturelles, sous le rapport des caractères botaniques, où ces substitutions ne sont pas praticables, ou du moins ne peuvent être faites qu'avec la plus scrupuleuse attention. Ainsi, dans la famille des Solanées, à côté de la pomme de terre on trouve la mandragore ; près du bouillon-blanc, la jusquiame et la belladone. De même, dans les Euphorbiacées, il trouvera des substances si différentes par leurs propriétés, que les unes sont des alimens, ou des médicamens utiles, les autres de véritables poisons. Par exemple, cette famille nous offre la cascarille, le manioc qui forme la base de la nourriture des Indiens de la Guyane, et à côté le genre *euphorbia*, le *hura* et d'autres encore dont le suc laiteux, âcre et brûlant, peut devenir un poison violent. Ce que nous venons de dire des Solanées et des Euphorbiacées est encore vrai pour un grand nombre de familles. En résumé, l'étude de la Botanique enseignera au médecin quelles sont les familles naturelles de plantes où tous les genres jouissent des mêmes propriétés, quelles sont celles où l'on retrouve des propriétés analogues dans certains genres ; enfin les familles dans lesquelles chaque genre jouit de propriétés différentes et où toutes les espèces sont souvent délétères.

On exagère en général les difficultés attachées à l'étude de la Botanique. Les jeunes gens surtout qui se destinent à l'art de guérir, se rebutent et se découragent aux premiers obstacles qu'ils rencontrent, sans faire

le moindre effort pour les surmonter. Préve-
nus presque toujours contre cette science, ils
ne se donnent pas la peine de l'étudier, ou
l'étudient avec tant de légèreté et si peu de
méthode, qu'ils emploient, pendant plusieurs années, une partie de leur temps,
pour n'acquérir que des notions vagues et
incertaines. Il est facile de démontrer, par
l'expérience journalière, que ce peu de réussite dépend évidemment de l'idée fausse
qu'ils se sont formée de cette science, et de
la mauvaise marche qu'ils ont suivie dans
son étude.

Les uns, en effet, croyant que toute la
Botanique consiste dans la connaissance pure
et simple du nom des plantes, et surtout de
celles qui sont employées en médecine, ne
s'occupent nullement des caractères propres
à chacune de ces plantes, c'est-à-dire des
signes qui servent à les reconnaître et à les
distinguer. Qu'arrive-t-il de là? c'est que
bien qu'ils aient un grand nombre de noms
dans la tête, ils ne connaissent réellement
aucun de ces végétaux, de manière à pouvoir
le distinguer de tous les autres : semblables
à celui qui, voulant étudier une langue, ap-

prendrait par cœur un grand nombre de mots, sans connaître la valeur et le sens attaché à chacun d'eux, et qui cependant voudrait en faire usage.

D'autres, au contraire, n'ayant pas étudié les principes fondamentaux avec soin et attention, veulent sur-le-champ reconnaître et distinguer les différentes plantes, dans les ouvrages où elles se trouvent décrites. Mais à chaque pas ils sont arrêtés par des difficultés qu'ils ne peuvent vaincre. En effet d'où sont tirés les caractères au moyen desquels on peut reconnaître et distinguer un végétal de ceux avec lesquels il a plus ou moins de rapport? Ne sont-ce pas les organes des plantes, les nombreuses modifications qu'ils éprouvent, qui servent au botaniste de signes propres à caractériser les différens végétaux? Or il est de toute évidence que pour pouvoir reconnaître une plante dans une description quelconque, il faut pouvoir apprécier le sens et la valeur des expressions employées pour la décrire. Près de quarante mille espèces de végétaux sont aujourd'hui connues. Trois ou quatre mots bien choisis servent souvent à caractériser une plante, et à la faire distinguer dans un nombre aussi considérable. Le sens attaché à ces mots doit donc être fixe et invariable; et celui qui veut se livrer à l'étude de la Botanique doit, avant tout, s'être familiarisé avec la valeur des mots employés pour dépeindre chaque modification d'organes.

Quelle est donc la meilleure méthode d'étudier la Botanique, surtout pour celui qui, comme le jeune médecin, ne peut y consacrer qu'une partie de son temps? Nous allons indiquer en peu de mots celle que l'expérience nous a démontré être la plus certaine, et en même temps la plus prompte.

1° Les organes des végétaux ne sont point en grand nombre, par conséquent les noms substantifs qui les représentent sont peu nombreux, et la mémoire la moins heureuse les retiendra sans efforts. Pénétrez-vous donc bien d'abord du sens attaché aux mots tige, feuille, racine, calice, corolle, etc., avant de chercher à aller plus avant.

2° Ces organes peuvent éprouver diverses modifications que le botaniste exprime par des noms adjectifs, mis à la suite du nom substantif. Ainsi on ajoute au mot TIGE, les adjectifs *herbacée, ligneuse, simple, rameuse, dressée, couchée, cylindrique, pentagone*, etc., suivant que l'on veut exprimer qu'elle est verte et tendre, ou solide et dure comme du bois ; qu'elle est sans rameaux ou divisée en branches, qu'elle est dressée vers le ciel ou étalée sur la terre, etc., etc. La plupart des noms adjectifs employés dans le langage botanique, sont déjà usités pour désigner d'autres objets, et par conséquent connus de tout le monde. Ainsi il n'est personne qui ne se figure la forme d'une tige *cylindrique, tetragone, pentagone;* il en est de même d'un grand nombre d'autres adjectifs. Mais cependant il en existe plusieurs qui, étant particuliers à la langue botanique, ont besoin d'être définis pour être bien compris. C'est donc uniquement ceux-là que l'homme, qui veut étudier la Botanique, doit chercher à bien connaître et à retenir, puisque sachant déjà la valeur des autres, il n'a besoin que de les voir pour en comprendre aussitôt le sens.

3° Celui qui connaît le nom des différens organes d'un végétal, le sens attaché aux expressions propres à représenter leurs modifications principales, n'a plus besoin que de faire choix d'un système et de l'étudier, pour être devenu botaniste. Dès lors, en effet, il pourra facilement, au moyen d'un ouvrage où les plantes sont rangées méthodiquement, trouver le nom de la première qui lui sera présentée, lors même qu'il ne l'aurait jamais vue. Or, c'est là le but principal de celui qui étudie la Botanique. Cette science, en effet, ne consiste point dans la connaissance purement mécanique du nom des différens végétaux ; mais le botaniste est celui qui, au moyen des principes fondamentaux de la science, principes qui reposent uniquement sur la structure, la forme, les usages des différens organes, peut quand il le désire, trouver le nom d'une plante qu'il ne connaissait pas auparavant.

Telle est la marche que nous avons suivie dans l'exposition des principes fondamentaux de la Botanique, que nous offrons aujourd'hui au public. Notre intention n'a point été de faire un traité complet de Botanique générale ni de physique végétale, car il existe sur ce sujet d'excellens ouvrages, qui pourraient être cités comme des modèles: mais nous avons eu pour but principal de présenter à ceux qui se livrent à l'étude de la médecine, des élémens simples et faciles d'une science qui leur est d'une si grande utilité, et qu'ils négligent malheureusement trop souvent. D'après le plan que nous nous étions tracé, nous n'avons pas cru devoir entrer dans les détails les plus minutieux de la science : nous n'avons voulu que faciliter aux élèves en médecine l'étude de la Botanique, si intimement liée à l'art de guérir.

On est dans l'habitude de placer à la fin de la plupart des livres élémentaires de Botanique, un abrégé des caractères propres aux différentes familles de plantes et aux genres qui s'y rapportent. Cependant, nous n'avons pas cru devoir suivre cet exemple. En effet, un semblable tableau est toujours fort imparfait. Les caractères de familles et de genres y sont donnés en trop peu de mots, et souvent avec trop peu de soins, pour que le commençant puisse en retirer le moindre avantage. D'ailleurs, le médecin a-t-il besoin de connaître cette foule de genres obscurs, que l'on entasse ainsi sans choix et sans méthode ! Nous avons pensé, d'après le conseil qui nous en a été donné par un grand nombre de personnes éclairées, que cette partie devait être retranchée d'un livre élémentaire. Mais notre intention est de faire, dans un autre ouvrage , l'application des principes de Botanique que nous allons exposer ici à la connaissance et à l'histoire de tous les végétaux employés en médecine.

Cet ouvrage, auquel nous travaillons déjà depuis long-temps (1), offrira, dans un ordre méthodique, les caractères botaniques, l'histoire et les propriétés médicales des plantes dont l'usage et l'expérience ont démontré l'utilité pour combattre les maladies. C'est dans un semblable livre, que nous ferons sentir combien la Botanique est intimement liée à l'étude de la matière médicale et de la thérapeutique; c'est là qu'on verra, à chaque pas, cette science les éclairer de ses lumières, en faisant mieux connaître les instrumens à l'aide desquels elles parviennent à dompter les maladies qui affligent l'espèce humaine.

---

(1) BOTANIQUE MÉDICALE ou Description , histoire et propriétés des médicamens, des alimens et des poisons tirés du règne végétal, etc.

Cet ouvrage paraîtra au 15 mai prochain.

NOUVEAUX ÉLÉMENS

DE

BOTANIQUE.

INTRODUCTION.

La Botanique (1) (*Botanica, res herbaria*) est cette partie de l'histoire naturelle, qui a pour objet l'étude des végétaux. Elle nous apprend à les connaître, à les distinguer et à les classer.

Cette science ne consiste pas, comme on le croit généralement, dans la connaissance pure et simple du nom donné aux différentes plantes; mais elle s'occupe aussi des lois qui président à leur organisation générale; de la forme, des fonctions de leurs nombreux organes, et des rapports qui les unissent les uns avec les autres.

La Botanique, envisagée par rapport à ses applications les plus importantes, nous fait également

(1) Dérivé de βοτανη, herbe, plante.

connaître les vertus salutaires ou malfaisantes
dont sont douées les plantes, et les avantages que
nous pouvons en retirer dans l'économie domestique, les arts ou la thérapeutique.

Une science aussi vaste a dû nécessairement
être partagée en plusieurs branches distinctes,
afin d'en faciliter l'étude. C'est ce qui a eu lieu
en effet.

1° Ainsi l'on nomme Botanique proprement
dite cette partie de la science qui considère les
végétaux d'une manière générale et comme des
êtres distincts les uns des autres, qu'il faut connaître, décrire et classer. Cette branche de la
science des végétaux se divise elle-même en :

Glossologie (1), ou connaissance des termes propres à désigner les différens organes des plantes,
et leurs nombreuses modifications; cette partie
forme la langue de la Botanique, langue dont l'é-
tude est extrêmement importante, et avec laquelle
on doit commencer par se bien familiariser.

Taxonomie (2), ou application des lois générales
de la classification au règne végétal. Ici se rapportent les différentes classifications proposées
pour disposer méthodiquement les plantes.

----

(1) Dérivé de γλοσσα, mot, langue ou langage, et de λογος,
discours.

(2) De Ταξις, ordre, méthode, et de Νομος, loi, règle; c'est
à-dire, règles de la classification.

Phytographie (1), ou art de décrire les plantes.

2° La seconde branche de la Botanique porte le nom de PHYSIQUE VÉGÉTALE, ou de Botanique organique. C'est elle qui considère les végétaux comme des êtres organisés et vivans, qui nous décèle leur structure intérieure, le mode d'action propre à chacun de leurs organes, et les altérations qu'ils peuvent éprouver, soit dans leur structure, soit dans leurs fonctions. De là trois divisions secondaires dans la *Physique végétale* ; savoir :

L'Organographie (2), ou la description des organes, de leur forme, de leur position, de leur structure et de leurs connexions.

La Physiologie végétale, ou l'étude des fonctions propres à chacun des organes.

La Pathologie végétale qui nous enseigne les diverses altérations ou maladies qui peuvent affecter les végétaux.

3° Enfin on a donné le nom de BOTANIQUE APPLIQUÉE à cette troisième branche de la Botanique générale, qui s'occupe des rapports existans entre

----

(1) De Φυ7ον, plante, et de Γραφω, j'écris ou je décris, c'est-à-dire, art de décrire les plantes.

(2) Dérivé de Οργανον, organe, et de Γραφω, je décris, c'est-à-dire description des organes. Cette partie est aussi appelée *terminologie*, nom impropre, puisqu'il est composé d'un mot latin et d'un grec.

l'homme et les végétaux. Elle se subdivise en *Botanique agricole*, ou application de la connaissance des végétaux à la culture et à l'amélioration du sol; en *Botanique médicale*, ou application des connaissances botaniques à la détermination des végétaux qui peuvent servir de médicamens, et dont le médecin peut tirer avantage dans le traitement des maladies; en *Botanique économique* et *industrielle*, ou celle qui a pour objet de faire connaître l'utilité des plantes dans les arts ou l'économie domestique.

La Botanique étant la science qui a pour objet l'étude des végétaux, nous devons nous occuper d'abord de donner une idée des êtres auxquels on a réservé ce nom.

Les Végétaux (*vegetabilia*, *plantæ*, lat. Φυτα, Βοτάναι, gr.) sont des êtres organisés et vivans, privés de sensibilité et de mouvement volontaire(1); mais

---

(1) Les végétaux sont dépourvus de mouvement volontaire; mais quelques-uns cependant exécutent une sorte de locomotion ou de déplacement bien sensible. Tels sont, par exemple, les orchis, le colchique. En effet, la racine de la plupart des orchis offre deux tubercules charnus, situés l'un à côté de l'autre, à la base de la tige. L'un de ces tubercules, après avoir donné naissance à la tige, dont il contenait le germe dans son intérieur, se fane, se resserre sur lui-même, et finit par se détruire; mais à mesure qu'il tend à disparaître, il s'en développe un troisième auprès de celui qui renferme encore le rudiment de la tige de l'année suivante, et remplace le pre-

jouissant d'une sorte d'irritabilité organique (1).
Il est extrêmement difficile de tracer nettement
la ligne de démarcation qui sépare les végétaux des
animaux. Linné, dans son style aphorismatique,
a dit : *Les minéraux croissent; les végétaux croissent et vivent, et les animaux croissent, vivent et sentent.* Cette distinction, qui est en effet bien tranchée, quand on compare le cristal
de roche à un chêne, et celui-ci à un homme,
finit par disparaître insensiblement, lorsque l'on
examine comparativement les êtres qui occupent
les derniers degrés de ces trois grandes séries. En
effet il est bien difficile de dire en quoi diffèrent

---

mier, lorsque celui-ci vient à tomber. Ce développement d'un
nouveau tubercule ayant lieu chaque année sur l'un des côtés de
ceux qui existent, on conçoit que chaque fois qu'une nouvelle
tige se développe, elle se trouve éloignée d'un certain espace
de terrain de celle qui l'a précédée. Le même phénomène a lieu
à peu près de la même manière dans le colchique, à l'exception
que son bulbe tend continuellement à s'enfoncer de plus en plus.

(1) Si la raison se refuse à admettre dans les végétaux une
sensibilité active qui les rende susceptibles de sentiment et de
locomotion volontaire, l'expérience démontre chaque jour
que loin d'être des êtres purement passifs, ils exécutent, sous
l'influence de certaines causes, des mouvemens remarquables
qu'on doit attribuer à l'*irritabilité*. Qui ne connaît le phénomène de la *sensitive*, les mouvemens des folioles de l'*hedysarum gyrans*, et de tant d'autres végétaux? L'irritabilité organique nous paraît seule propre à expliquer les singuliers
phénomènes que ces végétaux présentent.

essentiellement certaines espèces de Polypes d'avec quelques Algues; car le caractère essentiel que l'on a attribué aux animaux, la sensibilité, ou la conscience de leur existence et la faculté de se mouvoir, s'affaiblissent et finissent même par disparaître entièrement dans les dernières classes du règne animal.

Mais lorsqu'on fait abstraction des faits qui servent ainsi d'intermédiaire et de passage entre les deux grandes divisions des êtres organisés, on parvient à trouver des différences marquées entre les animaux et les végétaux. C'est ainsi, par exemple, que chez les premiers qui sont doués de la faculté de se mouvoir, il existe un système de fibres contractiles, dont l'état de relâchement ou de tension détermine les mouvemens de l'animal, ce sont les fibres musculaires : dans les végétaux rien d'analogue ne se présente, toutes les fibres sont en quelque sorte inertes et impassibles; chez eux encore il n'y a rien de semblable au système nerveux : dans les animaux, les substances qui doivent servir à la nutrition sont d'abord absorbées à l'extérieur; elles séjournent pendant un certain temps dans une cavité particulière, où elles éprouvent une élaboration convenable, avant d'être prises par les vaisseaux chylifères destinés à les répandre dans le torrent de la circulation; mais dans les végétaux la nutrition se fait d'une manière plus simple, les substances absorbées sont directement répandues dans toutes les parties du végétal, sans éprouver d'altération préalable, en sorte que chez eux nous ne trouvons ni canal intestinal, ni estomac, puisqu'il n'y a point de digestion.

Il nous serait facile de pousser plus loin cette comparaison entre les végétaux et les animaux, mais nous croyons en avoir dit assez pour faire connaître les différences principales qui existent entre eux.

L'anatomie nous montre les végétaux composés de parties élémentaires simples et similaires, qui, en se combinant de différentes manières, constituent les organes proprement dits. Nous allons examiner d'abord ces parties élémentaires, dont l'étude constitue l'anatomie végétale.

PARTIES ÉLÉMENTAIRES DES VÉGÉTAUX,

OU

ANATOMIE VÉGÉTALE.

Tous les êtres organisés, animaux ou végétaux, ont pour base de leur organisation un tissu formé de petites lamelles transparentes, disposées dans tous les sens, de manière à constituer des aréoles u cellules communiquant toutes ensemble, soit par la continuité de leurs cavités intérieures, soit par des pores ou fentes, qu'on observe sur leurs parois.

Ce tissu cellulaire fondamental sert de base à tous les organes des végétaux. C'est en se modifiant à l'infini qu'il constitue les différens appareils organiques que nous remarquons dans les plantes. Nous le voyons presqu'à son état de pureté et de simplicité primitives dans la moelle de certains arbres; c'est lui qui forme le bois, l'écorce et l'épiderme: les feuilles, les fleurs et les fruits nous le représentent également dans des états différens. En un mot, il n'est aucun organe des plantes, qui n'offre du tissu cellulaire dans sa composition.

La plupart des auteurs ont voulu faire un tissu élémentaire particulier des vaisseaux que l'on observe dans les plantes. Mais c'est à tort, selon nous; car il faudrait également en faire un aussi des membranes, des fibres, etc. Les vaisseaux ne nous paraissent être, avec M. Mirbel, que des modifications particulières des lamelles du tissu cellulaire, qui, au lieu d'être courtes, planes et entrecroisées, sont longues et roulées diversement sur elles-mêmes, pour constituer des canaux.

Nous ne reconnaissons donc dans les végétaux, comme dans les animaux, qu'un seul tissu élémentaire et fondamental; c'est le tissu lamineux, qui, par la disposition de ses parties, forme des aréoles ou cellules, ou bien se roule sur lui-même, et donne naissance aux vaisseaux. De là, deux modifications principales du tissu élémentaire : savoir, le tissu *aréolaire* et le tissu *vasculaire*.

1° La première modification du tissu élémentaire des végétaux, dépendant de l'arrangement de ses lamelles, est le tissu *aréolaire* ou *vacuolaire* (*Voy.* pl. 1, fig. 7). Il se compose de cellules contiguës les unes aux autres, et dont la forme dépend en général des résistances qu'elles éprouvent. Quelques auteurs l'ont comparé à la mousse qui se forme sur l'eau de savon, par l'agitation de ce liquide. Quand elles n'éprouvent que la résistance occasionée par la présence des cellules adjacentes, il n'est pas rare de leur trouver une forme à peu près hexagonale, en sorte qu'elles ressemblent assez bien aux alvéoles construites par les abeilles. Mais, je le répète, elles peuvent être plus ou moins allongées, arrondies ou comprimées, suivant les obstacles qui s'opposent à leur libre développement. Leurs parois sont minces et transparentes; elles communiquent toutes ensemble, soit que leurs cavités s'ouvrent mutuellement l'une dans l'autre, soit, comme nous l'avons déjà dit précédemment, qu'il existe sur leurs parois, des pores ou même des fentes. Ces pores, qui sont à peine visibles au moyen des instrumens d'optique les plus forts, ont été aperçus par Leuwenhoek et Hill, et dans ces derniers temps, M. Mirbel en a de nouveau prouvé l'existence.

Dans le tissu ligneux, les cellules du tissu aréolaire sont fort allongées et forment des espèces de petits tubes parallèles entre eux. Leurs parois sont opaques, épaissies, quelquefois même elles finissent par s'oblitérer entièrement. C'est à cette modification que M. Linck a donné le nom de *tissu allongé*.

Le tissu cellulaire, dans son état de pureté native, a peu de consistance; il se déchire facilement. Aussi trouve-t-on souvent dans certains végétaux, des espaces vides, remplis seulement par de l'air, et qui résultent de la rupture des parois de plusieurs cellules. Ces espaces, auxquels on a donné le nom de *lacunes*, se rencontrent surtout dans les végétaux qui vivent dans l'eau, et dans lesquels ils semblent s'opposer à la macération que ces plantes subiraient infailliblement par leur séjour prolongé dans ce liquide.

2° Le tissu *vasculaire* ou *tubulaire* est la seconde modification du tissu élémentaire.

Les vaisseaux, avons nous dit, ne sont que des lames de tissu élémentaire roulées sur elles-mêmes, de manière à former des canaux. Les parois des vaisseaux sont assez épaisses, peu transparentes et percées d'un grand nombre d'ouvertures au moyen desquelles ils répandent dans les parties latérales une portion des fluides gazeux ou liquides qu'ils charient. Ces vaisseaux ne sont point continus depuis la base jusqu'au sommet de la plante, mais ils s'anastomosent fréquemment entre eux, et finissent par se changer en tissu aréolaire. D'après la nature des fluides qu'ils contiennent, on distingue les vaisseaux en *V*. lymphatiques, et en *V*. propres.

Les *Vaisseaux lymphatiques* sont ceux qui renferment des sucs aqueux et surtout la sève ascendante ; aussi Duhamel les appelle-t-il *vaisseaux séveux*. On en connaît cinq espèces, savoir :

1° Les vaisseaux en chapelet ou moniliformes; 2° les vaisseaux poreux; 3° les vaisseaux fendus ou fausses trachées; 4° les trachées; 5° les vaisseaux mixtes.

1° *Vaisseaux en chapelet* (pl. 1 , fig. 1ʳᵉ). Ce sont des tubes poreux, resserrés de distance en distance, et coupés par des diaphragmes percés de trous à la manière des cribles. On les trouve partout où la sève doit avoir un cours actif, c'est-à-dire au point de jonction de la racine et de la tige, de la tige et des branches, etc. Ces vaisseaux pourraient bien , selon nous , être considérés comme de simples cellules de tissu aréolaire, régulièrement disposées par séries ou lignes longitudinales.

2° *Vaisseaux poreux :* (pl. 1. fig. 2, 3). Ils

représentent des tubes continus, criblés de pores disposés par lignes transversales. M. Tréviranus les appelle *vaisseaux ponctués*.

3° *Fausses trachées* : (pl. 1 , fig. 4 , 5). Tubes coupés de fentes transversales. Ce sont, ainsi que les trachées, les principaux conduits de la sève. Ils sont désignés par M. De Candolle, sous le nom de *vaisseaux fendus*. L'existence des fentes de ces vaisseaux et des pores de l'espèce précédente est niée par beaucoup d'auteurs , qui pensent que les lignes et les points que le microscope fait apercevoir sur ces tubes sont de nature glanduleuse et non perforés.

4° *Les trachées* (Pl. 1, fig. 6.) que Malpighi et Hedwig avaient comparées à l'organe respiratoire des insectes, sont des vaisseaux formés par une lame argentine et transparente, roulée sur elle-même en spirale, et dont les bords se touchent de manière à ne laisser aucun espace entre eux, sans cependant contracter d'adhérence (1). Dans les dicotylédons on les observe autour de la moelle; et dans les monocotylédons, c'est ordinairement au centre des filets ligneux.

L'écorce et les couches annuelles du bois n'en

----

(1) Elles ont la plus grande ressemblance avec les *élastiques* en fil de laiton, que l'on met dans les bretelles.

contiennent jamais. On en trouve quelquefois dans les racines.

Hedwig considérait les *vaisseaux spiraux* ou trachées, que Grew appelle *vaisseaux aériens*, comme composés de deux parties, savoir d'un tube droit et central, rempli d'air, et qu'il nommait pour cette raison *vaisseau pneumatophore*, et d'un tube roulé en spirale sur le précédent, rempli de fluide aqueux et auquel il donnait les noms de *vaisseau adducteur, chylifère, etc.*

5° *Les vaisseaux mixtes*, découverts par M. Mirbel, participent à la fois de la nature de tous les autres, c'est-à-dire qu'ils sont alternativement poreux, fendus ou roulés en spirale, dans différens points de leur étendue.

Les *Vaisseaux propres* que l'on désigne encore sous le nom de *réservoirs des sucs propres*, sont des tubes non poreux, contenant un suc propre, particulier à chaque végétal. Ainsi dans les Conifères ils contiennent de la résine; dans les euphorbes un suc blanc et laiteux etc.

On les trouve dans les écorces, la moelle, les feuilles et les fleurs. Ils sont tantôt solitaires, tantôt réunis en faisceaux.

Ces différentes espèces de vaisseaux se réunissent souvent plusieurs entre elles et constituent des faisceaux allongés, soudés ensemble par du tissu cellulaire; elles forment alors les *fibres* proprement dites. Ce sont ces fibres ou faisceaux de tubes qui forment la trame de la plupart des organes foliacés des végétaux.

On appelle au contraire *parenchyme* la partie ordinairement molle, composée essentiellement de tissu cellulaire, que l'on observe dans les fruits, dans les feuilles, etc. Cette expression s'emploie par opposition au mot *fibre*. Toute partie qui n'est point fibreuse, est composée de parenchyme.

C'est en s'unissant et se combinant de diverses manières, que les tissus parenchimateux et fibreux constituent les différens organes des végétaux. Dans tous, en effet, nous ne trouvons, par l'analise, que ces deux modifications essentielles du tissu fondamental.

Pour terminer tout ce qui a rapport à l'examen de l'anatomie des différentes parties constituantes et élémentaires de l'organisation végétale, nous devons nous occuper des glandes et des poils considérés dans leur structure anatomique.

Les GLANDES sont des organes particuliers qu'on observe sur presque toutes les parties des plantes, et qui sont destinés à séparer de la masse générale des humeurs, un fluide quelconque. Par leurs usages et leur structure, elles ont la plus grande analogie avec celles des animaux. Elles paraisssent formées par un tissu cellulaire très-fin, dans lequel se ramifient un grand nombre de vaisseaux.

Leur forme et leur structure particulières sont très-variées, et les ont fait distinguer en plusieurs espèces. Ainsi il y a des :

1° Glandes *miliaires*. Elles sont fort petites, et superficielles. Elles se présentent sous la forme de petits grains arrondis, disposés par séries régulières, ou dispersées sans ordre dans toutes les parties des plantes exposées à l'air.

2° Glandes *vésiculaires*. Ce sont de petits réservoirs, remplis d'huile essentielle, logés dans l'enveloppe herbacée des végétaux. Elles sont très-apparentes dans les feuilles du *myrte* et de l'*oranger*, et se présentent sous l'aspect de petits points transparens, lorsqu'on place ces feuilles entre l'œil et la lumière.

3° Glandes *globulaires*. Leur forme est sphérique; elles n'adhèrent à l'épiderme que par un point. On les observe surtout dans les *Labiées*.

4° Glandes *utriculaires* ou en ampoules. Elles sont remplies d'un fluide incolore, comme dans la *glaciale*.

5° Glandes *papillaires*. Elles forment des espèces de mamelons ou de papilles, qu'on a comparées à celles de la langue. On les trouve dans plusieurs *Labiées*, par exemple, dans la sariette (*satureia hortensis*).

Enfin il y en a de lenticulaires, de sessiles, d'autres qui sont portées sur des poils, etc.

Les Poils sont des organes filamenteux, plus ou moins déliés, servant à l'absorption et à l'exhalation dans les végétaux. Il est peu de plantes qui en soient dépourvues. On les observe principalement sur celles qui vivent dans les lieux secs et arides. Dans ce cas, ils ont été regardés par quelques botanistes, comme servant à multiplier et à augmenter l'étendue de la surface absorbante des végétaux. Aussi n'en voit-on pas dans les plantes très-succulentes, comme les plantes grasses, ou celles qui vivent habituellement dans l'eau.

Les poils paraissent être, dans beaucoup de cas, les canaux excréteurs des glandes végétales. En effet ils sont fréquemment implantés sur une glande papillaire. Ne sait-on pas que les poils de l'*urtica urens* et de l'*urtica dioïca* ne déterminent la formation d'ampoules sur la peau, que parce qu'en s'y enfonçant, ils y versent en même temps un fluide irritant, sécrété par les glandes sur lesquelles ils sont implantés; puisque quand, par la dessication, ce fluide s'est évaporé, les poils des *orties* ne produisent plus le même effet.

On distingue les poils en glandulifères, excréteurs et en lymphatiques. Les premiers sont, ou appliqués immédiatement sur une glande, ou surmontés par un petit corps glandulaire particulier, comme dans la fraxinelle (*dictamnus albus*); les seconds sont placés sur des glandes dont ils paraissent être les canaux excréteurs, destinés à verser au dehors les fluides sécrétés; enfin les troisièmes ne sont qu'un simple prolongement d'un pore cortical.

La *forme* des poils offre un grand nombre de variétés. Ainsi il y en a de *simples*, de *rameux*, de *subulés*, de *capités*. D'autres sont *creux* et coupés de distance en distance par des diaphragmes horizontaux.

Il sont quelquefois *solitaires*, ou bien rassemblés en faisceaux, en étoiles, etc.

Quant à leur disposition sur une partie (disposition que l'on désigne sous le nom de *Pubescence*), voyez ce que nous en dirons parmi les modifications de la tige.

Nous venons de considérer la structure anatomique des végétaux, de pénétrer dans l'intérieur de leur tissu, de séparer et d'analiser les rudimens ou parties élémentaires de leur organisation; étudions maintenant le végétal considéré dans son ensemble : voyons quels sont les organes qui le composent dans son état parfait de développement.

Un végétal dans son dernier degré de développement et de perfection offre à considérer les organes suivans :

1° La *racine*, ou cette partie qui, le terminant inférieurement, s'enfonce ordinairement

2

dans la terre, où elle fixe le végétal; flotte dans l'eau, quand celui-ci nage à la surface de ce liquide.

2° La *tige*, qui, croissant en sens inverse de la racine, se dirige toujours vers le ciel au moment où elle commence à se développer, se couvre de feuilles, de fleurs et de fruits, et se divise en branches et en rameaux.

3° Les *feuilles*, ou ces espèces d'appendices membraneux, insérés sur la tige et ses divisions, ou bien partant immédiatement du collet de la racine.

4° Les *fleurs*, c'est-à-dire des parties très-complexes, renfermant les organes de la reproduction dans deux enveloppes particulières, destinées à les contenir et à les protéger : ces organes de la reproduction sont le *pistil* et les *étamines*. Les enveloppes florales sont la *corolle* et le *calice*.

5° Le *pistil*, ou organe sexuel femelle, simple ou multiple, occupant presque toujours le centre de la fleur, se compose d'une partie inférieure creuse, propre à contenir les rudimens des graines, c'est-à-dire les *ovules*, on l'appelle *ovaire;* d'une partie glanduleuse située ordinairement au sommet de l'ovaire, destinée à recevoir l'impression de l'organe mâle, on l'appelle *stigmate;* quelquefois d'un *style*, sorte de prolongement filiforme du sommet de l'ovaire, qui supporte alors le *stigmate*.

6° Les *étamines*, ou organes sexuels mâles,

composées essentiellement d'une *anthère*, espèce de petite poche membraneuse, le plus souvent à deux loges, renfermant dans son intérieur la substance propre à déterminer la fécondation ou le *pollen*. Le plus ordinairement l'anthère est portée sur un *filet* plus ou moins long; dans ce cas l'*étamine* se trouve formée d'une *anthère* ou partie essentielle, d'un *filet*, ou partie accessoire.

7° La *corolle*, ou l'enveloppe la plus intérieure de la fleur, souvent peinte des plus riches couleurs, quelquefois formée d'une seule pièce, est dite alors *corolle monopétale;* d'autres fois elle est *polypétale*, c'est-à-dire composée d'un nombre plus ou moins considérable de pièces distinctes, qui portent chacune le nom de *pétale*.

8° Le *calice*, ou enveloppe la plus extérieure de la fleur, de nature foliacée, ordinairement vert, composé d'une seule pièce, il est *monosépale;* ou formé de plusieurs pièces distinctes, qui sont nommées *sépales*, il est appelé alors *polysépale*.

9° Le *fruit*, c'est-à-dire l'*ovaire* développé et renfermant les graines fécondées, est formé par le *péricarpe* et les *graines*.

10° Le *péricarpe* de forme, de consistance très-variées, est cette partie de l'ovaire développé et accru, dans laquelle étaient contenus les ovules, qui sont devenus les graines. Il se compose de trois

parties, savoir : de l'*épicarpe*, ou membrane extérieure qui définit la forme du fruit; de l'*endocarpe*, ou membrane qui revèt sa cavité intérieure
simple ou multiple; enfin, d'une partie parenchymateuse, située et contenue entre ces deux
membranes, et qu'on nomme *sarcocarpe*.

Le sarcocarpe est surtout très-développé dans
les fruits charnus.

11° Les *graines* contenues dans un *péricarpe*
y sont attachées au moyen d'un support particulier, formé des vaisseaux qui leur apportent la nourriture, ce support est le *trophosperme*. Le point de
la surface de la graine où s'attache le *trophosperme*
se nomme *hile* ou ombilic.

Quelquefois le *trophosperme*, au lieu de cesser
au pourtour du *hile*, se prolonge plus ou moins
sur la graine, au point de la recouvrir même entièrement. C'est à ce prolongement particulier,
qu'on a donné le nom d'*arille*.

La graine se compose essentiellement de deux
parties distinctes, l'*épisperme* et l'*amande*.

12° L'*épisperme* est la membrane ou le tégument propre de la graine.

13° L'*amande* est le corps contenu dans l'*épisperme*.

L'*amande* est composée essentiellement de l'*embryon*, c'est-à-dire de cette partie qui, mise dans
des circonstances convenables, tend à se déve-

lopper et à produire un végétal parfaitement semblable à celui qui lui a donné naissance.

Outre l'*embryon*, l'*amande* contient encore quelquefois un corps particulier de nature et de consistance variées, sur lequel est appliqué l'*embryon*, ou dans l'intérieur duquel il est entièrement caché; ce corps a reçu le nom d'*endosperme*.

L'*embryon* est la partie la plus essentielle du végétal; c'est pour concourir à sa formation et à son perfectionnement, que tous les autres organes des végétaux paraissent avoir été créés : il est formé de trois parties; l'une inférieure ou corps *radiculaire*, c'est celle qui, dans la germination, donne naissance à la racine ; l'autre, supérieure, est la *gemmule*; c'est elle qui, en se developpant, produit la tige, les feuilles et les autres parties qui doivent végéter à l'extérieur; enfin, une partie intermédiaire et latérale, qui est le corps *cotylédonaire*, simple ou divisé en deux parties, nommées *cotylédons*. De là, la division des végétaux pourvus d'embryon, en deux grandes classes; les *Monocotylédons*, ou ceux dont l'*embryon* n'a qu'un seul *cotylédon*; et les *Dicotylédons*, ou ceux dont l'*embryon* présente deux *cotylédons*.

.Telle est l'organisation la plus générale et la plus complète des végétaux. Mais on ne doit pas s'attendre à trouver toujours réunies sur la même plante les différentes parties que nous venons d'énumérer rapidement; plusieurs d'entre elles manquent très-souvent sur le même végétal. C'est ainsi, par exemple, que la tige est quelquefois si peu développée, qu'elle paraît ne point exister, comme dans le *plantain*, la *primevère;* que les feuilles n'existent pas du tout dans la *cuscute ;* qu'on ne trouve pas de corolle dans tous les *Monocotylédons*, c'est-à-dire qu'il n'existe alors qu'une seule enveloppe autour des organes sexuels; que cette seule enveloppe disparaît quelquefois comme dans le saule etc., que souvent encore la fleur ne renferme que l'un des deux organes sexuels, comme dans le *coudrier*, où les étamines et les pistils sont contenus dans des fleurs distinctes; ou enfin que les deux organes sexuels disparaissent quelquefois entièrement, et la fleur alors est dite *neutre*, comme dans la boule de neige *viburnum opulus*, l'*hortensia*, etc.

Cependant, dans les différens cas que nous venons de citer, cette absence de certains organes n'est qu'accidentelle, et n'influe pas d'une manière marquée sur le reste de l'organisation; en sorte que ceux de ces végétaux dans lesquels ces organes manquent, ne s'éloignent point sensiblement, ni dans leurs caractères extérieurs, ni dans leur mode de végétation et de reproduction, de ceux qui les possèdent tous.

Mais il est un certain nombre d'autres végétaux,

qui, par la privation constante des organes sexuels,
par leurs formes extérieures, la manière dont ils
végètent et se reproduisent, s'éloignent tellement
des autres plantes connues, que de tout temps ils
en ont été séparés pour former une classe à part.
C'est à ces végétaux que *Linné* a donné le nom
de *Cryptogames*, c'est-à-dire de plantes à organes
sexuels cachés ou invisibles, pour les distinguer
des autres végétaux connus, dont les organes
sexuels sont apparens, et qui avaient reçu pour
cette raison le nom de *Phanérogames*.

Les plantes *Cryptogames*, qui sont mieux nommées *Agames* (1), puisqu'elles sont privées d'organes sexuels, sont fort nombreuses. Elles constituent environ la septième ou huitième partie
des quarante mille végétaux connus aujourd'hui.

Comme elles sont dépourvues de graines, et par
conséquent d'embryon et de cotylédon, on les appelle aussi *Inembryonées* ou *Acotylédones*. On
arrive donc ainsi à trouver dans les végétaux trois
divisions fondamentales, tirées de l'embryon,
savoir :

1° Les *Inembryonés* ou *Acotylédons*, c'est-à-
dire les plantes dans lesquelles on n'observe ni
fleurs proprement dites, ni par conséquent d'em-

---

(1) **Voyez à la fin de cet ouvrage les considérations générales sur l'organisation des Agames.**

bryon et de cotylédons; telles sont les *Fougères* (1),
les *Mousses*, les *Hépatiques*, les *Lichens*, les *Champignons*, etc.

2° Les *Embryonés* ou *Phanérogames*, plantes
pourvues de fleurs bien évidentes, de graines et
d'embryon. On les distingue en: *Monocotylédones*,
ou celles dont le corps cotylédonaire de l'embryon
est d'une seule pièce, et développe une seule feuille
par la germination; telles sont les Graminées, les
Palmiers, les Liliacées, etc.

En *Dicotylédones*, ou celles dont l'embryon
offrant deux cotylédons développe deux feuilles
séminales par la germination; par exemple : les
Chênes, les *Ormes*, les *Labiées*, les *Crucifères*, etc.
Le nombre de végétaux *Dicotylédons* est plus considérable que celui des *Acotylédons* et des *Monocotylédons* réunis.

Telles sont les grandes divisions fondamentales
établies dans le règne végétal. Nous avons cru
devoir les exposer ici en abrégé, et en donner une
idée succincte et générale, parce que plus d'une
fois dans le cours de cet ouvrage nous serons

---

(1) Quelques auteurs ont placé les Fougères parmi les plantes
à embryon monocotylédon; mais à tort, selon nous. En effet
il est de la dernière évidence, que ces végétaux ne se reproduisent pas au moyen de véritables graines, mais simplement par
des corps particuliers, espèces de bulbilles, qu'on observe sur
d'autres végétaux et auxquels on donne le nom de *sporules*.

fréquemment obligés d'employer les noms d'*Aco-tylédons*, de *Monocotylédons*, et de *Dicotylédons*, qui, s'ils n'eussent point été définis d'abord, eussent nécessairement arrêté l'ordre naturel des idées. Nous sommes forcés de convenir ici que la marche des sciences naturelles n'est point aussi rigoureuse que celle des sciences physiques et mathématiques. On ne peut pas toujours, dans l'exposition des faits et des notions fondamentales qui appartiennent à l'histoire naturelle, procéder strictement du connu à l'inconnu. Il est souvent impossible d'éviter de passer par certaines idées intermédiaires, non encore définies, et de supposer, dans ceux pour lesquels on écrit, des connaissances, qu'heureusement ils possèdent presque toujours.

Nous avons, autant que possible, cherché à remédier à cet inconvénient, dans cette exposition des notions élémentaires de la Botanique. Nous nous sommes efforcés de présenter ici les faits dans leur dernier degré de simplicité, afin que ceux même qui n'ont encore aucune connaissance de cette science, puissent aisément suivre le développement successif dans lequel nous allons entrer, au sujet des différens organes des végétaux.

Les organes des végétaux sont divisés en deux classes, 1° suivant qu'ils servent à leur nutrition, c'est-à-dire à puiser dans le sein de la terre ou de l'atmosphère, les substances nutritives propres à leur développement : on les appelle alors *organes de la nutrition* ou de la *végétation*. Tels sont la racine, la tige, les bourgeons et les feuilles. etc.

2° Suivant qu'ils servent à la reproduction de l'espèce, on les nomme organes de la *reproduction* ou de la *fructification*. Tels sont la fleur, ses différentes parties, et le fruit qui leur succède.

Nous commencerons d'abord par étudier les organes de la *nutrition;* puis nous passerons ensuite aux organes de la *fructification*, que nous exposerons en dernier.

L'ordre le plus naturel des idées eût été sans doute de commencer par étudier les organes de la plante dans la graine qui les renferme déjà à l'état rudimentaire; d'en suivre ensuite les progrès ultérieurs, jusqu'à leur état le plus parfait de développement; mais l'organisation de la graine étant, sans contredit, le point le plus difficile de la Botanique, celui sur lequel il reste encore le plus de doutes et d'obscurité, il nous a semblé qu'il fallait d'abord accoutumer en quelque sorte nos lecteurs à des idées et des faits plus simples, afin de les faire arriver ainsi par degrés, aux parties les plus compliquées de l'organisation végétale.

PREMIERE CLASSE

ORGANES DE LA NUTRITION OU DE LA VÉGÉTATION.

Nous avons, dans l'Introduction précédente, divisé les organes des végétaux en deux classes, suivant les usages qu'ils remplissent. Dans la première classe nous plaçons les organes de la nutrition ou de la végétation, dans la seconde ceux de la reproduction ou de la fructification.

Les organes de la nutrition ou de la végétation sont tous ceux auxquels est confié le soin de la conservation individuelle des végétaux. Ce sont les racines, les tiges les bourgeons, les feuilles, les stipules, et quelques-uns de ces organes dégénérés, tels que les épines, les aiguillons, les vrilles. Ces organes ont un but commun, l'entretien de la vie dans le végétal. En effet la racine, enfouie dans le sein de la terre, absorbe une partie des fluides nutritifs et réparateurs ; la tige transmet ces fluides dans tous les points de la plante, tandis que les feuilles étendues au milieu de l'atmosphère remplissent les mêmes fonctions que les racines, et servent à la fois d'organes absorbans et exhalans. On voit par ce court exposé de leurs fonctions, que ces différens organes tendent tous à une même fin ; qu'ils nourrissent le végétal et concourent à sa végétation, c'est-à-dire au développement de toutes ses parties.

CHAPITRE PREMIER.

DE LA RACINE (1).

On donne le nom de *racine* à cette partie d'un végétal, qui, occupant son extrémité inférieure, et cachée le plus souvent dans la terre, se dirige et croît constamment en sens inverse de la tige, c'est-à-dire s'enfonce perpendiculairement dans la terre, tandis que celle-ci s'élève vers le ciel. Un caractère non moins remarquable de la racine est de ne jamais devenir verte (au moins dans son tissu) quand elle est exposée à l'action de l'air et de la lumière, tandis que toutes les autres parties des végétaux y prennent cette couleur.

A l'exception de quelques *Trémelles* et de certaines *Conferves*, qui, plongées dans l'eau, ou végétant à sa surface, absorbent les matériaux de leur nutrition par les différens points de leur étendue, tous les autres végétaux sont pourvus de racines, qui servent à les fixer au sol, et à y puiser une partie de leurs principes nutritifs.

Les racines, avons-nous dit, sont le plus souvent implantées dans la terre. C'est ce qui a lieu en effet, pour le plus grand nombre des végétaux. Mais il en est d'autres, qui, vivant à la surface de l'eau, présentent des racines flottantes au milieu de ce liquide, comme on l'observe dans certaines *lentilles d'eau*. La plupart

---

(1) *Radix*, lat. Ρίζα, grec. Ρίζα.

dès plantes aquatiques, comme le *trèfle d'eau*, *le nénu-phar*, *l'utriculaire* (1), offrent deux espèces de racines. Les unes, enfoncées dans la vase, les fixent au sol; les autres, partant ordinairement de la base des feuilles, sont libres et flottantes au milieu de l'eau.

D'autres plantes végétant sur les rochers, comme les *Lichens*; sur les murs, comme la *giroflée commune*, *le grand muflier*, *la valériane rouge*; sur le tronc ou la racine des autres arbres, comme le *lierre*, certaines *Or-chidées* des tropiques, la plupart des *Mousses*, l'*oro-banche* et l'*hypociste*, y implantent leurs racines, et vé-ritables parasites en absorbent les matériaux nutritifs, et vivent à leurs dépens.

Le *Clusia rosea*, arbrisseau sarmenteux de l'Amé-rique méridionale, le *Sempervivum arboreum*, le *Maïs* et quelques figuiers exotiques, outre les racines qui les terminent inférieurement, en produisent d'autres de différens points de leur tige, qui, d'une hauteur sou-vent considérable, descendent s'enfoncer dans la terre.

Ne confondons pas avec les racines, comme on l'a fait très-souvent, certaines *tiges souterraines*, qui ram-pent horizontalement sous terre, comme dans *l'iris germanica*. Leur direction seule suffirait presque pour les distinguer, si d'autres caractères ne venaient point encore nous éclairer sur leur véritable nature. (V. dans le chapitre suivant ce que nous en disons en parlant de la *Souche* ou tige souterraine.)

____

(1) Les parties filamenteuses, que la plupart des botanistes ont prises pour des feuilles dans l'utriculaire, ne sont que des racines flottantes.

Différentes parties dans les végétaux sont susceptibles de produire des racines ; coupez une branche de
saule, de peuplier ; enfoncez-la dans la terre, et au bout
de quelque temps son extrémité inférieure se sera chargée
de radicelles. Le même phénomène aura encore lieu
lorsqu'on aura implanté les deux extrémités de la branche
dans la terre : l'une et l'autre s'y fixent, au moyen de
racines qu'elles développent. Dans les Graminées, particulièrement le maïs ou *blé de Turquie*, les nœuds inférieurs de la tige poussent des racines qui descendent
s'enfoncer dans la terre. C'est sur cette propriété, qu'ont
les tiges et même les feuilles dans beaucoup de végétaux, de donner naissance à de nouvelles racines, que
sont fondées la théorie et la pratique du *marcotage* et
de la *bouture*, moyens de multiplication très-employés
dans l'art de la culture.

Il existe une grande analogie de structure entre les
racines qu'un arbre pousse dans le sein de la terre, et
les rameaux qu'il étale au milieu de l'air. Les principales différences que l'on observe entre ces deux organes dépendent principalement de la différence (1)
des milieux dans lesquels ces organes se développent.

---

(1) On a dit que lorsqu'on renversait un jeune arbre, de manière
que ses branches étaient enfoncées dans la terre et ses racines étalées
dans l'air, les feuilles se changeaient en racines et celles-ci en feuilles;
ce fait est faux ou du moins l'explication que l'on en donne n'est
pas exacte. En effet, les feuilles ne se changent pas plus en racines
que les racines en feuilles. Mais lorsqu'ils sont cachés sous la terre,
les bourgeons situés à l'aisselle des feuilles, au lieu de développer
de jeunes rameaux ou *scions* foliacés, s'allongent, s'étiolent, et deviennent des fibres radicales ; tandis que les bourgeons *latens* qui

Les racines de certains arbres poussent de distance
en distance des espèces de cônes ou de bornes d'un bois
mol et lâche, entièrement nus et saillans hors de terre,
et que l'on a désignés sous le nom d'Exostoses. Le cyprès
chauve de l'Amérique septentrionale (*Taxodium disti-*
chum. Rich.)en offre les exemples les plus remarquables.

La *racine*, considérée dans son ensemble et d'une manière générale, peut être divisée en trois parties, 1° le
corps ou partie moyenne, de forme et de consistance
variées, quelquefois plus ou moins renflé comme dans
le navet, la carotte; 2° le *collet* ou *nœud vital* : c'est
le point ou la ligne de démarcation, qui sépare la racine
de la tige, et d'où part le bourgeon de la tige annuelle,
dans les racines vivaces; 3° les radicules ou le *chevelu* :
ce sont les fibres plus ou moins déliées, qui terminent
ordinairement la racine à sa partie inférieure.

A. Suivant leur *durée*, les racines ont été distinguées
en *annuelles*, *bisannuelles*, *vivaces* et *ligneuses*.

Les racines *annuelles* sont celles qui appartiennent à
des plantes qui, dans l'espace d'une année, se développent, fructifient et meurent : tels sont le blé, le pied-
d'alouette (*delphinium consolida*), le coquelicot (*pa-*
paver rhœas). etc.

Les racines *bisannuelles* sont celles des plantes, à qui

existent dans les racines, et qui sont destinés à renouveler le chevelu
chaque année, placés dans un autre milieu, se développent en feuilles.
On a encore un exemple bien frappant de cette tendance des bourgeons *latens* de la racine à se changer en rameaux foliacés, lorsqu'ils
sont exposés au contact de l'air, dans ces rejets qui poussent autour
des arbres à racines rampantes, comme l'acacia, le peuplier, etc. etc.

deux années sont nécessaires pour acquérir leur parfait développement. Les plantes *bisannuelles* ne produisent ordinairement, la première année, que des feuilles; la seconde année elles meurent après avoir fleuri et fructifié, comme la carotte, etc.

On a donné le nom de racines *vivaces* à celles qui, durant un nombre indéterminé d'années, poussent des tiges herbacées, qui se développent et meurent tous les ans, tandis que leur racine vit pendant un grand nombre d'années, telles sont celles des asperges, des asphodèles, de la luzerne, etc.

Cette division des végétaux en *annuels*, *bisannuels* et *vivaces*, suivant la durée de leurs racines, est sujette à varier, sous l'influence de diverses circonstances. Le climat, la température, la situation d'un pays, la culture même, modifient singulièrement la durée des végétaux. Il n'est pas rare de voir des plantes annuelles végéter deux ans et même davantage, si elles sont mises dans un terrain qui leur soit convenable, et abritées contre le froid. Au contraire, des plantes vivaces et même ligneuses de l'Afrique et de l'Amérique, transplantées dans les régions septentrionales, y deviennent annuelles. Le *nyctago hortensis* est vivace au Pérou, et meurt chaque année dans nos jardins. Le ricin, qui, en Afrique, forme des arbres ligneux, est annuel dans notre climat. Cependant il reprend son caractère ligneux quand il se retrouve dans une exposition convenable. En herborisant aux environs de Villefranche, sur les bords de la Méditerranée, au mois de septembre 1818, j'ai découvert sur la montagne qui abrite l'arsenal de cette ville, au couchant, un petit bois formé de ricins en arbre. Leur tronc est ligneux, dur. Les plus hauts ont environ 25 pieds d'élévation, et présentent à peu près le même aspect que nos platanes. Il est vrai que la situation de Villefranche, exposée au midi, défendue des vents d'ouest par une chaîne de collines assez élevées, la rapproche singulièrement du climat de certaines parties de l'Afrique.

Les racines *ligneuses* ne diffèrent des racines *vivaces*, que par leur consistance plus solide, et par la persistance de la tige qu'elles supportent. Telles sont celles des arbres et des arbrisseaux,

B. Suivant leur forme et leur structure, les racines peuvent se diviser en :

Pivotante (*radix perpendicularis*),
Fibreuse (*radix fibrosa*),
Tubérifère (*radix tuberifera*),
Bulbifère (*radix bulbifera*),

1° Les racines *pivotantes* sont celles qui s'enfoncent perpendiculairement dans la terre. Elles sont *simples* et sans divisions sensibles, comme dans la rave, la carotte; *rameuses*, comme dans le frêne et le peuplier d'Italie, etc. Elles appartiennent exclusivement aux végétaux dicotylédons. (Voyez planche 2, fig. 1, 2, 3 et 4.)

2° La racine *fibreuse* se compose d'un grand nombre de fibres, quelquefois simples et grêles, d'autres fois épaisses et ramifiées. Telle est celle de la plupart des *Palmiers*. Elle appartient exclusivement aux plantes monocotylédones.

3° J'appelle racines *tubérifères* celles qui présentent sur différens points de leur étendue, quelquefois à leur partie supérieure, d'autres fois au milieu, ou aux extrémités de leurs ramifications, des tubercules plus ou moins nombreux. Ces tubercules ou corps charnus, que l'on a long-temps, et à tort, regardés comme des racines, ne sont que des amas de fécule amilacée, que la nature, a, en quelque sorte, mis en réserve pour servir à la nutrition du végétal. Aussi n'observe-t-on jamais de véritables tubercules dans les plantes annuelles; ils appartiennent exclusivement aux plantes vivaces; tels sont ceux de la pomme de terre, du topinambour, des Orchidées, des patates, etc. (1) (Voyez pl. 2, fig. 5 et 6.).

4° La racine *bulbifère* est formée par une espèce de tubercule mince et aplati, qu'on nomme *plateau*, produisant, par sa partie inférieure, une racine fibreuse, et supportant supérieurement un bulbe ou ognon qui n'est rien autre chose qu'un bourgeon

------

(1) Le point de vue sous lequel j'examine ici les tubercules diffère de celui sous lequel on les considère communément. Loin d'être des racines. comme beaucoup d'auteurs l'ont dit, ils ne nous paraissent être, avec M. Sprengel (*Linnæi Philos. botan.*), que des espèces de bourgeons souterrains des plantes vivaces, auxquels la nature a confié le soin et la conservation des rudimens de la tige. La seule différence que présentent les tubercules ainsi considérés, c'est que la jeune tige, au lieu d'être protégée par des écailles nombreuses et serrées, se trouve enveloppée par un corps dense et charnu qui sert non-seulement à l'abriter pendant l'hiver, mais qui lui fournit au printemps les premiers matériaux de son développement et de sa nutrition.

On pourrait également les considérer comme des tiges souterraines, courtes et charnues.

d'une nature particulière; par exemple, dans le lys, la jacinthe, l'ail, et en général, les plantes qu'on appelle *bulbeuses*. (Voyez pl. 2 , fig. 8 et 9.)

Telles sont les modifications principales que présente la racine, relativement à sa structure particulière. Avouons, cependant, que ces différences ne sont pas toujours aussi tranchées que nous venons de les présenter. Ici, comme dans ses autres ouvrages, la nature ne se prête pas servilement à nos divisions systématiques. Elle fait quelquefois disparaître par des nuances insensibles ces différences, que nous avions cru d'abord si constantes et si bien établies.

Toutes les racines qui ne peuvent être rapportées à une des quatre modifications principales que nous venons d'indiquer conservent le nom général de racines.

Le chevelu des racines, ou cette partie formée de fibres plus ou moins déliées, sera d'autant plus abondant et plus développé, que le végétal vivra dans un terrain plus meuble. Lorsque par hasard, l'extrémité d'une racine rencontre un filet d'eau, elle s'allonge, se développe en fibrilles capillaires et ramifiées, et constitue ce que les jardiniers désignent sous le nom de *queue de renard*. Ce phénomène, que l'on peut produire à volonté, explique pourquoi les plantes aquatiques ont, en général, des racines beaucoup plus développées.

Après ces considérations générales sur la structure des racines, nous devons présenter ici les principales modifications que cet organe peut subir, quant à sa consistance, sa forme, et ses autres caractères extérieurs,

C. Relativement à sa *consistance*, la racine est *char-nue*, lorsqu'étant manifestement plus grosse et plus épaisse que la base de la tige, elle est en même temps plus succulente : telle est celle de la carotte, du navet, etc. Elle est *ligneuse*, au contraire, lorsque son parenchyme, plus solide, approche plus ou moins de la dureté du bois. C'est ce que l'on observe dans la plupart des végétaux ligneux.

D. La racine peut être *simple*, (simplex), c'est-à-dire formée par un pivot absolument indivis, comme la betterave, le panais, la rave, etc. D'autres fois, elle est *rameuse* (ramosa), ou divisée en ramifications plus ou moins nombreuses et déliées, toujours de même nature qu'elle ; telle est celle de la plupart des arbres de nos forêts, du chêne, de l'orme, etc.

E. Considérée quant à sa *direction*, la racine peut être *verticale*, comme celle de la carotte, de la rave ; *oblique*, par exemple celle des iris, et enfin située *horizontalement* sous la terre, comme dans le *rhus radicans*, l'orme, etc. Assez souvent l'on trouve ces trois positions réunies dans les différentes ramifications d'une même racine.

F. Les variétés de forme les plus remarquables sont les suivantes :

1° *Fusiforme*, ou en fuseau (fusiformis), lorsqu'elle est allongée, plus mince à ses deux extrémités, plus grosse à sa partie moyenne, comme la rave. (Pl. 2 fig. 3.)

2° *Napiforme*, ou en forme de toupie (napiformis) quand elle est simple, arrondie et renflée à sa partie supérieure, amincie et terminée brusquement en pointe inférieurement : le navet, le radis, etc. (Pl. 2. fig. 2.)

3°. *Conique* (conica), celle qui présente la forme d'un cône renversé ; la betterave, le panais, la carotte. (Pl. 2. fig. 4.)

4° *Arrondie* ou presque ronde (subrotunda), comme dans le *bunium bulbocastanum.* etc.

5° *Didyme* ou testiculée (1) (didyma, testiculata), lorsqu'elle présente un ou deux tubercules arrondis ou ovoïdes, comme dans les *orchis militaris*, *maculata.* etc. (Voy. pl. 2. fig. 5 et 6.)

La racine *didyme* est appelée : *palmée* (palmata), quand les deux tubercules sont divisés en lobes divergens, comme les doigts de la main jusqu'au milieu environ de leur épaisseur. Ex. *Orchis maculata.* (Pl. 2. f. 6.)

Digitée (digitata), quand les tubercules sont divisés presque jusqu'à leur base, comme dans le *satyrium albidum.*

6° *Noueuse* ou *filipendulée* (nodosa), lorsque les ramifications de la racine présentent, de distance en distance, des espèces de renflemens ou de nœuds (2), qui lui donnent quelque ressemblance avec un chapelet ; c'est ce que l'on observe dans la filipendule, *l'avena præcatoria.*

---

(1) Dans la racine testiculée, l'un des tubercules (Pl. 2. fig. 5. *a*) est ferme, solide, un peu plus gros que l'autre ; c'est lui qui renferme le rudiment de la tige qui doit se développer l'année suivante ; l'autre, au contraire (Pl. 2. fig. 5. *b*.), mol, ridé, plus petit, contenait le germe de la tige qui vient de se développer et à l'accroissement de laquelle il a employé la plus grande partie de la fécule amilacée qu'il renfermait.

(2) Ces nœuds ne doivent pas être confondus avec les véritables tubercules qui renferment toujours les rudimens de nouvelles tiges.

7° *Grenue* (granulata). M. De Candolle nomme ainsi celle qui présente un amas de petits tubercules renfermant des yeux propres à reproduire la plante, sans être enveloppés de tissu cellulaire rempli de fécule amilacée. Par exemple, celle de la saxifrage grenue.

8° *Fasciculée* (fasciculata), quand elle est formée par la réunion d'un grand nombre de radicules, épaisses, simples ou peu rameuses, comme celle des asphodèles, des renoncules (1).

9° *Articulée* (articulata), celle qui présente, de distance en distance, des articulations. Par exemple celle de la gratiole.

10° *Contournée* (contorta) quand elle offre plusieurs courbures en différens sens; celle de la bistorte.

11° On appelle racine *capillaire* (capillaris), celle qui est formée de fibres capillaires très-déliées, comme la plupart des Graminées, le blé, l'orge.

12° *Chevelue* (comosa) quand les filets capillaires sont rameux et très-serrés, comme dans les bruyères.

Quant à la structure anatomique de la racine, nous n'en ferons l'exposition qu'après celle de la tige, parce qu'elle offre beaucoup d'analogie dans ces deux organes.

Usages des racines

Les usages des racines sont relatifs au végétal lui-même ou à ses applications à l'économie domestique, aux arts, à la médecine.

---

(1) Celles des renoncules, formées de fibres plus courtes et plus serrées, portent en général le nom de *griffes*.

Relativement au végétal lui-même, les racines servent, 1° à le fixer à la terre ou au corps sur lequel il doit vivre; 2° à y puiser une partie des matériaux nécessaires à son accroissement.

Les racines de beaucoup de plantes ne paraissent remplir que cette première fonction. C'est ce que l'on observe principalement dans les plantes grasses et succulentes, qui absorbent, par tous les points de leur surface, les substances propres à leur nutrition. Dans ce cas, leurs racines ne servent qu'à les fixer au sol. Tout le monde connaît le magnifique cierge du Pérou (*cactus peruvianus*) qui existe dans les serres du Muséum d'histoire naturelle. Ce végétal qui pousse avec tant de vigueur des rameaux énormes, et souvent avec une rapidité surprenante, a ses racines renfermées dans une caisse, qui contient à peine trois à quatre pieds cubes d'une terre que l'on ne renouvelle et n'arrose jamais.

Les racines des plantes ne sont pas toujours en proportion avec la force et la grandeur des troncs qu'elles supportent. Les Palmiers et les conifères, dont le tronc acquiert quelquefois une hauteur de plus de cent pieds, ont des racines courtes, s'étendant peu profondément dans la terre et ne les y fixant que faiblement. Des plantes herbacées, au contraire, dont la tige, faible et grêle, meurt chaque année, ont quelquefois des racines d'une force et d'une longueur considérable relativement à celle de la tige; comme on l'observe dans la réglisse, la luzerne, l'*ononis arvensis* (qui, à cause de la ténacité et de la profondeur de ses racines, a été appelé *arrête-bœuf.*)

Les racines ont aussi pour usage d'absorber dans le sein de la terre les substances qui doivent servir à l'accroissement du végétal. Mais tous les points de la racine ne concourent pas à cette fonction. Ce n'est que par l'extrémité de leurs fibres les plus déliées, que s'exerce cette absorption. Les uns ont dit qu'elles étaient terminées par de petites ampoules, d'autres par des espèces de bouches aspirantes ; quelle que soit leur structure, il est prouvé que c'est par ces extrémités seules que s'opère cette fonction.

Il n'est personne qui n'ait fait, ou vu faire, l'expérience au moyen de laquelle on démontre, d'une manière péremptoire, la vérité de ce fait. Si l'on prend un radis ou un navet, qu'on le plonge dans l'eau par l'extrémité de la radicule qui le termine, il poussera des feuilles et végétera. Si, au contraire, on le place dans l'eau, de manière à ce que son extrémité inférieure soit hors du liquide, il ne donnera aucun signe de développement.

Dans l'économie domestique, beaucoup de racines sont utilement employées comme alimens. Ainsi les carottes, les navets, les panais, les salsifis, et beaucoup d'autres racines, sont trop universellement usités pour être obligé d'entrer dans des détails inutiles à cet égard.

C'est avec les tubercules d'un grand nombre d'orchis, convenablement préparés, que se fait le *salep*.

On extrait de la betterave, par des procédés que la chimie a singulièrement perfectionnés, un sucre qui peut avantageusement remplacer celui que nous tirons à grands frais des colonies.

Certaines plantes, ayant la faculté de pousser des racines qui se ramifient et s'étendent à de grandes distances, on s'en est servi pour arrêter et solidifier les terrains mouvans. C'est ainsi, qu'en Hollande, et aux environs de Bordeaux, on plante le *carex arenaria* sur les dunes et les bords des canaux, afin de consolider et fixer les terres. Dans plusieurs autres pays on plante, pour remplir le même objet, l'*Hippophae rhamnoïdes* ou argoussier, le genêt d'Espagne, etc.

Plusieurs racines sont employées avec avantage dans la teinture. Telles sont celles de garence, d'orcanette, de curcuma, etc.

Quant aux usages médicinaux des racines, on sait que la thérapeutique leur emprunte des médicamens précieux. Relativement aux principes qui y prédominent, les racines officinales ont été divisées en :

§ 1. Racines fades : principe muqueux ou amilacé.
   Guimauve officinale (*Althæa officinalis. L.*)
   Grande consoude (*Symphytum officinale. L.*)
   Chiendent (*Triticum repens L.*) etc., etc.

§ 2. Racines douces et sucrées.
   Réglisse (*Glycyrrhiza glabra. L.*)
   Polypode (*Polypodium commune. L.*) etc., etc.

§ 3. Racines peu sapides, ou légèrement amères.
   Salsepareille (*Smilax salsaparilla. L.*)
   Squine (*Smilax china. L.*)
   Bardane (*Arctium Lappa. L.*)
   Patience (*Rumex patientia. L.*)

§ 4. Racines aromatiques et odorantes.
   Valériane (*Valeriana officinalis. L.*)

Serpentaire de Virginie (*Aristolochia serpentaria.*)

Angélique (*Angelica archangelica.* **L.**)

Aunée (*Inula helenium.* **L.**)

Benoite (*Geum urbanum.* **L.**)

Raifort (*Cochlearia armoracia.* **L.**)

Genzeng (*Panax quinquefolium* Lamk.)

§ 5. Racines amères.

Grande Gentiane (*Gentiana lutea.* **L.**)

Rhubarbe (*Rheum palmatum et undulatum.* **L.**)

Columbo (*Menispermum Columbo.*)

Polygala amer (*Polygala amara.* **L.**)

Chicorée sauvage (*Cichorium intybus.* **L.**)

§ 6. Racines acerbes.

Bistorte (*Polygonum bistorta.* **L.**)

Tormentille (*Tormentilla erecta.* **L.**)

§ 7. Racines âcres et nauséabondes.

Ipécacuanha annelé (1) (*Cephaelis Ipecacuanha.* Rich.)

Ipécacuanha simple (*Psychotria emetica.* **L.**)

Cabaret (*Azarum europeum.* **L.**)

Hellébore noir (*Helleborus niger.*)

Hellébore blanc (*Veratrum album.* **L.**)

Jalap (*Convolvulus Jalappa.* **L.**), etc., etc.

---

(1) Voy. mon Mémoire sur les deux espèces *d'ipécacuanha* tirées de la famille *des Rubiacées*, inséré, en partie, dans les bulletins de la Société de la Faculté, pour l'année 1818, et mon Histoire naturelle et médicale des différentes espèces d'ipécacuanha du commerce. Paris 1820. Un vol. in-4, fig. Chez Béchet jeune.

CHAPITRE II.

DE LA TIGE (*Caulis. L.*)

Nous venons de voir la racine, tendre généralement à s'enfoncer vers le centre de la terre. La *tige*, au contraire, est cette partie de la plante qui, croissant en sens inverse de la racine, cherche l'air et la lumière, et sert de support aux feuilles, aux fleurs et aux fruits, lorsque la plante en est pourvue.

Tous les végétaux Phanérogames ont une tige proprement dite. Mais quelquefois cette tige est si peu développée, elle est tellement courte, qu'elle paraît ne pas exister. Les plantes qui offrent cette disposition ont été dites sans tige ou *Acaules ;* telles sont la primeverre, la jacinthe, et beaucoup d'autres.

Ne confondons pas, avec la véritable tige, la *Hampe* et le *Pédoncule radical.* La *Hampe* (*scapus*) est un pédoncule floral, nu, c'est-à-dire ne portant pas de feuilles, partant du collet de la racine, et terminé par une ou plusieurs fleurs, comme dans la jacinthe.

Le *Pédoncule radical* (pedunculus radicalis) diffère de la Hampe en ce qu'au lieu de naître du centre d'un assemblage de feuilles radicales, il sort de l'aisselle d'une de ces feuilles ; par exemple dans le plantain (*plantago media, p. lanceolata,* etc.)

On distingue cinq espèces de tiges principales, fondées sur leur organisation et leur mode particulier de développement. Ces espèces sont : 1° le *Tronc*, 2° le *Stipe*, 3° le *Chaume*, 4° la *Souche*, 5° la *Tige* proprement dite.

1° On appelle *Tronc* (truncus), la tige des arbres de nos forêts, du chêne, du sapin, du frêne, etc. Il a pour caractères, d'être conique, allongé, c'est-à-dire d'offrir sa plus grande épaisseur à sa base. Il est nu inférieurement, terminé à son sommet par des divisions successivement plus petites, auxquelles on a donné le nom de branches, de rameaux et de ramilles ou ramuscules, et qui portent ordinairement les feuilles et les organes de la reproduction. Le tronc est propre aux arbres dicotylédonés : composé intérieurement de couches concentriques superposées, il croît en longueur et en épaisseur, par l'addition de nouvelles couches à sa circonférence.

2° Le *Stipe* (stipes) est une sorte de tige qu'on n'observe que dans les arbres monocotylédonés, tels que les Palmiers, les *Dracœna*, les *Yucca*, et dans certains Dicotylédons, savoir, le *Cycas* et le *Zamia*. Il est formé par une espèce de colonne (1) cylindrique, c'est-à-dire aussi grosse à son sommet qu'à sa base (ce qui est le contraire dans le tronc), souvent même plus renflée à sa partie moyenne qu'à ses deux extrémités, rarement ramifiée, couronnée à son sommet par un bouquet de feuilles, entremêlées de fleurs. Son écorce, lorsqu'il en a une, est ordinairement peu dis-

---

(1) On le désigne souvent par le nom de tronc ou tige à colonne.

tincte du reste de la tige. Son accroissement en hauteur se fait par le développement du bouton qui le termine supérieurement ; il s'accroît en épaisseur par la multiplication des filets de sa circonférence.

Nous ferons voir bientôt, en traitant de la structure anatomique des tiges, que le stipe ne diffère pas moins du tronc par son organisation intérieure, que par les caractères physiques que nous venons d'indiquer.

3° Le *Chaume* (culmus), est propre aux Graminées, c'est-à-dire au blé, à l'orge, à l'avoine, aux Cypéracées et aux Joncs, etc. C'est une tige simple, rarement ramifiée, le plus souvent fistuleuse (1) (c'est-à-dire creuse dans son intérieur) et séparée, de distance en distance, par des espèces de *nœuds* ou cloisons, desquels partent des feuilles alternes et engaînantes.

4° *La Souche* ou *Rhizoma* (2). On a donné ce nom aux tiges souterraines des plantes vivaces, cachées entièrement ou en partie sous la terre, poussant de leur extrémité antérieure de nouvelles tiges, à mesure que leur extrémité postérieure se détruit. C'est à cette tige souterraine que l'on donne, en général, le nom impropre de *racine progressive*, de *racine succise*. Exemple : l'iris, la scabieuse succise, le sceau de Salomon (3). Outre sa direction à peu près horizontale

---

(1) Quelquefois cependant elle est pleine intérieurement, comme dans la canne à sucre, le maïs.

(2) Rizoma, dérivé de Ρίξα racine et de Σωμα corps.

(3) Le nombre des plantes pourvues de souche ou tige souterraine est beaucoup plus considérable qu'on ne l'imagine communé-

sous la terre, un des caractères principaux de la souche, caractère qui la distingue de la racine, c'est d'offrir toujours sur quelques points de son étendue, les traces des feuilles des années précédentes, ou des écailles qui en tiennent lieu. (Voy. pl. 2. fig. 7.)

5° Enfin l'on donne le nom commun et général de *Tiges* à celles qui, différentes des quatre espèces précédentes, ne peuvent être rapportées à aucune d'elles.

Nous allons maintenant étudier la tige en général, quant aux modifications qu'elle peut offrir.

A. Sous le rapport de la *consistance* on distingue la tige :

1° *Herbacée* (herbaceus), celle qui est tendre, verte, et périt chaque année. Telles sont celles des plantes annuelles, bisannuelles et vivaces ; le mouron des champs, la bourrache, la consoude, etc. Toutes ces plantes prennent le nom général d'Herbes *(herbæ)*.

2° *Demi-ligneuse* ou sous-ligneuse (suffruticosus), quand la base est dure et persiste hors de terre un grand nombre d'années, tandis que les rameaux et les extrémités des branches périssent et se renouvellent tous les ans. Tels sont la rüe odorante (*ruta graveolens*), le thym des jardins (*thymus vulgaris*), la sauge officinale

---

ment. Un grand nombre des plantes dites sans tige ou acaules, et des plantes vivaces, sont pourvues d'une souche plus ou moins développée. C'est ce que l'on observe, par exemple, dans la sylvie (*anemone nemorosa*), la moschatelline (*adoxa moschatellina*), le *paris quadrifolia*, etc. La partie de ces plantes, qui a été décrite comme une racine tubéreuse, est une véritable souche.

(*salvia officinalis*). Les végétaux qui offrent une semblable tige, portent le nom de Sous-arbrisseaux (*suffrutices*). Ils sont dépourvus de bourgeons écailleux.

3° *Ligneuse* (lignosus), quand la tige est persistante, et que sa dureté est semblable à celle que l'on connaît au bois en général. Les végétaux à tige ligneuse se divisent en : *Arbustes* (*frutices*) quand ils se ramifient dès leur base et ne portent pas de bourgeons ; par exemple : les Bruyères.

Arbrisseaux (arbusculæ), s'ils sont ramifiés à leur base et portent des bourgeons, comme le noisettier, le lilas, etc.

Enfin ils retiennent le nom d'*Arbres* proprement dits lorsqu'ils présentent un tronc d'abord simple et nu dans sa partie inférieure, ramifié seulement vers sa partie supérieure ; le chêne, l'orme, le pin, etc.

Cette division est tout-à-fait arbitraire, et n'existe point dans la nature. En effet un arbre de la même espèce peut offrir ces trois modifications, suivant les expositions auxquelles il est soumis, ou l'art du cultivateur. Ainsi l'ormille, le petit buis, dont on fait des bordures de plate-bandes dans nos jardins, en ayant soin de les tailler fréquemment, sont absolument la même espèce que l'orme et le buis ordinaires, dont la tige s'élève ordinairement à de grandes hauteurs, surtout celle du premier, lorsqu'ils sont abandonnés à eux-mêmes.

4° *Solide* ou *pleine* (solidus), quand elle n'offre aucune cavité intérieure. Par exemple, la canne à sucre, le tronc de la plupart des arbres.

5° *Fistuleuse* (fistulosus), offrant une cavité inté-

rieure, continue ou séparée par des cloisons horizontales : l'*arundo donax*, l'angélique, l'*œnanthe fistulosa*,
le bambou, le *cecropia peltata*, grand arbre de l'Amérique méridionale, dont le tronc toujours creux est
pour cette raison nommé *bois-canon* par les habitans.

6° *Médulleuse* (medullosus), remplie de moëlle :
l'hyèble, le sureau, le figuier.

7° *Spongieuse* (spongiosus), formée intérieurement
d'un tissu élastique, spongieux, compressible, rete-
nant l'humidité à la manière des éponges. Ex. *Typha
latifolia, scirpus lacustris*, etc.

8° *Molle* (mollis, flaccidus), quand elle ne peut se
soutenir d'elle - même et qu'elle tombe sur la terre :
par exemple, le mouron des champs (*anagallis arvensis*).

9° *Ferme* ou *roide* (rigidus), lorsqu'elle s'élève directement, se soutient droite, et résiste à la flexion :
exemple, la bistorte (*polygonum bistorta*).

10° *Flexible* (flexibilis), quand on peut la plier ou
la fléchir aisément sans qu'elle se rompe : l'osier.

11° *Cassante* (fragilis), quand elle est roide, et se
casse aisément : celle de l'herbe à Robert (*geranium
Robertianum*). Les différentes espèces de charaignes, etc.

12° *Charnue* (succulentus), celle qui renferme une
grande quantité de suc ou de substance aqueuse : par
exemple, la bourrache, le pourpier.

Les tiges *charnues* peuvent être *laiteuses*, c'est-à-dire
renfermer un suc blanchâtre et lactiforme ou jaunâtre,
comme les euphorbes, la grande éclair (*chelidonium
majus*), le pavot, etc.

B. Quant à sa *forme*, la tige peut offrir un grand nombre de modifications; ainsi on l'appelle :

1° *Cylindrique* (1) (cylindricus), quand sa forme générale approche de celle d'un cylindre, c'est-à-dire que sa section transversale offre un cercle dont les différens diamètres sont à peu près égaux. Cette forme se trouve dans le tronc de la plupart des arbres de nos forêts, et dans certaines plantes herbacées comme la stramoine (*datura stramonium*), le lin, etc.

2° *Effilée* (virgatus), ou en baguette, celle qui est grêle, longue, droite, et s'allonge considérablement en diminuant de la base vers le sommet. Telle est celle de la guimauve (*althœa officinalis*) de la gaude (*reseda luteola*), de la salicaire (*lythrum salicaria*).

3° *Comprimée* (compressus), lorsqu'elle est légèrement aplatie sur deux côtés opposés (*le poa compressa*).

4° *Ancipitée* (anceps), quand la compression est portée jusqu'au point de former deux tranchans semblables à ceux d'un glaive.

5° *Angulée* (angulatus), lorsqu'elle est marquée d'angles ou de lignes saillantes, longitudinales, dont le nombre est déterminé.

Selon que ces angles sont aigus ou obtus, on la dit :

---

(1) Remarquons ici que dans le règne organique les formes géométriques ne sont jamais aussi régulières, aussi rigoureusement déterminées que dans les minéraux. Ainsi quand on dit d'une tige qu'elle est *cylindrique* on exprime seulement par ce mot que c'est du cylindre que sa forme se rapproche d'avantage.

4

Acutangulée,

Obtusangulée.

Suivant le nombre des angles et par conséquent des faces distinctes qu'elle présente, on la nomme :

Triangulaire, *trigone* ou *triquètre* (triangularis , trigonus, triqueter), quand elle offre trois angles. Tels sont beaucoup de *carex*, le *scirpus sylvaticus*, etc.

Quadrangulaire, *tetragone* (quadrangularis, tetragonus), quand elle a quatre angles et quatre faces. Dans ce cas elle est carrée. Telles sont la plupart des Labiées, comme la menthe, la sauge, le marrube, etc.

Pentagone (pentagonus), lorsqu'elle présente cinq faces.

Hexagone (hexagonus), quand elle en offre six.

6° On dit de la tige qu'elle est *anguleuse* (angulosus), lorsque le nombre des angles est très - considérable, ou que l'on ne veut pas le déterminer avec précision.

7° *Noueuse* (nodosus), offrant des nœuds ou renflemens de distance en distance ; les Graminées, le *geranium Robertianum.*

8° *Articulée* (articulatus), formée d'articulations superposées et réunies bout à bout : le gui, beaucoup de Graminées, de Caryophyllées, etc.

9° *Géniculée* (geniculatus) ; quand les articulations sont fléchies angulairement : exemple, l'*alsine media*, le *geranium sanguineum.*

10° *Sarmenteuse* (sarmentosus), une tige frutiqueuse trop faible pour pouvoir se soutenir par elle-même, et s'élevant sur les corps voisins, soit au moyen d'appendices particuliers, nommés *vrilles*, soit par sa simple torsion autour de ce corps : exemple, la vigne, le chèvre-feuille.

11° *Grimpante* (scandens , radicans), celle qui s'é-lève sur les corps environnans et s'y attache au moyen de racines, comme le lierre (*hedera helix*), le *bigno-nia radicans*, etc.

12° *Volubile* (volubilis) , la tige qui s'entortille en forme de spirale autour des corps voisins. Une chose bien digne de remarque ; c'est que les mêmes plantes ne commencent point leur spirale indistinctement à droite ou à gauche. Elles se dirigent constamment du même côté dans une même espèce. Ainsi, quand la spirale a lieu de droite à gauche, la tige est dite *dex-trorsum volubilis*, comme dans le haricot, le dolichos, le lizeron.

On dit au contraire qu'elle est *sinistrorsum volubilis*, quand elle commence sa spirale de gauche à droite : par exemple, le houblon, le chèvre-feuille.

13° *Grêle* (gracilis), quand elle est très-longue en comparaison de sa grosseur : par exemple , le *stellaria holostea*, l'*orchis conopsea*, etc.

14° *Filiforme* (filiformis), quand elle est fort grêle et couchée à terre, comme dans la canneberge (*vacci-nium oxicoccus*).

G. D'après sa *composition*, on distingue la tige en :

1° *Simple* (simplex), lorsqu'elle est sans ramifica-tions marquées : exemple, le bouillon blanc (*verbas-cum thapsus*), la digitale pourprée (*digitalis purpurea*).

2° *Rameuse* (ramosus), divisée en branches et en

rameaux. La tige peut être rameuse dès sa base (*basi ramosus*), comme l'ajonc ou landier (*ulex europæus*), ou seulement vers son sommet (*apice ramosus*).

3º *Dichotome* (dichotomus), lorsqu'elle se divise par bifurcations successives ; telle est celle de la mâche (*valerianella locusta*), de la stramoine (*datura stramonium*).

4º *Trichotome* (trichotomus), se divisant par trifurcations, comme dans la belle-de-nuit (*nyctago hortensis*).

Quant à la disposition des rameaux, relativement à la tige, comme leurs diverses modifications sont parfaitement analogues à celles que nous observerons dans les feuilles, nous croyons inutile d'en parler ici, ce que nous dirons bientôt de la position des feuilles sur la tige pouvant s'appliquer également à celle des branches et des rameaux.

D. Suivant sa *direction*, on dit que la tige est :

1º *Verticale* ou *dressée* (1) (*verticalis, erectus*), quand elle est dans une direction verticale relativement à l'horizon ; par exemple, celle de la raiponse (*campunula rapunculus*), de la linaire (*antirrhinum linaria*).

2º *Couchée* (prostratus, procumbens (2) humifu-

____

(1) Il ne faut pas confondre la tige droite (*rectus*) avec la tige dressée (*erectus*). La première s'élève directement sans former aucune courbure, aucune déviation latérale, comme dans le bouillon blanc, par exemple : la seconde, au contraire, n'exprime que l'opposition à tige couchée (*prostratus*). Une tige dressée peut donc ne point être droite ; de même une tige droite n'est pas nécessairement dressée.

(2) *Prostratus*, couchée d'un seul côté.

sus) (3); lorsqu'elle ne s'élève point, mais se couche sur la terre sans s'y enraciner; par exemple : la mauve (*malva rotundifolia*), le serpolet (*thymus serpyllum*, etc.).

3° *Rampante* (repens), quand elle est couchée sur la terre et qu'elle s'y enracine par tous les points de son étendue; ex. : la nummulaire (*lysimachia nummularia*).

4° *Traçante* ou *stolonifère* (reptans s. stoloniferus), poussant du pied principal de petites tiges latérales grêles, nommées *stolons*, susceptibles de s'enraciner et de reproduire de nouveaux pieds; par exemple : le fraisier (*fragaria vesca*).

5° *Oblique* (obliquus), s'élevant obliquement à l'horizon.

6° *Ascendante* (ascendens), formant à sa base une courbe dont la convexité regarde à terre, et redressée dans sa partie supérieure; par exemple, le trèfle des prés (*trifolium pratense*), la véronique en épi (*veronica spicata*).

7° *Réclinée* (reclinatus), dressée, mais réfléchie brusquement à son sommet, comme, par exemple, quelques espèces de groseillers.

8° *Tortueuse* (tortuosus), formant plusieurs courbures en différens sens, le *bunias cakile*, par exemple.

9° *Spiralée* (spiralis), formant des courbures en forme de spirale : par exemple, la plupart des *costus*.

E. Vestiture et appendices :

______

(1) *Humifusus*, étalée en tous sens.

1° *Feuillée* (foliatus), portant les feuilles ; telles sont en général la plupart des tiges.

On dit, au contraire, d'une tige, qu'elle est *feuillue* (*caulis foliosus*), quand elle est couverte d'un nombre très-considérable de feuilles.

2° *Aphylle* ou sans feuilles (aphyllus), dépourvue de feuilles (La custute).

3° *Ecailleuse* (squamosus), portant des feuilles en forme d'écailles, telles sont les orobanches.

4° *Ailée* (alatus), garnie longitudinalement d'appendices membraneux ou foliacés, venant le plus souvent des feuilles ; comme dans la grande consoude (*symphytum officinale*), le bouillon blanc (*verbascum thapsus*).

F. Superficie :

1° *Unie* (lævis), dont la surface n'a aucune sorte d'aspérités ni d'éminences (*tamus communis*).

2° *Glabre* (glaber), dépourvue de poils ; la pervenche (*vinca major*).

3° *Lisse* (lævigatus), glabre et unie.

4° *Pulvérulente* (pulverulentus), couverte d'une sorte de poussière produite par le végétal (*primula farinosa*).

5° *Glauque* (glaucus), quand cette poussière forme une couche excessivement, mince, qu'on enlève facilement, et qui est de couleur vert de mer (1) ; ex. : le *cucubalus behen*, la *chlora perfoliata*, etc.

----

(1) C'est cette poussière que l'on désigne vulgairement sous le nom de *fleur* dans certains fruits, les prunes, le raisin, etc.

6°. *Ponctuée* (punctatus), offrant des points plus ou moins saillans et nombreux , comme la rue (*ruta graveolens*). Ces points sont ordinairement de petites glandes vésiculeuses , remplies d'huile essentielle.

7° *Maculée* (maculatus), marquée de taches de couleur variée ; par ex., le gouet (*arum maculatum*), la grande ciguë (*conium maculatum*), l'*orchis maculata*, etc.

8o *Rude* (scaber , asper), dont la surface offre au doigt une aspérité insensible à la vue, et qui paraît due à de très-petits poils, rudes et extrêmement courts ; comme dans l'herbe aux perles (*lithospermum arvense*).

9° *Verruqueuse* (verrucosus), offrant de petites excroissances calleuses (appelées gales ou verrues) ; telle est la tige du fusain galeux (*evonymus verrucosus*).

10° *Subéreuse* (suberosus), celle dont l'écorce est de la nature du liége, comme le *liége* proprement dit (*quercus suber*).

11° *Crevassée* ou fendillée (rimosus), offrant des fentes inégales et profondes, comme l'orme, le chêne , et un grand nombre d'autres arbres.

12° *Striée* (striatus), offrant de petites lignes longitudinales saillantes, nommées stries, comme l'oseille (*rumex acetosa*).

13o *Sillonée* (sulcatus), présentant des sillons longitudinaux, plus ou moins profonds : la ciguë, le panais.

G. Pubescence :

1° *Pubescente* (pubens) (1), garnie de poils mous ,

---

(1) C'est à tort que l'on se sert du mot de *pubescens* pour signifier une partie couverte de poils. Les Latins que nous devons imi-

très-fins et rapprochés, mais distincts; par exemple : la digitale pourprée (*digitalis pupurea*), la saxifrage grenue (*saxifraga granulata*).

2° *Poilue* (pilosus), couverte de poils longs, mous et peu nombreux; exemple: l'aigremoine (*agrimonia eupatorium*), la renoncule âcre (*ranunculus âcris*).

3° *Velue* (villosus), quand les poils sont mous, longs, très-rapprochés.

4° *Laineuse* (lanatus), couverte de poils longs, un peu crépus et rudes, semblables à de la laine; par ex.: la *ballota lanata*.

5° *Cotonneuse*, quand les poils sont blancs, longs et doux au toucher comme du coton; ex.: le *stachys germanica*, l'*hieracium eriophorum*.

6° *Soyeuse* (sericeus), quand les poils sont longs; doux au toucher, luisans et non entremêlés, comme sont des fils de soie (*protea argentea*).

7° *Tomenteuse* (tomentosus), quand les poils sont courts, entremêlés, et semblent être tissus comme un drap; exemple : le bouillon blanc.

8° *Ciliée* (ciliatus), quand les poils sont disposés

---

ter servilement quand nous employons leur langue, se servaient du verbe *pubescere*, en parlant des végétaux, pour exprimer leur accroissement. C'est ainsi que Pline dit: *Iam pubescit arbor*, déjà l'arbre commence à croître. Tandis qu'il dit dans un autre lieu: *Folia quercûs pubentia*, pour exprimer la pubescence des feuilles du chêne. Il me semble, d'après cela, que nous n'avons rien de mieux à faire dans ce cas qu'à copier les Latins; car, à coup sûr, ils devaient mieux connaître que nous la valeur et la propriété des mots de leur langue.

par rangées ou lignes plus ou moins régulières ; ex : la *veronica chamœdrys.*

9° *Hispide* (hispidus), garnie de poils longs, roides et à base tuberculée; comme le *galeopsis tetrahit,* le *sinapis arvensis.*

H. Armure :

1° *Epineuse* (spinosus), armée d'épines. (1) *Genista anglica, gleditsia ferox.* etc.

2° *Aiguilloneuse* (aculeatus), offrant des aiguillons (les Rosiers).

3° *Inerme* (inermis), se dit par opposition aux deux expressions précédentes ; c'est-à-dire sans épines ni aiguillons.

Structure anatomique des tiges.

En parlant précédemment de la distinction du *tronc* et du *stipe*, nous avons dit que ces deux espèces de tiges, dont l'une appartient à la grande classe des *Dicotylédons*, et l'autre aux *Monocotylédons*, différaient autant par leur structure intérieure, et la disposition respective des parties élémentaires qui les composent, que par leurs caractères extérieurs. C'est, comme nous l'exposerons bientôt, à M. Desfontaines que la science doit cette importante découverte. Ce savant botaniste est le premier qui ait fait connaître avec exactitude et précision l'organisation intérieure ou structure anatomique de la tige des végétaux, et principalement des

______

(1) Voy. plus loin la description des *épines* et des *aiguillons.*

Monocotylédons. Aussi les notions que nous allons exposer sur ce sujet sont-elles dues en grande partie à ce célèbre naturaliste. Mais il convient d'examiner séparément l'organisation des tiges des Dicotylédons, et ensuite celle des Monocotylédons.

SECTION PREMIÈRE.

ORGANISATION DE LA TIGE DES DICOTYLÉDONS.

Le tronc des arbres dicotylédonés est formé de couches concentriques superposées, de sorte qu'il représente en quelque manière, une suite d'étuis emboités les uns dans les autres, et augmentant d'étendue du centre à la circonférence. Coupé transversalement, il offre à considérer les objets suivans : 1° au centre, le *Canal médullaire*, formé de l'*Étui médullaire* qui constitue les parois de ce canal, et de la *Moelle* qui en occupe la cavité ; 2° tout-à-fait à sa circonférence, on voit l'*Écorce*, qui se compose de l'*Epiderme*, ou de cette pellicule extérieure recouvrant toutes les parties du végétal ; de l'*Enveloppe herbacée*, des *Couches corticales* et du *Liber;* 3° enfin, entre l'étui médullaire et l'écorce, se trouvent les *Couches ligneuses*, formées extérieurement par l'*Aubier* ou faux bois, intérieurement par le *Bois* proprement dit. Nous allons étudier successivement ces différentes parties.

§ 1. *De l'Epiderme.*

L'*Épiderme* (Epiderma, cuticula) est une lame mince, presque diaphane, formé d'un tissu uniforme, dans lequel on ne distingue aucune trace de vaisseaux ou de cellules, mais présentant un grand nombre de petites ouvertures ou pores, que quelques auteurs regardent comme des espèces de bouches aspirantes (1). Il enveloppe toutes les parties du végétal, mais est surtout apparent sur les jeunes tiges, dont on peut l'isoler avec quelque précaution. Il paraît formé par la paroi externe des cellules du tissu aréolaire sous-jacent, endurcie et fortifiée par l'action de l'air et de la lumière. Comme il ne jouit que d'un certain degré d'extensibilité, au delà duquel il ne peut plus s'étendre, il se déchire et se fendille, quand le tronc a acquis un certain volume, ainsi qu'on l'observe dans le chêne, l'orme ; d'autres fois il se détache par lambeaux ou par plaques, comme dans le bouleau, le platane. Lorsqu'on l'enlève sur une jeune tige, il se régénère avec assez de facilité. C'est la partie du végétal qui résiste le plus long-temps à la décomposition ; la putréfaction n'exerce sur lui aucune action sensible. La couleur qu'il présente n'est point inhérente à sa nature, elle est due à la coloration particulière du tissu, sur lequel il est appliqué.

D'après ce qui vient d'être dit de la structure de

---

(1) Plusieurs physiologistes révoquent en doute l'existence de ces pores.

l'Épiderme, il est facile de reconnaître que cette partie
n'est point une membrane distincte du reste du tissu
végétal, comme le veulent quelques auteurs, puisqu'il
est formé par la paroi extérieure des cellules du tissu
aréolaire sous-jacent.

§ 2. *De l'Enveloppe herbacée.*

Au-dessous de l'épiderme, on voit une lame de tissu
cellulaire, qui l'unit aux couches corticales, et à laquelle M. Mirbel donne le nom d'*Enveloppe herbacée*.
Sa couleur est le plus souvent verte dans les jeunes
tiges. Elle recouvre le tronc, les branches et leurs divisions, et remplit les espaces qui existent entre les
ramifications des nervures des feuilles. Sa nature paraît
être glandulaire. Elle renferme souvent les sucs propres des végétaux. Elle se répare facilement sur la tige
des végétaux ligneux ; mais ce phénomène n'a pas lieu
dans les plantes annuelles. Elle paraît avoir une organisation et des usages analogues à ceux de la moelle
renfermée dans l'étui medullaire. C'est cette enveloppe
herbacée qui ayant acquis une épaisseur considérable
et des qualités physiques particulières, constitue la
partie connue sous le nom de liége dans le *Quercus
suber* et quelques autres végétaux. L'enveloppe herbacée est le siége d'un des phénomènes chimiques les
plus remarquables, que présente la vie du végétal. En
effet, c'est dans son intérieur que, par une cause
difficile à apprécier, s'opère la décomposition de l'a-
cide carbonique absorbé dans l'air par la plante. Le

carbone reste dans l'intérieur du végétal, l'oxigène, mis à nu, est rejeté à l'extérieur. Remarquons cependant que cette décomposition n'a lieu, que lorsque la plante est exposée aux rayons du soleil; tandis que l'acide carbonique est rejeté indécomposé, quand le végétal ne se trouve plus sous l'influence de cet astre. Cette partie se renouvelle chaque année. Elle joue encore un rôle très-important dans les phénomènes de la végétation; c'est elle en effet qui, au retour de la belle saison, sollicite la sève à monter jusque vers les bourgeons, et devient ainsi un des mobiles les plus puissans de leur élongation aérienne.

Il est très-facile de découvrir l'enveloppe herbacée sur les jeunes branches d'un arbre; en effet c'est elle que l'on aperçoit lorsque l'on a enlevé l'épiderme.

C'est dans cette partie que l'on trouve en général les **vaisseaux** propres ou réservoirs des sucs propres.

§ 3. *Des couches corticales;*

Les *couches corticales* n'existent pas toujours, ou du moins elles sont parfois si peu développées, si peu distinctes du Liber, qu'il devient fort difficile de les reconnaître. Situées au-dessous de l'enveloppe herbacée, elles sont appliquées sur les couches les plus extérieures du liber, dont on les distingue avec peine. Nul végétal ne les offre plus apparentes et plus remarquables, par la disposition singulière du tissu qui les compose, que le bois dentelle (*lagetto*). Ici, en effet, elles forment plusieurs couches superposées qui, lors-

quelles viennent à être étendues, ressemblent parfaitement à une toile tissue, ou plutôt à une sorte dentelle
assez régulière. Mais dans le plus grand nombre des
plantes, il est difficile de distinguer cette partie d'avec
le liber.

§ 4. *Du Liber.*

Entre les *couches corticales*, qui sont à l'extérieur, et
le *corps ligneux*, qui est plus intérieurement, se trouve
le *Liber*. Cet organe est composé d'un réseau vasculaire,
dont les aréoles allongées sont remplies par du tissu
cellulaire. Il est rare que, comme l'indique son nom,
on puisse le séparer facilement en feuillets distincts,
que l'on a comparés à ceux d'un livre (1). Mais, par la
macération, on parvient presque toujours à obtenir cet
effet.

De même que toutes les autres parties de l'écorce,
le Liber peut se réparer lorsqu'il a été enlevé. Cependant il faut, pour que sa régénération ait lieu, que la
place dont on l'a détaché, soit garantie du contact de
l'air; c'est à Duhamel que l'on doit cette importante
découverte.

Cet habile naturaliste à qui la physiologie végétale
doit un si grand nombre de résultats heureux, enleva
une portion d'écorce sur un arbre vigoureux et en
pleine végétation; il garantit la plaie du contact de
l'air, et vit bientôt suinter de la superficie du corps
ligneux et des bords de l'écorce, une substance vis-

---

(1) On l'appelle également liber ou livret.

queuse qui, s'étendant sur la plaie, prit de la consistance, devint verte, celluleuse, et reproduisit la partie du liber qui avait été enlevée.

C'est à cette substance visqueuse qui s'épanche des parties dénudées pour reformer le Liber, que Grew et après lui Duhamel ont donné le nom de *Cambium*. Plusieurs auteurs pensent avec quelque raison que le Cambium n'est autre chose que la sève descendante et élaborée. Je suis d'autant plus porté à admettre cette opinion, que ce fluide visqueux remplit absolument dans l'économie végétale les mêmes fonctions que celles que l'on attribue généralement à la sève descendante, et qu'il est charié par les mêmes canaux.

Quelle que soit l'origine du Cambium, il n'en joue pas moins un rôle extrêmement important dans l'accroissement des tiges. En effet, dans toutes les hypothèses émises pour expliquer ce phénomène, sa présence n'est pas moins indispensable, comme nous le démontrerons prochainement en traitant de l'accroissement des tiges dicotylédones.

Un grand nombre de phénomènes prouvent la nécessité indispensable du liber pour la végétation. Une greffe ne reprendra, qu'autant que son liber se trouvera en contact avec celui de l'arbre sur lequel on l'implante. Une marcotte, dont la partie inférieure est privée de liber, ne s'enracinera pas. Si l'on enlève sur le tronc d'un arbre une bande circulaire de liber, de manière à laisser le corps ligneux à nu, non-seulement toute la partie supérieure de l'arbre ne se développera pas l'année suivante, mais l'arbre entier finira même par périr.

Chaque année le liber s'endurcit, il se forme à son intérieur de nouvelles couches par le moyen du cambium.

§ 5. *De l'Aubier, ou faux bois.*

Les couches ligneuses les plus extérieures, celles qui touchent le liber, constituent l'Aubier. Cette partie n'est point un organe distinct du bois proprement dit, dont les couches sont situées au-dessous ; c'est du bois, mais encore jeune, ét qui n'a point encore acquis toute la dureté ni toute la tenacité qu'il doit présenter plus tard. Aussi l'Aubier offre-t-il absolument la même structure que le bois, en observant toutefois que son tissu est formé de fibres plus faibles, plus écartées les unes des autres, et en général d'une teinte plus claire.

La différence de coloration entre le bois et l'Aubier est très-remarquable dans les arbres dont le bois est très-dur, très-compact, et particulièrement dans ceux dont le bois offre une teinte plus ou moins foncée : ainsi dans le bois d'ébène, le bois de campèche, le bois proprement dit est noir ou rouge foncé, tandis que les couches d'Aubier présentent une teinte grisâtre, très-claire ; mais dans les arbres à bois blanc et à gros grains la différence entre les couches ligneuses et l'Aubier est peu sensible.

Nous présenterons, en parlant de l'accroissement des tiges en diamètre, les opinions très-diverses des auteurs, sur l'origine de l'Aubier.

§ 6. *Du Bois proprement dit.*

Le *bois* tire son origine des couches les plus intérieures de *l'aubier*, qui acquièrent successivement une dureté plus considérable, et finissent par se convertir en véritable bois. Celui-ci est donc composé de toutes les couches circulaires, situées entre l'aubier et l'étui médullaire. A une certaine époque de la vie du végétal, il se forme, chaque année, une couche de bois et une d'aubier, c'est-à-dire que la couche la plus intérieure de l'aubier se convertit en bois, à mesure qu'il se régénère à l'extérieur une nouvelle couche d'aubier, en sorte qu'il s'ajoute, tous les ans, une nouvelle zône concentrique à celles qui existaient déjà.

Le bois est, en général, la partie la plus dure du tronc; mais sa dureté n'est point la même dans toutes les zônes qui le constituent. Dans les arbres dicotyledonés, les couches le plus intérieures, qui sont en même temps les plus anciennes, ont une solidité, une compacité plus grandes que les extérieures, qui se rapprochent en général, à cet égard, de l'aubier. Ordinairement le passage du bois à l'aubier est presque insensible, parce que le plus souvent leur couleur est là même. Mais quelquefois la différence est des plus tranchées, comme nous l'avons fait remarquer pour l'ébène et le bois de Campêche.

Une différence non moins remarquable entre le bois et l'aubier, c'est que le dernier est totalement privé de vaisseaux, tandis qu'on en aperçoit manifestement dans le bois. Les vaisseaux du bois sont des fausses trachées, des vaisseaux poreux, mais jamais de véritables trachées. C'est au moyen de ces tubes, tantôt dispersés sans ordre dans la substance du bois, tantôt réunis en faisceaux, que la sève est portée dans l'épaisseur du tronc. Mais il arrive une époque où, par les progrès de l'âge, les parois de ces vaisseaux s'épaississent, leur cavité diminue, finit même par disparaître, et le cours des liquides est pour toujours interrompu dans la substance ligneuse.

Duhamel a démontré d'une manière péremptoire la transformation de l'aubier en bois. Il fit passer un fil d'argent dans les couches de l'aubier, il en ramena les deux bouts au-dehors et les noua. Ayant coupé la branche quelques années après et examiné les fils qu'il avait passés dans l'aubier, il les trouva engagés dans le bois; par conséquent l'aubier était devenu bois.

§ 7. *De l'Étui médullaire.*

L'étui médullaire, comme nous l'avons déjà dit, occupe le centre de la tige; il tapisse la couche la plus intérieure du bois, et a pour usage de contenir la moëlle. Ses parois sont formées de vaisseaux très-longs, parallèles et disposés longitudinalement. Ces vaisseaux sont des trachées, des fausses trachées et des vaisseaux poreux. C'est dans l'étui médullaire seulement, et dans quelques racines, qu'on a jusqu'à ce jour observé les trachées. L'étui médullaire est d'autant plus grand et plus large, qu'on l'observe sur des végétaux plus jeunes; par les progrès du développement de la tige il se resserre sur lui-même, et finit par disparaître presque entièrement. Cependant M. du Petit-Thouars pense qu'une fois formé, l'étui médullaire n'éprouve aucun changement ni aucune diminution.

§ 8. *De la moelle.*

La moelle est cette substance spongieuse, lâche, diaphane et légère, formée, presque en totalité, de tissu cellulaire à son état de simplicité, qui remplit l'étui médullaire. Quelques vaisseaux semblent la parcourir longitudinalement. Les cellules du tissu cellulaire qui constitue la moelle ont, en général, une grande régularité; comme celles du tissu cellulaire des autres parties, elles communiquent toutes les unes avec les autres.

La moelle communique aussi avec la couche celluleuse et herbacée de l'écorce, au moyen de prolongemens particuliers, qu'elle envoie à travers le corps ligneux. C'est à ces prolongemens, disposés sur une coupe transversale du tronc, comme des rayons partant en divergeant du centre à la circonférence, que l'on a donné le nom d'*insertions* ou de *prolongemens médullaires*. Ils servent à établir une communication directe entre la moelle et le tissu cellulaire extérieur de la tige (1).

______

(1) Quel est l'usage de la moelle? Les hypothèses ne manquent pas à cet égard. Si l'on en croit le célèbre Hales, la moelle est l'agent essentiel de la végétation. Étant élastique et dilatable, elle agit à la manière d'un ressort sur les autres parties, qu'elle force ainsi à se développer.

Tels sont les différens organes que l'on trouve en analysant la tige des végétaux dicotylédons. Cependant toutes ces parties sont loin d'être toujours réunies et visibles sur la même plante. Quelquefois elles se confondent tellement les unes avec les autres, qu'il est presque impossible de les distinguer et de les isoler. Mais lorsqu'on connaît bien la structure la plus compliquée d'une partie, il devient facile de se représenter, dans certains cas, ceux de ses organes qui peuvent y manquer accidentellement.

Il nous reste maintenant à étudier comparativement la structure de la tige des Monocotylédons, afin d'exposer ensuite le mode particulier de développement et d'accroissement, propre à chacune de ces deux grandes divisions du règne végétal

SECTION II.

ORGANISATION DE LA TIGE DES MONOCOTYLEDONS.

M. Desfontaines est le premier qui ait confirmé la grande division des végétaux Phanérogames, en Monocotylédons et en Dicotylédons, par la structure anatomique de leur tige, si différente dans l'une et l'autre de ces deux classes.

En général, la tige des Monocotylédons est plus élancée, plus simple que celle des arbres à deux cotylédons. Très-rarement elle se divise en rameaux, comme celle que nous venons d'étudier précédemment.

Le tronc d'un arbre monocotylédoné, coupé en travers, d'un palmier, par exemple, ne présente pas, comme celui d'un chêne, d'un orme ou de tout autre arbre de nos forêts, un aspect régulier et symétrique, des zônes circulaires de bois, d'aubier, de liber et d'écorce, toujours disposées dans le même ordre, un canal médullaire occupant constamment la partie centrale de la tige. Ici, toutes ces parties semblent réunies, ou plutôt confondues les unes avec les autres. La moelle remplit toute l'épaisseur de la tige; le bois, disposé par faisceaux longitudinaux, se trouve en quelque sorte perdu, et comme dispersé sans ordre, au milieu de la substance médullaire. L'écorce n'existe pas toujours, et quand elle ne manque pas, elle est si peu distincte des autres parties de la tige, qu'on pourrait croire également qu'elles n'en sont pas recouvertes. Dans les arbres dicotylédonés, la partie la plus dure est celle qui se rapproche le plus du centre de la tige, parce qu'elle est formée des couches ligneuses les plus anciennes. Le contraire a lieu dans les arbres monocotylédonés, où la partie la plus voisine de la circonférence se trouve avoir la solidité la plus grande. Dans les premiers, en effet, les couches les plus anciennes sont au centre; elles occupent, au contraire, la circonférence dans les seconds. C'est ce que l'on concevra facilement tout à l'heure, quand nous aurons exposé le mode particulier suivant lequel se forme et s'accroît la tige des arbres monocotylédons. Les faisceaux ligneux de la tige, qui se réunissent fréquemment ensemble par leurs parties latérales, de manière à former un réseau plus ou moins régulier, sont, comme dans les dicotylédons, accompagnés de vaisseaux poreux, de trachées, et de fausses trachées, destinés à charrier la sève et les autres fluides nutritifs, dans tous les points de la tige.

Ainsi donc les arbres monocotylédons se distinguent des arbres dicotylédons, non-seulement par la structure de leur embryon, mais encore par celle de leur tige. En effet leur *stipe*, qui est en général simple et cylindrique, n'offre point, comme le tronc des chênes et des ormes, des couches de bois emboîtées les unes dans les autres et disposées régulièrement autour d'un canal central renfermant la moelle ; mais la moelle forme, en quelque sorte, toute l'épaisseur de leur tronc, et les fibres ligneuses, au lieu d'être réunies et rapprochées les unes contre les autres, sont écartées, isolées, et leurs faisceaux sont épars au mileu de la substance spongieuse de la moelle.

SECTION III.

DE L'ORGANISATION DE LA RACINE.

Maintenant que la structure intérieure des diverses espèces de tiges nous est connue, il nous sera plus facile d'étudier comparativement celle que présentent les racines.

Toutes les racines sont généralement organisées comme les tiges. Ainsi dans les arbres dicotylédons, la coupe transversale de la racine offre des zônes concentriques de bois disposées circulairement et emboîtées les unes dans les autres. Le caractère vraiment distinctif entre la tige et la racine, c'est que cette dernière est dépourvue de canal medullaire, et par conséquent de moelle, tandis qu'au contraire nous savons que cet organe existe constamment dans les arbres dicotylédons. Il suit de là nécessairement que les insertions médullaires manquent aussi dans les racines.

Cependant il ne faut pas croire que dans les arbres à racine pivotante, le canal médullaire de la tige s'arrête justement au niveau de la terre. Le plus souvent il se prolonge plus ou moins bas dans le pivot, mais jamais il n'existe dans les ramifications, même les plus grosses de la racine.

Jusqu'en ces derniers temps, on avait donné comme caractère distinctif entre la structure anatomique de la racine et celle de la tige, le manque de vaisseaux trachées dans ce premier organe ; cependant deux des savans qui dans le nord de l'Europe se sont occupés de l'anatomie végétale avec le plus de succès, MM. Linck et Tréviranus sont parvenus à trouver ces vaisseaux dans la racine de quelques plantes.

La différence que nous avons vu exister dans l'organisation du tronc des dicotylédons et du stype des monocotylédons, se remarque également dans leurs racines. En effet, jamais dans les plantes monocotylédones on ne trouve de pivot faisant suite à la tige. Cette disposition est une conséquence du mode de développement de la graine, à l'époque de la germination, puisque, comme nous le verrons plus en détail en traitant de cette fonction, la radicule centrale et principale se détruit toujours peu de temps après la germination.

Il existe encore une autre différence très-remar-

quable entre les racines et les tiges. Ces dernières
s'accroissent en général en hauteur par tous les points
de leur étendue, tandis que les racines ne s'allongent
que par leur extrémité seulement. C'est ce qui a été
prouvé par les expériences de Duhamel. Que l'on
fasse à une jeune tige, au moment de son développement, de petites marques éloignées les unes des
autres d'un pouce par exemple, et l'on verra, lorsque
l'accroissement sera terminé, que les espaces situés
entre ces marques se sont considérablement augmentés.
Que l'on répète la même expérience sur des racines,
et l'on se convaincra, que ces espaces restant les mêmes,
tandis que la racine s'est allongée, l'augmentation en
longuenr a eu lieu par son extrémité seulement.

SECTION IV.

CONSIDÉRATIONS GÉNÉRALES SUR L'ACCROISSEMENT DES VÉGÉTAUX, ET EN PARTICULIER SUR LE DÉVELOPPEMENT DE LA TIGE.

Tous les corps de la nature tendent à s'accroître.
Cette loi est commune aux corps inorganiques aussi
bien qu'aux êtres organisés. Mais l'accroissement présente des différences très-marquées, suivant qu'on
l'étudie dans ces deux groupes primitifs. Dans les
minéraux, en effet, il n'offre point de limites déterminées ; ces corps s'accroissent continuellement, jusqu'à ce qu'une cause fortuite vienne mettre un terme
à leur développement. Les animaux et les végétaux

ayant en général une existence dont la durée est déterminée, chez eux l'accroissement est toujours en
rapport avec la durée de leur existence. Dans les minéraux ce sont de nouvelles molécules qui s'ajoutent
à celles qui existaient déjà et qui en constituaient le
noyau primitif; en sorte que la superficie de ces corps
se renouvelle à chaque instant et à mesure que leur
volume augmente. De là la dénomination de *juxta-
position* donnée au mode particulier de l'accroissement dans les corps bruts. Si au contraire vous étu-
diez l'accroissement dans les êtres doués d'organisation
vous verrez qu'il a lieu de l'intérieur vers l'extérieur,
que ce sont les parties primitivement existantes, qui
s'allongent, se développent en tous sens, pour augmenter la masse et le volume du corps. Aussi a-t-on
nommé *intus-susception* cette manière de s'accroître,
particulière aux animaux et aux végétaux.

L'accroissement ne présente pas des différences moins
frappantes lorsque l'on compare entre eux sous ce rapport les végétaux et les animaux. Dans les premiers, en
effet, l'accroissement n'est pas renfermé dans des limites aussi rigoureusement déterminées que dans les
seconds. Le volume du corps, aussi bien que le nombre
de ses parties constituantes, ne sont point fixes. L'art
et la culture peuvent exercer sur le développement
des végétaux l'influence la plus marquée. Il suffit,
pour s'en convaincre, de comparer entre eux deux
arbres d'une même espèce, dont l'un vit abandonné
dans un terrain sec et rocailleux, tandis que l'autre est
cultivé dans un terrain substantiel et profond. Le pre-

mier est petit, ses rameaux courts et ses feuilles étroites; le second, au contraire, élève majestueusement son tronc couronné de branches longues et vigoureuses. Dans les animaux le volume et la forme générale du corps, le nombre des parties qui doivent le constituer sont plus fixes et sujets à moins de variations; tandis que dans les végétaux, il est en quelque sorte impossible de trouver deux individus de la même espèce qui offrent un nombre égal de parties.

Si maintenant nous cherchons à étudier les phénomènes de l'accroissement dans les végétaux en particulier, nous verrons que ces êtres se développent en deux sens, c'est-à-dire qu'à mesure que leur hauteur augmente, leur diamètre devient plus considérable. Nous avons vu en traitant de l'organisation de la tige, que les arbres dicotylédons et les arbres mocotylédons étaient loin d'avoir la même structure intérieure, et qu'il existait entre eux des différences extrêmement tranchées. Ces différences dépendent évidemment du mode particulier, suivant lequel les végétaux de ces deux grandes séries se développent. Aussi traiterons-nous séparément de l'accroissement des arbres monocotylédons et des dicotylédons.

Cette partie de la physiologie végétale est sans contredit une des plus intéressantes, et cependant c'est une de celles qui offrent encore le plus d'obscurité et d'incertitude. En effet, tous les auteurs, surtout depuis un certain nombre d'années, sont loin d'être d'accord, d'avoir une seule et même opinion, sur la manière d'expliquer les phénomènes de l'accroissement de la tige, particulièrement dans les arbres dicotylédons. Il existe même sur ce point des opinions tellement différentes, que nous croyons nécessaire de les faire connaître séparément.

§ 1 *Accroissement de la tige des arbres dicotylédons.*

A. Accroissement en diamètre.

Tous les végétaux s'accroissent en diamètre. Il suffit de jeter les yeux sur les arbres qui végètent autour de nous, pour nous convaincre de cette vérité. Aussi personne ne l'a-t-il contesté. Mais par quel mécanisme se fait cet accroissement? C'est ici que l'on est loin de s'accorder. Parmi les opinions diverses qui ont été émises par les physiologistes, nous distinguerons particulièrement celle de Duhamel et celle de M. Dupetit-Thouars, que nous allons exposer ici avec quelques détails.

1° *L'accroissement en diamètre a lieu dans les arbres dicotylédons par la transformation annuelle du liber en aubier, de l'aubier en bois, et par le renouvellement successif du liber.*

Tel est le fondement de la théorie de Duhamel, c'est-à-dire celle que cet auteur célèbre a développée dans sa *Physique des arbres.* Nous allons la faire connaître dans tous ses développemens, parce que c'est elle qui est la plus généralement adoptée, et presque la seule qui soit publiquement professée, du moins en France.

Nous prendrons la tige à l'époque de son premier développement, c'est-à-dire, lorsque par l'effet de la germination elle sort de la graine, qui la contenait, et commence à se montrer à l'extérieur.

Toutes les parties du végétal renfermées dans la graine, avant la germination, ne sont formées que par un tissu cellulaire dense et régulier. La tige se trouve, comme les autres organes, entièrement privée de vaisseaux. On n'aperçoit, dans son intérieur, aucune trace d'écorce, de moelle, de liber, etc. Mais à peine la germination est-elle commencée, à peine la tige a-t-elle acquis quelque développement, qu'on voit des trachées, des fausses trachées et des vaisseaux poreux se former, pour constituer, en se réunissant, les parois de l'étui médullaire. C'est cette partie intérieure de la tige qui la première est apparente et s'organise. La moelle se trouve contenue dans son intérieur; mais elle est encore verte et abreuvée d'une grande quantité de fluides aqueux. Bientôt on voit la surface externe de l'étui médullaire se recouvrir d'un tissu cellulaire fluide; c'est la première couche de cambium, qui d'un côté va former le premier liber, et de l'autre constituer les couches corticales. Ce liber se convertira bientôt en aubier, à mesure qu'une nouvelle couche s'organisera pour remplacer la première. L'année suivante, le nouveau liber formera une seconde zône d'aubier; et successivement ainsi, tous les ans, une couche d'aubier se convertira en véritable bois, tandis que le liber aura lui-même acquis les propriétés et la nature de l'aubier. Ce développement régulier de la tige explique la formation des couches ou zônes concentriques, que l'on observe sur la coupe transversale de la tige d'un dicotylédon. Mais ces couches n'ont pas toutes la même épaisseur, et cette épaisseur n'est souvent pas égale dans toute leur circonférence. Une observation attentive explique facilement cette disposition singulière. On a remarqué, en effet, que la plus grande épaisseur des couches ligneuses correspondait constamment au côté où se trouvaient les racines les plus considérables, qui, par conséquent, avaient puisé dans la terre une nourriture plus abondante. C'est ainsi, par exemple, que les arbres situés sur la lisière d'une forêt présentent toujours des couches ligneuses plus épaisses du côté extérieur, parce qu'en effet leurs racines, n'y éprouvant pas d'obstacle, s'y étendent et y acquièrent un développement plus considérable.

Dans cette théorie, on voit que c'est le liber qui joue le rôle le plus important dans la formation des couches ligneuses, puisque c'est lui qui chaque année se convertit en une nouvelle zône d'aubier qui s'ajoute à celles qui existaient déjà.

Le liber étant l'organe essentiel de la végétation, et changeant chaque année de forme et de consistance, la nature a dû pourvoir aux moyens de le reproduire aussi chaque année. C'est ce qui a lieu en effet. Si nous étudions avec attention le développement successif des divers organes qui composent la tige des dicotylédons, nous verrons que, la première année, entre les couches corticales et l'étui médullaire, se trouve un liquide gélatineux, auquel Grew et Duhamel ont donné le nom de *cambium*. C'est ce fluide particulier qui con-

tient les premiers rudimens de l'organisation. A mesure
que la jeune tige se développe, la couche la plus
intérieure de ce liquide prend de la consistance, s'organise, se durcit, se change en liber, qui, à la fin de
la première année, se trouve converti en une substance ligneuse encore molle et mal formée. L'automne
arrive, et la végétation s'arrête en cet état. La couche
extérieure du cambium, qui n'a point encore entièrement changé de nature, reste stationnaire et comme
engourdie. Cependant, au retour du printemps, quand
la chaleur douce du soleil vient tirer les végétaux de
leur sommeil hivernal, le cambium reprend sa force
végétative; il développe les bourgeons et les nouvelles
racines; et, lorsqu'il a produit toutes les parties qui
doivent servir à l'entretien de la vie du végétal, il se
durcit peu à peu, devient compacte, en un mot, suit
et éprouve les mêmes changemens que celui qui l'a précédé. Mais, à mesure que ces changemens s'opèrent,
que le liber se durcit et change de nature, que la
couche qu'il a remplacée acquiert une solidité plus
grande, il se développe un nouveau liber. De tous
les points de la surface extérieure de celui qui est prêt
à se convertir en bois, suinte une humeur visqueuse,
sous forme de petites gouttelettes qui s'étendent, se
réunissent : c'est un nouveau cambium, c'est un nouveau liber, qui va s'organiser, se développer et
suivre les différentes époques d'accroissement par-
courues par ceux qui l'ont précédé, et dont il a tiré
son origine.

Tels sont les moyens que la nature met en usage

pour renouveler chaque année la partie végétante de
la tige. C'est ici que se présente la grande différence
des tiges ligneuses et des tiges herbacées. Dans les tiges
ligneuses, en effet, c'est au développement successif
d'une nouvelle couche de liber que l'arbre doit sa
durée et la persistance de sa végétation. Dans les tiges
herbacées, au contraire, tout le cambium se consume
à produire les différens organes de la plante, et à la
fin de l'année se trouve entièrement converti en une
sorte de substance ligniforme, sèche et aride. Il ne
reste donc point, comme dans la tige ligneuse, une
certaine quantité de matière gélatineuse, chargée de
conserver, d'une année à l'autre, les germes d'une nouvelle végétation ; et la plante meurt nécessairement,
faute d'une substance propre à renouveler son développement.

Après avoir développé avec quelque détail la théorie
de la formation des couches ligneuses, au moyen de
la transformation annuelle du liber en aubier, nous
devons faire connaître celle qui a été émise par M. du
Petit-Thouars, et qui a été de la part des physiologistes
le sujet de tant de contestations.

2° *La formation successive des couches ligneuses,
c'est-à-dire l'accroissement en diamètre, est produit par
le développement des bourgeons.*

Dans la théorie précédente, c'est au liber que l'on
attribue la plus grande part dans les phénomènes de
l'accroissement en diamètre ; ici au contraire, ce sont
les bourgeons qui jouent le rôle le plus important dans
cette opération. M. du Petit-Thouars ayant remarqué

que les bourgeons sont assis sur le parenchyme extérieur, et que leurs fibres communiquent avec celles des scions ou jeunes rameaux qui les supportent, en a tiré les conséquences suivantes, qui forment la base de sa théorie de l'organisation végétale.

1° Les bourgeons sont les premiers phénomènes sensibles de la végétation. En effet toutes les parties qui dans les végétaux doivent se développer à l'extérieur sont d'abord renfermées dans des bourgeons.

Il en existe un à l'aisselle de toutes les feuilles. Mais ce bourgeon n'est apparent que dans les plantes dicotylédones, et parmi les monocotylédones, que dans la famille des Graminées seulement. Dans les autres monocotylédones, ce bourgeon est latent, et ne consiste que dans un point vital, susceptible dans certaines circonstances de se développer à la manière des bourgeons des dicotylédons.

2° Par leur développement, les bourgeons donnent naissance à des *scions* ou jeunes branches chargées de feuilles, et le plus souvent de fleurs. Chacun d'eux a une existence en quelque sorte indépendante de celles des autres. M. du Petit-Thouars les regarde comme analogues dans leur développement et leur structure aux embryons renfermés dans l'intérieur des graines, qui, par l'acte de la germination, développent une jeune tige que l'on peut comparer avec juste raison, au scion produit par l'évolution d'un bourgeon. Aussi donne-t-il à ces derniers le nom d'*embryons fixes* ou adhérens, par opposition à celui d'*embryons libres* conservés pour ceux renfermés dans l'intérieur de la graine.

3° Si l'on examine l'intérieur de ces bourgeons, sur un scion ou jeune branche de l'année, on voit qu'ils communiquent directement avec le parenchyme intérieur, ou la moelle. Or cette moelle, comme nous l'avons dit, est d'abord verte, et ses cellules sont remplies de fluides aqueux très-abondans. C'est dans ces fluides aqueux que les bourgeons puisent les premiers matériaux de leur développement. Ils se nourrissent donc aux dépens du parenchyme intérieur ; et en absorbant les fluides qu'il contient, ils le dessèchent, et le font passer à l'état de moelle proprement dite.

4° Dès que ces bourgeons se manifestent, ils obéissent à deux mouvemens généraux, l'un montant ou aérien, l'autre descendant ou terrestre. C'est ici que M. Dupetit Thouars rapproche la structure et les usages des bourgeons, de ceux des embryons-graines. Il considère en quelque sorte les bourgeons, comme des embryons germans. La couche de Cambium située entre l'écorce et le bois est, pour le bourgeon, analogue au sol sur lequel la graine commence à germer. Son évolution aerienne donne naissance à un scion, ou jeune branche ; tandis que de sa base, c'est-à-dire du point par lequel il adhère à la plante-mère, partent des fibres, (que l'auteur compare à la radicule de l'embryon) et qui, glissant dans la couche humide de Cambium, entre le Liber et l'Aubier, descendent jusqu'à la partie inférieure du végétal. Or chemin faisant, ces fibres rencontrent celles qui descendent des autres bourgeons ; elles s'y réunissent, s'anastomosent entre elles et forment ainsi une couche plus ou moins épaisse, qui prend de la consistance, de la solidité, et constitue chaque année une nouvelle couche ligneuse. Quant au Liber, une fois formé, il ne change plus de nature et n'éprouve aucune transformation.

Cette théorie est extrêmement ingénieuse, et M. Dupetit Thouars s'appuie sur plusieurs faits pour en prouver l'exactitude. Ainsi, dit-il, lorsque l'on fait au tronc d'un arbre dicotylédon une forte ligature circulaire, il se forme au-dessus de l'obstacle un bourrelet, et l'accroissement en diamètre cesse d'avoir lieu au-dessous de la ligature. Ce bourrelet est formé par les fibres ligneuses qui descendent de la base des bourgeons en glissant dans le Cambium situé entre le Liber et l'Aubier. Ces fibres ligneuses rencontrant un obstacle qu'elles ne peuvent surmonter, s'y accumulent et s'y arrêtent. Dès lors il ne peut plus se former de nouvelles couches ligneuses au-dessous de la ligature, puisque les fibres qui doivent les constituer cessent d'y arriver. Telle est l'explication donnée par M. Dupetit Thouars du fait de la ligature et du bourrelet circulaire, que la plupart des auteurs expliquent d'une manière tout-à-fait différente.

M. Dupetit Thouars s'autorise encore des phénomènes de la greffe pour étayer sa théorie. Lorsque l'on greffe en *écusson*, on prend ordinairement un bourgeon encore stationnaire, on applique sa base sur la couche du Cambium que l'on a mise à nu ; dès lors les radicelles ou fibres qui partent de la base du bourgeon glissent entre l'écorce et l'Aubier, et le nouveau sujet s'est ainsi identifié à celui sur lequel on l'a greffé.

Malgré toutes les raisons alléguées par l'auteur en faveur de sa théorie, aucun physiologiste ne l'a encore entièrement adoptée. Au contraire presque tous ceux qui s'occupent de la physique des végétaux, l'ont combattue avec plus ou moins de succès. Les principaux argumens que l'on peut opposer à la théorie de M. Dupetit Thouars, sont 1° que rien ne prouve, d'une manière irréfragable, que les fibres qui établissent la communication entre les bourgeons et les tiges qui les supportent, descendent ainsi de ces bourgeons jusque dans les racines. 2° Que les phénomènes du bourrelet circulaire, formé à la suite de la ligature du tronc, peuvent s'expliquer par l'interception et la stase de la sève descendante. 3° Qu'il est impossible de concevoir comment des fibres, aussi grêles que celles qui unissent les bourgeons aux tiges, peuvent, dans un espace de temps aussi court, que celui durant lequel la tige s'accroît en diamètre, descendre de leur propre poids, du sommet d'un arbre de 60 à 80 pieds jusqu'à sa base. 4° Que puisque ce sont les fibres qui descendent de la base des bourgeons qui constituent les couches ligneuses, si dans la greffe en écusson on greffe un bourgeon d'un arbre à bois coloré, sur un individu à bois blanc, les fibres qui partent de ces bourgeons devraient conserver leur couleur et les nouvelles couches ligneuses qu'elles forment en présenter une semblable, ce qui n'a pas lieu. 5° Enfin si c'est le développement des bourgeons qui donne lieu à la formation du bois, comment a pu se former la première couche ligneuse sur le jeune scion de l'année, puisqu'aucun des bourgeons qu'il supporte ne s'est encore développé.

Les deux théories dont nous venons de faire l'exposition ne peuvent donc pas être adoptées dans leur entier, comme donnant une explication rigoureuse de tous les phénomènes de l'accroisesment en diamètre, dans les végétaux dicotylédons. En effet celle de Duhamel est essentiellement fondée sur la transformation annuelle du Liber en Aubier, et sa régénération, au moyen de la couche de Cambium. L'expérience par laquelle ce célèbre physicien dit, qu'ayant fait passer un fil d'argent dans le Liber, il l'a retrouvé l'année suivante dans l'Aubier, est tout-à-fait inexacte. En effet tous ceux qui après Duhamel ont cherché à la répéter n'ont pu obtenir le même résultat, et lorsque le fil d'argent avait été réellement passé à travers le Liber, on l'a toujours retrouvé dans cet organe, et non dans l'Aubier. Cette théorie doit donc nécessairement s'écrouler, si nous sapons la base sur laquelle l'auteur l'avait élevée. Quant à celle de M. Dupetit Thouars, nous ne répéterons point ici les objections puissantes que l'on a élevées contre elle.

Le Liber que l'on avait jusqu'à présent considéré comme l'organe le plus essentiel de la végétation, comme celui qui opérait chaque année l'augmentation en diamètre du tronc des arbres dicotylédons, étant au contraire neutre et passif dans cette opération, on doit chercher une autre explication des phénomènes de l'accroissement en diamètre. Or voici celle qui nous paraît la plus probable et la plus en rapport avec l'observation rigoureuse des faits. Si l'on examine une jeune branche, à l'époque de la végétation, c'est-à-dire quand la sève circule abondamment dans toutes les parties du végétal, voici ce que l'on observe : entre le Liber et l'Aubier, on trouve une couche d'un fluide d'abord clair et limpide, qui petit à petit s'épaissit, et prend de la consistance ; ce fluide, que l'on a nommé *Cambium*, est formé par la sève descendante, mélangée à une partie des sucs propres des végétaux. A mesure que le Cambium s'épaissit, on voit des filamens se former dans son intérieur, et bientôt il s'organise et prend l'aspect du tissu végétal. Cette transformation est graduelle, et continue pendant tout le temps du développement des bourgeons, en sorte que la formation de la couche annuelle a lieu d'une manière lente et progressive. C'est pour cette raison que les couches nouvelles d'Aubier présentent très-souvent plusieurs zônes concentriques qui annoncent que toute leur épaisseur n'a pas été formée d'une seule fois.

Ainsi donc l'Aubier n'est pas formé par le Liber qui s'épaissit et prend plus de consistance, mais par le cambium qui s'organise et devient ainsi l'agent de l'accroissement en diamètre. Lorsque Duhamel a retrouvé dans l'Aubier le fil d'argent qu'il avait cru avoir engagé dans le Liber, c'est que ce fil avait été passé à travers la couche organique du Cambium.

Le Liber se répare et se réorganise en partie chaque année, par sa face interne. En effet la couche de Cambium qui baigne sa surface intérieure, s'organise et s'ajoute à cet organe, en sorte qu'il prend graduellement plus de développement.

Ainsi donc pour nous résumer, il se forme chaque

année dans le tronc des arbres dicotylédons une nouvelle couche ligneuse. Cette nouvelle couche est produite par le Cambium, qui s'organise et se solidifie.
L'Aubier formé l'année précédente acquiert plus de
densité, et se change en bois. Mais le Liber n'éprouve
aucune transformation ; seulement il se répare par sa
face interne.

C'est par ce mécanisme qu'a lieu, selon nous, l'accroissement en épaisseur des tiges des dicotylédons;
expliquons de même leur développement en hauteur.

B. Accroissement en hauteur.

A l'époque de la germination, la radicule s'enfonce
dans la terre, tandis que le caudex ascendant s'élève vers
le ciel. La première couche de Cambium s'organise et
obéit a cette impulsion. Vers l'automne, quand elle s'est
changée en Aubier, son accroissement s'arrête. Quand au
retour du printemps la végétation recommence, le tissu
végétal est gorgé de fluides nourriciers qui vivifient les
bourgeons; de la partie supérieure de la tige part un
nouveau centre de végétation, d'où s'élève une jeune
pousse, qui éprouve dans son développement les mêmes
phénomènes que la première ; à cette seconde en succ-
cède une troisième, qui, l'année d'ensuite, est surmon-
tée d'une quatrième, etc.

Le tronc se trouve donc formé par une suite de cônes
très-allongés, dont le sommet est en haut et qui sont
superposés les uns aux autres. Mais le sommet du cône
le plus intérieur s'arrête à la base de la seconde pousse,
et successivement, ensorte que ce n'est qu'à la base du

tronc, que le nombre des couches ligneuses correspond au nombre des années de la plante. Ainsi, par exemple, une tige de dix ans offrira à sa base, dix couches ligneuses. Elle n'en présentera que neuf, si on la coupe à la hauteur de la seconde pousse, que huit, à la troisième, et enfin, qu'une seule vers son sommet. C'est pour cette raison que le tronc des arbres dicotylédons est plus ou moins conique.

Il est des arbres, sur lesquels ce développement en hauteur est des plus manifestes : dans les pins et les sapins, par exemple. Au bout de la première année, on voit au sommet de la tige, un bourgeon conique, d'où part un verticille de jeunes rameaux, au centre desquels en est un qui s'élève verticalement, c'est lui qui est destiné à continuer la tige. A la fin de la seconde année, de son sommet part également un semblable bourgeon qui présentera les mêmes phénomènes dans son développement. Ainsi l'on peut connaître, dans ces arbres, le nombre de leurs années par le nombre des verticilles de rameaux, qu'ils présentent sur leur tige.

§ 2. *Accroissement de la tige des arbres monocotylédons.*

Si nous voulons examiner l'accroissement du stipe d'un palmier, nous voyons qu'il se développe de la manière suivante :

Après la germination, les feuilles, ordinairement plissées sur elles-mêmes, se déroulent et se déploient en formant un faisceau circulaire, qui naît du collet de la racine. Du centre de ce faisceau part, la seconde année, un autre bouquet de feuilles, qui rejettent en dehors celles qui existaient déjà. Alors les plus anciennes se fanent, se dessèchent et tombent. Mais leurs bases étant intimement adhérentes au sommet de la racine, restent, persistent et constituent, en se soudant, un anneau solide, qui devient la base du stipe. Chaque année un nouveau bourgeon central venant à se développer, les feuilles les plus extérieures de celui qui l'a précédé tombent, et leur base qui persiste forme un nouvel anneau, qui s'ajoute au-dessus de ceux qui existaient déjà.

Tel est le développement de la tige des Monocotylédons. Leur stipe, au lieu d'être formé, comme le tronc des Dicotylédons, de couches concentriques, est composé d'anneaux superposés entre eux. D'après cela, on voit que le tronc des Monocotylédons ne doit croître que très-peu en épaisseur. En effet, son développement latéral ne peut avoir lieu, qu'autant que la base persistante des feuilles ne s'est point encore assez solidifiée et endurcie, pour résister à la pression excentrique que le bourgeon tend à opérer sur elle. Aussi voyons-nous que les palmiers, qui ont quelquefois jusqu'à 120 et 140 pieds de hauteur, ont une tige qui a souvent à peine un pied de diamètre.

Dans les arbres dicotylédonés c'est le Cambium qui est l'agent essentiel de l'augmentation de la tige, puisque c'est lui qui, chaque année, s'organise et forme une nouvelle couche ligneuse. Ici au contraire c'est le bourgeon terminal qui couronne le stipe, qui remplit le même usage. Aussi l'arbre périrait-il infailliblement si l'on retranchait ce centre de végétation.

*Théorie de quelques procédés pour la multiplication ar-
tificielle des végétaux, expliquée par les lois de la
physiologie végétale.*

Le moyen de multiplication le plus naturel et le plus
facile dans les végétaux est sans contredit celui qui a
lieu au moyen des graines et de leur développement.
C'est celui par lequel les végétaux dispersés sur la surface du globe se renouvellent naturellement. Mais il
en est encore d'autres que l'art de la culture met fréquemment à contribution pour perpétuer et multiplier
certaines races ou variétés d'arbres, que l'on ne pourrait reproduire par le moyen des graines. Ces procédés
sont la marcotte, la bouture et la greffe. Nous allons
en peu de mots exposer la théorie de ces trois opéra-
tions, considérées d'une manière générale et quant à
leurs rapports avec la physique végétale.

1° La Marcotte est une opération par laquelle on
entourre de terre la base d'une jeune branche et on lui
fait pousser des racines avant de la détacher du sujet.
Tantôt cette opération se pratique sur les branches inférieures d'un jeune arbuste : on les incline et on les
couche légèrement ; tantôt c'est sur les branches supérieures, que l'on fait passer à travers un pot ou une
cage de verre remplie de terre de bruyère.

Pour faciliter le marcottage, on pratique ordinairement, à la base de la jeune branche, une incision ou
une forte ligature, afin de déterminer la formation
des racines. Ces racines sont des bourgeons qui, plongés dans la terre, s'allongent en fibres grêles et radi-

cellaires, tandis qu'exposés à l'air, ils se seraient développés en jeunes scions. On emploie la marcotte pour multiplier un grand nombre de végétaux, tels que les œillets, les *hortensia*, les bruyères, les groseillers, etc.

2° La Bouture diffère de la marcotte en ce que l'on sépare la jeune branche du sujet, avant de la fixer en terre. Il y a des arbres chez lesquels les boutures reprennent avec une grande facilité. En général, ceux dont le bois est blanc et léger se prêtent plus facilement à cette opération. Ainsi une branche de saule, de peuplier, de tilleul, enfoncée en terre, s'y enracine au bout de quelque temps et ne tarde pas à pousser avec vigueur.

Une bouture réussira d'autant plus sûrement que le cultivateur aura eu le soin de laisser deux ou trois jeunes bourgeons au-dessous de la terre, c'est-à-dire sur la partie inférieure de la jeune branche. Ces boutons s'allongent en racines, et aident singulièrement la succion qui doit amener le développement des jeunes scions.

Assez souvent on pratique à la base des boutures des incisions ou des ligatures, afin d'en assurer la réussite. Quelquefois même on les fend longitudinalement à leur base, et l'on y introduit une petite éponge imbibée d'eau.

Il est des espèces ligneuses qui reprennent très-difficilement de boutures, tels sont les pins, les sapins, les chênes, les bruyères, et en général les arbres à bois très-dense ou résineux.

3º **La Greffe** est une opération par laquelle on ente sur un individu un bourgeon ou un jeune scion, qui s'y développe et s'identifie avec le sujet sur lequel il a été greffé.

La greffe ne peut réussir qu'autant qu'elle a lieu entre des parties végétantes : c'est ainsi par exemple que l'on ne peut greffer le bois, ni même l'aubier. C'est dans l'opération et les phénomènes de la greffe que l'on peut remarquer la grande analogie qui existe entre les gemmes ou bourgeons et les graines, surtout sous le rapport de leur développement. Ces deux organes en effet sont destinés à donner naissance à de nouveaux individus, dont les uns vivent aux dépens du sujet sur lequel ils se développent, tandis que les autres subsistent par eux-mêmes et sans avoir besoin de secours étrangers.

Remarquons que la greffe ou soudure des parties ne peut avoir lieu qu'entre des végétaux de la même espèce, des espèces du même genre, ou enfin des genres d'une même famille ; mais jamais entre des individus appartenans à des ordres naturels différens. C'est ainsi par exemple que l'on peut greffer le pêcher sur l'amandier, l'abricotier sur le prunier, les *pavia* sur le marronier d'Inde. Mais cette opération ne pourrait pas réussir entre ce dernier arbre par exemple et l'amandier. Il faut qu'il y ait une sorte de convenance, d'analogie entre la sève des deux individus, pour que la soudure d'une greffe puisse s'effectuer.

C'est au moyen du Cambium, ou suc propre des végétaux, que s'opère la soudure des greffes. Cette matière fluide sert de moyen d'union entre l'individu et la greffe, comme dans les animaux la lymphe coagulable s'interpose entre les deux lèvres d'une plaie récente qu'elle réunit et rapproche. Lorsque l'on examine la plaie d'une greffe, environ quinze jours après l'opération, on voit entre les deux parties rapprochées une couche mince de petites granulations verdâtres dispersées dans un fluide visqueux. Ces petites granulations, rudimens de l'organisation végétale, sont produites par le Cambium qui se solidifie et s'organise, phénomène qui se répète toutes les fois que l'on fait une plaie superficielle à un arbre, et qu'on la garantit du contact de l'air.

Ce moyen de multiplication procure plusieurs avantages dans l'art de la culture. 1° Il sert à conserver et à multiplier des variétés ou monstruosités remarquables, qui ne pourraient se reproduire au moyen des graines; 2° à procurer promptement un grand nombre d'arbres intéressans, qui se multiplient difficilement par tout autre moyen; 3° d'accélérer de plusieurs années la fructification de certains végétaux; 4° de bonifier et de propager les variétés d'arbres à fruits, etc.

Monsieur le professeur Thouin, dans l'excellente Monographie des greffes qu'il vient de publier, rapporte tous les procédés connus aux quatre sections suivantes : 1° greffes par approche; 2° greffes par scions; 3° greffes par gemmes ou bourgeons; 4° enfin greffes des végétaux herbacés. Nous allons faire connaître rapidement les procédés mis en usage, pour opérer ces différentes greffes.

SECTION Iʳᵉ.

GREFFES PAR APPROCHE.

Elles s'exécutent entre deux individus enracinés que l'on veut réunir et souder ensemble par un ou plusieurs points de leur longueur. Pour cela on fait aux parties que l'on veut greffer des plaies qui se correspondent exactement ; et en enlevant des plaques d'écorce d'égale grandeur, on réunit ces plaies ; on les tient rapprochées et on les garantit du contact de l'air.

On peut greffer par ce procédé des tiges, des branches, des racines entre elles, des fruits et même des fleurs avec des feuilles.

SECTION II.

GREFFES PAR SCIONS.

On pratique les greffes par scions avec de jeunes rameaux, ou même des racines que l'on sépare de leur individu pour les placer sur un autre, afin qu'ils y vivent et s'y développent à ses dépens. Ordinairement en sépare les ramilles que l'on veut greffer, quelques jours, quelquefois même plusieurs mois avant de pratiquer cette opération, afin qu'ils soient moins en sève que les sujets sur lesquels ils doivent être placés. On a soin dans ce cas de les conserver, en plongeant leur extrémité inférieure dans l'eau ou dans la terre.

Avant d'opérer cette espèce de greffe, on coupe ordinairement la tête du sujet sur lequel on veut la pratiquer ; quelquefois même cette résection se fait à fleur de terre, surtout pour les arbres dont la greffe doit être enterrée, comme la vigne, etc.

Remarquons qu'une condition indispensable pour la réussite de cette espèce de greffe, c'est qu'il faut que le Liber du rameau, coïncide, dans la plus grande partie de son étendue, avec celui du sujet sur lequel on l'a implanté.

La greffe par scions se fait de plusieurs manières : tantôt on fend la tête du sujet en deux ; et l'on implante dans cette fente le ramille que l'on veut greffer ; cette espèce est connue sous le nom de *greffe en fente* ; tantôt on écarte l'écorce des couches ligneuses sous-jacentes, et l'on insinue entre elles plusieurs petits rameaux que l'on dispose circulairement ; c'est la *greffe en couronne* ; d'autrefois on perfore le tronc de l'arbre et l'on y adapte une jeune branche que l'on y maintient fixée. Cette greffe, aujourd'hui peu employée, porte le nom de *greffe en villebrequin* ; quelquefois on pratique la greffe par scions avec de jeunes rameaux chargés de feuilles, de fleurs et même de jeunes fruits. Elle s'effectue alors dans le plein de la première sève. Par ce procédé il n'est pas rare, dit M. Thouin, d'obtenir des fruits d'un arbre, quinze à vingt ans plus tôt qu'il n'en eût donné sans son secours ; on est même parvenu en semant un pepin à une époque déterminée, à en recueillir avant la fin de l'année des fruits parfaitement mûrs.

La greffe par scions se pratique encore sans couper la

tête du sujet. On entaille seulement un de ses côtés, et l'on y applique la greffe. Cette espèce, qui a pour but principal de regarnir la tête d'un arbre qui a perdu quelqu'une de ses branches, porte le nom de *greffe de côté*.

Enfin on doit rapporter à cette section les greffes que l'on opère avec un scion sur une racine laissée en place, ou avec une racine sur la racine d'un autre sujet.

SECTION III.

GREFFES PAR GEMMA OU BOUTONS.

Ces greffes consistent à transporter sur un autre individu une plaque d'écorce à laquelle adhèrent un ou plusieurs bourgeons ou gemmes. A cette section se rapportent les greffes en écusson, en flûte, en sifflet, en chalumeau, etc. Cette espèce de greffe est la plus employée, surtout pour la multiplication en grand des arbres fruitiers.

En effet elle est d'une exécution facile et expéditive. Elle se pratique, soit au printemps, lors de l'ascension de la sève, soit à la sève d'août. La forme à donner à la greffe, celle de l'incision, varient singulièrement suivant le procédé d'après lequel on opère.

SECTION IV.

GREFFES DES PARTIES HERBACÉES DES VÉGÉTAUX, OU GREFFE TSCHOUDY.

La découverte de cette espèce de greffe date d'une époque assez récente. Il y a peu d'années qu'elle fut pratiquée pour la première fois, par son inventeur M. le baron Tschoudy.

Elle peut s'effectuer avec les jeunes pousses herbacées des arbres, dans le fort de la sève, ou avec des plantes annuelles.

Pour que cette greffe puisse réussir, il faut l'insérer dans l'aisselle ou dans le voisinage d'une feuille vivante du sujet. Cette feuille sert à appeler la sève dans la greffe, et en facilite la reprise et le développement.

Les procédés mis en usage sont à peu près les mêmes que ceux employés pour exécuter les autres espèces de greffes.

Telles sont les différentes espèces de greffes employées pour la multiplication des végétaux. Il n'entre point dans notre sujet, de décrire les procédés nombreux et variés, mis en usage pour les pratiquer. Nous renvoyons pour cet objet aux traités d'agriculture, et particulièrement à la Monographie que le professeur André Thouin vient d'en publier cette année.

De la Hauteur des arbres.

Les arbres sont, en général, d'autant plus forts et plus élevés, que le sol, le climat et la situation dans lesquels ils se trouvent, sont plus convenables à leur nature et plus favorables à leur accroissement. Une certaine humidité, jointe à un degré de chaleur assez considérable, paraît être la circonstance la plus propre au développement des arbres. Aussi est-ce dans les régions qui présentent ces conditions atmosphériques, qu'ils acquièrent la hauteur la plus grande. Les forêts de l'Amérique méridionale sont peuplées en général d'arbres qui, par leur port, leur taille élevée, la beauté de leur feuillage et de leurs fleurs, l'emportent de beaucoup sur les nôtres.

Il est certains arbres qui n'acquièrent que par une longue suite d'années une hauteur et un diamètre considérables : tels sont, par exemple, le chêne, l'orme, le cèdre. D'autres, au contraire, prennent un accroissement plus rapide dans un temps beaucoup plus court ; ce sont ceux principalement dont le bois est tendre et léger, comme les peupliers, les sapins, les acacias, etc., etc. Enfin il est certaines plantes qui se développent avec tant de rapidité, qu'on peut, en quelque sorte, suivre de l'œil les progrès de leur développement : l'*Agave americana* est de ce nombre. Cette plante, que j'ai vue tapissant les rochers qui bordent la Méditerranée dans le golfe de Gênes, lorsqu'elle fleurit, développe dans l'espace de trente à quarante jours une hampe qui acquiert quelquefois trente pieds de hauteur. Croissant ainsi de près d'un pied par jour, on conçoit, qu'il serait en quelque façon possible de la voir pousser.

En général, le plus grand développement en hauteur que puissent acquérir les arbres de nos forêts, est de cent vingt à cent trente pieds. En Amérique, les palmiers et beaucoup d'autres arbres dépassent souvent cent cinquante pieds.

De la Grosseur des arbres.

La grosseur des arbres n'est pas moins variée que leur hauteur. Il en est qui acquièrent quelquefois des dimensions monstrueuses. Sans parler ici de ce châtaignier si renommé du mont Etna, qui, au rapport de quelques voyageurs, avait cent soixante pieds de circonférence, on peut citer comme exemples bien avérés d'une grosseur énorme, les Baobabs observés par Adanson aux îles du Cap-Vert, et dont quelques-uns présentaient quatre-vingt-dix pieds de circonférence.

Dans nos climats, on voit des chênes, des ormes, des poiriers et des pommiers acquérir jusqu'à vingt-cinq et trente pieds de circonférence.

De la Durée des arbres.

Les arbres placés dans des terrains qui leur conviennent, dans une situation appropriée à leur nature, sont susceptibles de vivre pendant des siècles. Ainsi l'olivier peut durer pendant trois cents ans ; le chêne environ six cents. Les cèdres du Liban paraissent en quelque sorte indestructibles. D'après des calculs fort ingénieux, Adanson estime que les baobabs, dont nous venons de parler tout à l'heure, pouvaient avoir environ six mille ans.

Dans les arbres dicotylédons on peut connaître l'âge d'un arbre par le nombre des couches ligneuses qu'il présente sur la coupe transversale de son tronc. En effet, comme chaque année il se forme une nouvelle couche de bois, on conçoit qu'un arbre de vingt ans, par exemple, doit offrir, mais à sa base seulement, vingt zônes concentriques de bois.

Usages des Tiges.

Le bois est employé à tant d'usages variés, dans l'économie domestique et les arts ; il est tellement indispensable à la construction de nos bâtimens de terre et de mer, de la plupart de nos machines et de nos instrumens, qu'il n'est aucune partie des végétaux qui puisse lui disputer à cet égard sa supériorité.

Beaucoup de tiges herbacées sont usitées pour la nourriture de l'homme et des animaux.

La tige du *saccharum officinarum* fournit la plus grande partie du sucre répandu dans le commerce, et qu'on nomme sucre de cannes.

Beaucoup de bois sont employés dans la teinture : tels sont le santal, le bois de Campêche, le bois du Brésil, etc.

C'est avec les écorces du chêne, et en général avec toutes celles qui renferment une grande quantité de tannin et d'acide gallique, que l'on tanne les cuirs.

Sous le rapport des propriétés médicales, les tiges, le bois et les écorces occupent un des premiers rangs dans la thérapeutique. Qui ne sait en effet qu'à cette classe d'organes se rapportent les quinquinas, la canelle, l'écorce de Winter, le sassafras, le gayac, et tant d'autres médicamens qui jouissent d'une réputation si bien méritée ? Suivant leurs propriétés chimiques les plus remarquables, on peut diviser ainsi les principales écorces et les bois employés en médecine :

1° Ecorces et bois amers.

Le Simarouba (*Simarouba guyanensis*).
Le Quassia (*Quassia amara*).

2° Amers, astringens et légèrement aromatiques.

L'Angusture (*Cusparia febrifuga*).
Le Quinquina gris (*Cinchona Condaminea. Humb. et Bonpl. Pl. Equin*).
Le Quinquina rouge (*Cinchona oblongifolia. Mutis*).
Le Quinquina jaune (*Cinchona cordifolia. Mut*).
Le Quinquina orangé (*Cinchona lancifolia. Mut*).
Le Quinquina blanc (*Cinchona ovalifolia. Mut*).
La Cascarille (*Croton cascarilla*).

3° Astringens.

L'écorce de Chêne (*Quercus robur*).

Le Vinaigrier (*Rhus coriaria*).
Le Maronnier d'Inde (*Æsculus hippocastanum*).

4° Aromatiques.

La Canelle (*Laurus cinnamomum*).
L'écorce de Winter (*Drymis Winteri*).
La Canelle blanche (*Canella alba*).
Le bois de Sassafras (*Laurus Sassafras*).

5° Acres.

Le Garou (*Daphne mezereum*).
Bois et écorce de Gayac (*Guaiacum officinale*).

CHAPITRE III.

DES BOURGEONS.

Sous le nom général de bourgeons, nous comprenons, 1° le *Bulbe*, 2° les *Bulbilles*, 3° le *Tubercule*, 4° le *Turion*, 5° le *Bourgeon* proprement dit.

§ I. *Des Bourgeons proprement dits.*

Les *Bourgeons* proprement dits (*gemmæ*), sont des corps, de forme, de nature et d'aspect variés, renfermant dans leur intérieur les rudimens des tiges, des branches, des feuilles et des organes de la fructification. Ils se développent toujours sur les branches,

dans l'aisselle des feuilles, ou à l'extrémité des rameaux. Ils sont ovoïdes, coniques ou arrondis; composés d'écailles superposées les unes sur les autres, et imbriquées; ils sont couverts à l'extérieur, dans les arbres de nos climats, d'un enduit visqueux et résineux, et garnis à l'intérieur d'un tissu tomenteux, et d'une sorte de bourre, destinés à garantir les organes qu'ils renferment des rigueurs de la froide saison. Aussi n'observe-t-on point d'enveloppes de cette sorte, sur les arbres de la zône torride, ni sur ceux qu'on abrite dans nos serres. Mais les végétaux qui en sont dépourvus ne peuvent résister aux froids de nos hivers, et périraient immanquablement si on les y laissait exposés.

Les *bourgeons* commencent à paraître en été, c'est-à-dire à l'époque où la végétation est dans son plus grand état de vigueur et d'activité; ils portent alors le nom d'*yeux*. Ils s'accroissent un peu en automme, constituent les *boutons*, et restent stationnaires pendant l'hiver. Mais au retour du printemps, ils suivent l'impulsion générale communiquée aux autres parties de la plante; ils se dilatent, se gonflent, leurs écailles s'écartent et laissent sortir les organes qu'ils protégeaient. C'est alors qu'on les appelle proprement des *bourgeons*.

Les écailles qui constituent la partie la plus extérieure des bourgeons, n'ont pas toutes une même nature, une même origine. Le seul point commun de ressemblance qu'elles aient entre elles, c'est de n'être jamais que des organes avortés et imparfaits. Ainsi, quelquefois ce sont des feuilles, des pétioles, des stipules, qui n'ont point acquis leur entier développement, et qui cependant, dans certaines circonstances, s'accroissent, se déploient et décèlent ainsi leur véritable nature.

Les *bourgeons* sont divisés en *nus* et *écailleux* : les premiers sont ceux qui n'offrent pas d'écailles à l'extérieur, c'est-à-dire que toutes les parties qui les composent poussent et se développent. Telles sont ceux de la plupart des plantes herbacées.

On appelle, au contraire, *bourgeons écailleux*, ceux dont la partie externe est formée d'écailles plus ou moins nombreuses, comme on l'observe dans les arbres de nos climats.

Suivant les organes dont leurs écailles sont formées, on distingue les bourgeons *écailleux* en :

1° *Foliacés* (gemmæ foliaceæ), ceux dont les écailles ne sont que des feuilles avortées; souvent susceptibles de se développer, comme dans le bois-gentil (*daphne mezereum*).

2° *Pétiolacés* (gemmæ petiolaceæ), quand leurs écailles sont constituées par la base persistante des pétioles; comme dans le noyer (*juglans regia*).

3° *Stipulacés* (gemmæ stipulaceæ), lorsque ce sont les stipules qui, en se réunissant, enveloppent la jeune pousse, comme on l'observe dans le charme (*carpinus sylvestris*), le tulipier (*lyriodendrum tulipifera*), et surtout certaines espèces de figuiers; par exemple, dans le *ficus elastica* et d'autres encore.

4° *Fulcracés* (gemmæ fulcraceæ), quand ils sont formés par des pétioles garnis de stipules, comme dans le prunier.

Les *bourgeons* sont le plus souvent visibles à l'extérieur, long-temps avant leur épanouissement. Il est certains arbres, au contraire, dans lesquels ils sont comme engagés dans la substance même du bois, et ne se montrent qu'au moment où ils commencent à se développer; tels sont les acacias (*Robinia pseudo-acacia*. L.) et beaucoup d'autres Légumineuses.

Les *bourgeons* peuvent être *simples*, c'est-à-dire, ne donner naissance qu'à une seule tige, comme dans le lilas, le chêne; ou bien *composés*, c'est-à-dire, renfermant plusieurs tiges ou rameaux, comme ceux des pins.

Selon les parties qu'ils renferment, on a encore distingué les bourgeons en : *florifères, foliifères* et *mixtes*.

1º Le bourgeon *florifère* ou *fructifère* (gemma florifera seu fructifera) est celui qui renferme une ou plusieurs fleurs sans feuilles. Il est en général assez gros, ovoïde et arrondi, comme dans les poiriers, les pommiers, etc.

2º Le bourgeon *foliifère* (gemma foliifera) ne renferme que des feuilles; tel est celui qui termine la tige du bois-gentil (*daphne mezereum*).

3º Enfin, on appelle bourgeon *mixte* (gemma foliiflorifera), celui qui contient à la fois des fleurs et des feuilles, comme dans le lilas.

Les cultivateurs ne se trompent jamais sur la nature d'un bourgeon, qu'ils reconnaissent, en général, d'après sa forme : ainsi, celui qui porte des fleurs est conique, gonflé; celui qui ne porte que des feuilles, au contraire, est effilé, allongé, pointu.

§ 2. *Du Turion.*

On donne le nom de *turion* (turio) au bourgeon des plantes vivaces; c'est lui qui, en se développant, produit chaque année les nouvelles tiges. Ainsi, la partie de l'asperge, que nous mangeons, est le *turion* de la plante de ce nom. La différence entre le *bourgeon* proprement dit et le *turion*, c'est que ce dernier naît constamment d'une racine vivace, c'est-à-dire, que son origine est toujours souterraine, tandis que l'autre naît toujours sur une partie exposée à l'air et à la lumière.

§ 3 *Du Bulbe* (1).

Le bulbe (*bulbus*, *i*) est une sorte de bourgeon appartenant à certaines plantes vivaces, et particulièrement aux Monocotylédons. Nous avons déjà vu, en parlant des racines bulbifères, qu'il était supporté par une espèce de plateau solide horizontal, intermédiaire à lui et à la véritable racine. C'est à ce *tubercule* aplati que sont fixées, par leur base, les écailles charnues qui forment le bulbe à l'extérieur. L'intérieur renferme les rudimens de la hampe et des feuilles. Ces écailles sont d'autant plus épaisses, charnues et succulentes, qu'on les observe plus à l'intérieur du bulbe; les plus extérieures, au contraire, sont sèches, minces et comme papyracées.

---

(1) *Bulbus*, *i*, étant masculin en latin, et tiré d'un mot grec (Βολβος) également masculin; nous avons cru devoir lui conserver le même genre en français.

Tantôt ces écailles sont d'une seule pièce et s'emboîtent les unes dans les autres, c'est-à-dire qu'une seule embrasse toute la circonférence du bulbe, comme dans l'ognon ordinaire (*allium cepa*), la jacinthe (*hyacinthus orientalis*). On les nomme alors *bulbes* en *tuniques* (bulbi tunicati). (Voy. pl. 2, f. 7, 7 a.)

D'autres fois ces écailles sont plus petites, libres par leurs côtés, et ne se recouvrent qu'à la manière des tuiles d'un toît. Par exemple dans le lis (*lilium candidum*). Ils constituent dans ce cas les *bulbes écailleux* (bulbi squammosi, imbricati). (Voy. pl. 2, fig. 11.)

Enfin quelquefois les tuniques qui constituent le bulbe sont tellement serrées et confondues, qu'on ne peut les distinguer, et qu'il paraît formé d'une substance solide et homogène. Ce bulbe porte alors le nom de *solide* (bulbus solidus). Par exemple dans le safran (*crocus sativus*), le colchique (*colchicum autumnale*), le glaieul (*gladiolus communis*).

C'est ici que nous ferons remarquer le passage insensible du bulbe proprement dit au véritable tubercule. C'est ici que nous trouverons en même temps la preuve et la confirmation du principe, que nous avons précédemment énoncé; savoir : que les tubercules, regardés pendant si long-temps comme des racines, ne sont que de véritables bourgeons. En effet personne ne conteste que l'on ne doive regarder comme des bourgeons, les bulbes à *tuniques* et les bulbes *écailleux*, même les bulbes *solides* de la tulipe et du colchique. Or, nous le demandons, quelle différence y a-t-il entre ces bourgeons solides, et les deux *tuber-*

cules des Orchidées, ceux de la pomme de terre? Si, dans un cas, l'on a appliqué un nom à l'un de ces organes, pourquoi en donnerait-on un autre à une partie absolument analogue, par sa structure et ses usages (1)?

Le bulbe est tantôt *simple*, c'est-à-dire formé d'un seul corps, comme la tulipe, la scille.

Ou bien il est *multiple*, c'est-à-dire que sous une même enveloppe on trouve plusieurs petits bulbes réunis, auxquels on donne le nom de *cayeux*. Par exemple dans l'ail (*allium sativum*).

Les bulbes, étant les bourgeons de certaines plantes vivaces, doivent se régénérer chaque année. Mais cette régénération n'a pas lieu de la même manière dans toutes les espèces. Quelquefois les nouveaux *bulbes* naissent au centre même des anciens, comme dans l'oignon ordinaire (*allium cepa*); d'autres fois, de la partie latérale de leur substance, comme dans le colchique, l'*ornithogalum minimum*, etc. ; ou bien les nouveaux se développent à côté des anciens, comme dans la tulipe, la jacinthe ; ou au-dessus d'eux, dans le glaieul, ou audessous, dans un grand nombre d'Ixia, etc.

A mesure qu'un bulbe pousse la tige qu'il renferme, les écailles extérieures diminuent d'épaisseur, se fanent

---

(1) **Dans les bulbes solides**, le plateau n'est plus distinct du reste de la substance. Ne pourrait-on pas admettre, dans ce cas, que c'est la substance du plateau, qu'on regarde comme un véritable tubercule, qui a pris un accroissement extraordinaire, et a recouvert tout le bourgeon?

et finissent par se dessécher entièrement. Elles paraissent donc fournir à la jeune tige une partie des matériaux nécessaires à son développement.

Le bouton central qui occupe la partie supérieure du stipe des Palmiers, et qui de toutes parts est environné des pétioles persistans des feuilles précédentes, peut en quelque sorte être regardé comme une sorte de bulbe, porté sur une tige plus ou moins considérable, qui l'élève beaucoup au-dessus de la racine. Il en est de même de la prétendue tige des Bananiers.

§ IV. *Des Tubercules.*

Les *tubercules* (tubercula) sont de véritables bourgeons souterrains, appartenans à certaines plantes vivaces. Nous ne reviendrons point ici sur ce que nous avons déjà dit touchant la nature des tubercules; nous ne rapporterons point de nouveau les faits et les raisons qui nous ont déterminés à regarder ces excroissances charnues comme de véritables bourgeons.

Ils sont tantôt *simples*, et ne développent qu'une seule tige, comme dans les orchis.

Tantôt *multiples*, c'est-à-dire plusieurs réunis ensemble et comme agglomérés, dont chacun pousse une tige particulière, comme dans la saxifrage grenue (*saxifraga granulata*).

Tantôt *composés*, c'est-à-dire que d'un tubercule simple il sort plusieurs tiges : comme dans la pomme de terre.

§ V. *Des Bulbilles.*

On nomme *bulbilles* (bulbilli) des espèces de petits bourgeons solides ou écailleux , naissant sur différentes parties de la plante, et qui peuvent avoir une végétation à part, c'est-à-dire que , détachés de la plante-mère, ils se développent et produisent un végétal parfaitement analogue à celui dont ils tirent leur origine. Les plantes qui offrent de semblables bourgeons portent le nom de vivipares (*Plantæ viviparæ*).

Ils existent, ou bien dans l'aisselle des feuilles, comme ceux du lis bulbifère (*lilium bulbiferum*). Dans ce cas, ils sont dits *axillaires*.

Ou bien dans l'intérieur du *péricarpe,* où ils semblent tenir la place des *graines.* Par exemple, dans le *Crinum asiaticum.*

D'autres fois, enfin, ils se développent à la place des fleurs, comme dans l'*ornithogalum viviparum,* l'*allium carinatum,* etc.

La nature des *bulbilles* est absolument semblable à celle des *bulbes*, proprement dits. Tantôt ils sont *écailleux*, comme dans le *lilium bulbiferum,* tantôt *solides* et compactes, comme ceux du *Crinum asiaticum.*

On doit regarder comme de véritables *bulbilles* les petits corps qui se développent dans différentes parties des plantes *agames*, telles que les Fougères, les Lycopodiacées, les Mousses, les Lichens, etc., et que l'on a fort improprement nommés des *graines.* Quoique ces corps, que nous nommons *sporules*, soient susceptibles de reproduire une plante analogue à celle dont ils se sont détachés, on ne peut les confondre avec les véritables graines. En effet, le caractère essentiel de la graine est de renfermer un embryon, c'est-à-dire un corps complexe de sa nature, composé d'une radicule ou rudiment des racines, d'une gemmule ou germe de la tige, et d'un corps cotylédonaire. Par l'acte de la germination, l'embryon proprement dit ne fait que développer les parties qui existaient déjà en lui toutes formées. Ce n'est pas la germination qui leur donne naissance ; elle ne fait que les mettre dans une circonstance propre à leur accroissement. Dans les bulbilles, au contraire, et surtout dans les sporules des Agames, il n'y a pas d'embryon. Il n'y existe nulle trace de radicule, de cotylédons et de gemmule. C'est la germination qui crée ces parties. Ce ne sont donc pas de véritables graines.

Usages des bourgeons, des bulbes, etc.

Plusieurs bourgeons sont employés dans l'économie domestique, comme alimens : tels sont, par exemple, les turions de l'asperge et de plusieurs autres plantes de la même famille. Tout le monde connaît l'emploi journalier que l'on fait des différentes espèces du genre *allium,* tels que l'ognon commun (*allium cepa*), l'ail (*allium sativum*), le poireau (*allium porrum*), l'échalotte (*allium ascalonicum*), etc.

La thérapeutique emploie aussi les bourgeons ou bulbes de quelques végétaux. Ainsi c'est avec les bourgeons de la sapinette (*pinus picea*), infusés dans la bierre, que se prépare la bierre-sapinette. Les squammes du bulbe de la scille (*scilla maritima*) sont un puissant diurétique. On l'emploie également comme excitant l'organe pulmonaire. L'ail, comme on sait, est un excellent anthelminthique, etc.

CHAPITRE IV.

DES FEUILLES (1).

Avant leur entier développement, les *Feuilles* **sont toujours renfermées dans des bourgeons. Elles y sont diversement arrangées les unes à l'égard des autres, mais toujours de la même manière, dans toutes les plantes de la même espèce, souvent du même genre, quelquefois même de toute une famille naturelle.**

Cette disposition des feuilles dans le bourgeon a reçu le nom de *Préfoliation.* **On peut souvent en tirer de fort bons caractères pour la coordination des genres en familles naturelles.**

Les modifications principales des feuilles ainsi disposées sont les suivantes :

1° Elles peuvent être *pliées en longueur*, **moitié sur moitié, c'est-à-dire que leur partie latérale gauche est appliquée sur la droite, de manière que leur bord se**

_____

(1) Folia L. φυλλα Gr.

correspond parfaitement, comme dans le syringa (*philadelphus coronarius*).

2° Elles peuvent être *pliées de haut en bas*, plusieurs fois sur elles-mêmes, comme dans l'aconit (*aconitum napellus*).

3° Elles peuvent être *plissées*, suivant leur *longueur* de manière à imiter les plis d'un éventail, comme celles des groseillers, de la vigne, etc.

4° Les feuilles peuvent être *roulées* sur elles-mêmes en forme de spirale, comme dans certains figuiers, dans l'abricotier, etc.

5° Leurs bords peuvent être *roulés en dehors* ou *en dessous* : telles sont celles du romarin.

6° D'autres fois ils sont roulés en dedans ou en dessus, comme celles du peuplier, du poirier, etc.

7° Enfin, les feuilles peuvent être *roulées* en *crosse* ou en *volute*; c'est ce qui a lieu, par exemple, dans toutes les plantes de la famille des Fougères.

Étudions maintenant les feuilles, quand elles se sont développées.

Les FEUILLES sont des expansions membraneuses, ordinairement planes, verdâtres, horizontales, naissant sur la tige et les rameaux, ou partant immédiatement du collet de la racine. Par les pores nombreux qu'elles présentent à leur surface, les feuilles servent à l'absorption et à l'exhalation des gaz, propres ou devenus inutiles à la nutrition du végétal.

Les *feuilles* semblent formées par l'épanouissement d'un faisceau de fibres provenant de la tige. Ces fibres en se ramifiant diversement, constituent une sorte de

réseau, qui représente, en quelque manière, le sque-
lette de la feuille, et dont les mailles sont remplies
par un tissu cellulaire, plus ou moins abondant, qui
tire son origine de l'enveloppe herbacée de la tige.

Lorsque le faisceau de fibres caulinaires qui, par son
épanouissement doit constituer la feuille, se divise et
se ramifie aussitôt qu'il se sépare de la tige, la feuille
lui est alors attachée sans le secours d'aucun support
particulier, et est désignée sous le nom de feuille *sessile*
(folium sessile), comme dans le pavot.

Si, au contraire, ce faisceau se prolonge avant de
s'étendre en membrane, il forme alors une espèce de
pédicelle, nommé communément *queue* de la feuille,
et auquel on donne, en botanique, le nom de *pétiole*
(petiolus). Dans ce cas, la feuille est dite *pétiolée* (folium petiolatum); par exemple, dans le tilleul, le tulipier, le marronier d'Inde, etc.

Cette disposition étant la plus générale, on peut
considérer la feuille comme formée de deux parties;
savoir, le *pétiole* et le *disque* ou *limbe*, c'est-à-dire cette
partie, le plus souvent plane et verdâtre, qui constitue
la feuille proprement dite.

On distingue à la *feuille* une face *supérieure* ordinairement plus lisse, plus verte, couverte d'un épiderme plus adhérent et offrant moins de pores corticaux; une face *inférieure*, d'une couleur moins foncée,
souvent couverte de poils ou de duvet, dont l'épiderme
est plus lâchement uni à la couche herbacée, présentant un grand nombre de petits pertuits, qui sont les
orifices des vaisseaux intérieurs du végétal. Aussi est-

ce surtout par leur face inférieure que les feuilles absorbent les fluides qui s'exhalent de la terre, ou qui sont répandus et mêlés dans l'atmosphère.

Cette face *inférieure* de la feuille, est encore remarquable par un grand nombre de prolongemens saillans disposés en divers sens, qui ne sont que des divisions du *pétiole* et qu'on appelle *nervures* (nervi).

On distingue aussi dans la *feuille :* sa *base*, ou la partie par laquelle elle s'attache à la tige; son *sommet* ou le point opposé à la base, sa *circonférence* ou la ligne qui détermine extérieurement sa surface. .

Parmi les *nervures*, il en est une qui offre une disposition presque constante. Elle fait suite au *pétiole*, offre ordinairement une direction longitudinale et divise la feuille en deux parties latérales assez souvent égales entre elles. Elle a reçu le nom de *côte* ou *nervure médiane*. C'est de sa base et de ses parties latérales, que partent en différens sens, et en s'anastomosant fréquemment entre elles, les autres *nervures*.

Suivant leur épaisseur et la saillie qu'elles forment à la face inférieure de la feuille, les *nervures* prennent différens noms. Elles conservent celui de *nervures* proprement dites (nervi) quand elles sont saillantes et très-prononcées : on les appelle *veines* (venæ), lorsqu'elles le sont moins; enfin les dernières ramifications des *veines*, qui s'anastomosent fréquemment et constituent, à proprement parler, le parenchyme de la feuille, sont appelées *veinules* (venulæ).

Les *nervures*, malgré la ressemblance de leur nom, n'ont aucune analogie de structure ou d'usage, avec les *nerfs* des animaux. Ce sont des faisceaux de vaisseaux *poreux*, de *trachées* et de *fausses trachées*, enveloppés d'une certaine quantité de tissu cellulaire.

Quelquefois les *nervures* se prolongent au delà du *disque* de la feuille, et forment alors, quand elles ont une certaine rigidité, des épines plus ou moins acérées, comme ont le voit, par exemple, dans le houx (*ilex aquifolium*).

La disposition des *nervures* sur les feuilles mérite la plus grande attention. En effet elle peut servir à caractériser certaines divisions des végétaux. Ainsi, par exemple, dans la plupart des *Monocotylédons*, les nervures sont presque toujours simples, peu ramifiées et souvent parallèles entre elles (1). Dans les *Dicotylédons* elles peuvent offrir cette disposition, mais elles sont le plus fréquemment trés-ramifiées et anastomosées entre elles.

On peut rapporter aux suivantes, les variétés les plus remarquables de la disposition des nervures :

1° Les *nervures* peuvent partir toutes de la base de la feuille, et se diriger vers son sommet, sans éprouver de division sensible : par exemple, dans un grand nombre de plantes monocotylédonées.

Les feuilles qui présentent une semblable disposition, sont appelées *feuilles basinerves* ou *digitinerves* (folia basinervia, digitinervia).

2° Quand, au contraire, les *nervures* naissent des

---

(1) Les Aroïdées font exception a cette règle presque constante.

côtés de la *nervure médiane*, et se dirigent, soit horizontalement, comme dans le bananier (*musa paradisiaca*), soit obliquement vers son sommet comme dans *l'amomum zerumbet*, les feuilles prennent le nom de *lateri nerves* ou *penninerves* (folia laterinervia, penninervia).

3° Enfin, si les nervures naissent à la fois de la base et des parties latérales de la *nervure médiane*, les feuilles sont dites alors *mixtinerves* (folia mixtinervia), comme on l'observe dans beaucoup de Nerpruns.

Toutes les autres dispositions que les nervures des feuilles sont susceptibles d'offrir, peuvent se rapporter à quelqu'un des trois types principaux, que nous venons d'établir, ou n'en sont que de légères modifications.

Une feuille, sessile ou pétiolée, peut être fixée de différentes manières à la tige ou aux branches qui la supportent. Quelquefois elle y est simplement *articulée*, c'est-à-dire qu'elle ne fait pas immédiatement corps avec elles, mais y est simplement fixée par une sorte de rétrécissement ou d'articulation, comme dans le platane, le marronier d'Inde. Ces feuilles sont alors *caduques*, et tombent de très-bonne heure.

D'autres fois la feuille est tellement unie à la tige qu'elle ne peut s'en séparer sans déchirure. Dans ce cas ces feuilles persistent aussi long-temps que les branches qui les supportent, comme dans le lierre, etc.

La manière dont les feuilles *sessiles* sont attachées à la tige, mérite également d'être étudiée.

Ainsi, quelquefois la nervure médiane s'élargit, et embrasse la tige, dans environ la moitié de sa circonerence. Les feuilles sont alors appelées *semi-amplexi-caules* (folia semi-amplexicaulia).

On dit au contraire de la feuille qu'elle est *amplexi-caule* (folium amplexicaule) quand elle embrasse la tige dans toute sa circonférence ; par exemple, dans le cercifix sauvage (*tragopogon pratense*), le pavot blanc (*papaver somniferum*), etc.

Souvent encore la base de la feuille se prolonge en formant une gaîne, qui circonscrit entièrement la tige, et l'enveloppe dans une certaine longueur. Dans ce cas, ces feuilles sont nommées *engaînantes* (folia vaginan-tia), comme dans les Graminées, les Cypéracées, etc. Cette gaîne peut être regardée comme un pétiole très-élargi, dont les deux bords se sont soudés pour former une espèce de tube. Le point de réunion du limbe de la feuille et de la gaîne a reçu le nom de *collet*. Tantôt il est nu, tantôt garni de poils, comme dans le *poa pilosa*, ou d'un petit appendice membraneux nommé *ligule* ou *collure*, c'est ce que l'on observe principalement dans les Graminées. La forme de la *ligule* est très-variée dans les différentes espèces, et fort souvent elle est employée comme un bon caractère spécifique.

La gaîne est ordinairement *entière*, d'autrefois elle est *fendue* longitudinalement ; ce caractère distingue, à très-peu d'exceptions près, la famille des Graminées de celle des Cypéracées ; les premières ayant en général la gaîne fendue, tandis qu'elle est entière dans les Cypéracées.

Quelquefois le *limbe* de la feuille, au lieu de se terminer à son point d'origine sur la tige, se prolonge plus ou moins bas sur cet organe, où il forme des espèces d'ailes membraneuses. Dans ce cas, les feuilles sont dites *décurrentes* (folia decurrentia) et la tige est appelée *ailée* (caulis alatus), comme dans le bouillon blanc (*verbascum thapsus*), la grande consoude (*symphitum officinale*), etc.

On nomme feuille *perfoliée* (folium pefoliatum), celle dont le disque est en quelque sorte traversé par la tige comme dans le *chlora perfoliata*, le *bupleurum rotundifolium*, etc. (Voy. pl. 3, fig. 11.)

On a donné le nom de feuilles *connées* ou *conjointes* (folia connata, coadnata), aux feuilles opposées qui se réunissent par leur base à celle qui leur est immédiatement opposée, de manière que la tige passe au milieu de leurs limbes soudés. Telles sont les feuilles supérieures du chèvre-feuille (*lonicera caprifolium*), celles du chardon à foulon (*dipsacus fullonum*), de la saponaire (*saponaria officinalis*). (Voy. pl. 3, fig. 10.)

On appelle feuille *simple* (folium simplex) celle dont le *pétiole* n'offre aucune division sensible, et dont le *limbe* est formé d'une seule et même pièce; par exemple, le lilas, le tilleul, l'orme, etc. (Voy. toutes les fig. de la pl. 3.)

La feuille *composée* au contraire, (*folium compositum*), résulte de l'assemblage d'un nombre plus ou moins considérable de petites feuilles isolées et distinctes les unes des autres, qu'on appelle *folioles*, toutes fixées ou réunies sur les parties latérales, ou au sommet d'un *pétiole commun*, qui, dans le premier cas, porte le nom de *Rachis*. Chaque *foliole* peut être *sessile* sur le *rachis*, c'est-à-dire attachée par la base seulement de sa nervure moyenne, ou bien elle peut être portée sur un petit *pétiole* particulier, qui prend le nom de *pétiolule*. Telles sont les feuilles de l'acacia, du marronier d'Inde, etc. (Voy. les fig. de pl. 4).

On distingue les feuilles *composées*, en *articulées*, et en *non - articulées*. Les premières sont celles dont les *folioles* sont fixées au *pétiole commun*, au moyen d'une véritable articulation, susceptible de mobilité, comme on l'observe dans l'acacia, les casses et en général dans la plupart des plantes de la famille des Légumineuses. Ce sont les seules dans lesquelles ait lieu le phénomène que *Linnœus* désigne sous le nom de *sommeil des feuilles;* les autres, qui sont privées d'articulations, ne les représentant pas.

Entre la feuille *simple* et la feuille *composée*, il existe une série de modifications, qui servent en quelque sorte à établir le passage insensible de l'une à l'autre. Ainsi il y a d'abord des feuilles *dentées;* d'autres qui sont divisées jusqu'à la moitié de leur profondeur en lobes distincts; d'autres, enfin, dont les incisions parviennent presque jusqu'à *la nervure médiane*, et simulent ainsi une feuille composée. Mais il sera toujours facile de les bien distinguer de la feuille vraiment *composée*, en remarquant que dans celle-ci on pourra détacher et isoler chacune des pièces dont elle est formée, sans endommager aucunement les autres; tandis que dans une feuille *simple*, quelque profondément divisée qu'elle soit, la partie foliacée, ou *le limbe*

de chaque division, se continue à sa base avec les di·
visions voisines, en sorte qu'on ne peut en séparer une
sans déchirer les deux autres, entre lesquelles elle se
trouve placée. (1)

Toutes les *feuilles* d'une plante ne présentent pas
toujours une forme parfaitement semblable. Il y a
même à cet égard, dans certains végétaux, une différence des plus marquées. Ainsi, tout le monde a dû
observer que le lierre (*hedera helix*) offre des feuilles
entières et d'autres qui sont profondément lobées. En
général les plantes qui ont des feuilles partant immédiatement de la racine, et d'autres naissant des différens points de la tige, les ont rarement semblables. La
valériane phu a les *feuilles radicales* découpées latéralement, tandis que les feuilles de sa tige sont *entières*.

Les feuilles varient encore suivant le milieu dans
lequel elles végètent. Les plantes aquatiques ont ordinairement deux espèces de feuilles; les unes, nageant
à la surface de l'eau, ou un peu élevées au-dessus de son
niveau; les autres, au contraire, constamment plongées dans ce liquide. Ainsi, par exemple, la renoncule
aquatique (*ranunculus aquatilis*) a des feuilles lobées ,
qui surnagent, et des feuilles divisées en lanières extrêmement étroites et très-nombreuses, plongées dans

---

(1) On peut encore reconnaître une feuille composée, en ce que
chacune de ses folioles a une base rétrécie, et ne s'attache au rachis
que par sa nervure moyenne ou le pétiole qui la continue; tandis
qu'une feuille simple, même profondément divisée, s'y attache toujours par une portion plus ou moins large de sa partie foliacée.

l'eau. Il en est de même d'un grand nombre d'autres plantes analogues.

Nous allons considérer maintenant les nombreuses modifications de *forme*, de *direction*, de *nature* etc. , que peuvent présenter la feuille simple et la feuille composée.

§ I. *De la Feuille simple.*

A. Relativement au lieu d'où elles naissent, les feuilles sont :

1° *Séminales* (folia seminalia); quand elles sont formées par le développement du corps cotylédonaire. D'après cela on voit qu'il peut en exister une ou deux, très-rarement un plus grand nombre. (Voy. pl. 7, fig. 14, *bb.*)

2° *Primordiales* (folia primordialia); ce sont les premières qui se développent après les feuilles séminales. Elles sont formées par les deux folioles extérieures de la *gemmule.* (Voy. pl. 7, fig. 14, *cc.*)

3° *Radicales* (folia radicalia), celles qui naissent immédiatement du collet de la racine, comme dans le plantain (*plantago major*), le pissenlit (*taraxacum dens leonis*) , etc.

4° *Caulinaires* (fol. caulinaria), celles qui sont fixées sur la tige.

5° *Ramaires* (fol. ramealia, ramea), quand elles naissent sur les rameaux.

5° *Florales* (fol. floralia), celles qui accompagnent les fleurs et sont placées à leur base, mais qui n'ont pas changé de forme, ni de nature; comme dans le chèvrefeuille. Quand la forme des feuilles florales diffère beaucoup de celle des autres feuilles, elles portent alors le nom de *Bractées*. Nous parlerons bientôt des bractées, en traitant des organes floraux.

B. Suivant leur *disposition* sur la tige ou les rameaux, elles sont :

1° *Opposées* (fol. opposita), disposées une à une à la même hauteur sur deux points diamétralement opposés de la tige ; comme dans la sauge (*salvia officinalis*) et toutes les Labiées, la véronique (*veronica officinalis*), etc.

On dit des feuilles, qu'elles sont *opposées en croix* (cruciatim opposita, s. decussata), quand les paires de feuilles superposées se croisent de manière à former des angles droits, comme dans l'épurge (*euphorbia lathyris*).

2°. *Alternes* (fol. alterna), naissant, seule à seule, en échelons, et à des distances à peu près égales, sur différens points de la tige, comme dans le tilleul (*tilia europœa*).

3°. *Éparses* (folia sparsa), quand elles n'affectent aucune disposition régulière, et qu'elles sont en quelque sorte dispersées sans ordre sur la tige, comme dans la linaire (*linaria vulgaris*), etc.

4°. *Verticillées* (fol. verticillata), lorsqu'elles naissent plus de deux à la même hauteur autour de la tige, ou sur les rameaux, comme dans le laurier-rose (*nerium oleander*), la garance (*rubia tinctorum*), etc.

Suivant le nombre des feuilles qui forment chaque verticille, on dit qu'elles sont :

Ternées (fol. terna), quand le verticille est formé de trois feuilles, comme dans la verveine à odeur de citron (*verbena triphyllos*); le laurier-rose, etc.

Quaternées (fol. quaterna), quand le verticille est composé de quatre feuilles; par exemple, dans la croisette (*valantia cruciata*).

Quinées (fol. quina), verticille de cinq feuilles : plusieurs caille-lait, le *myriophyllum verticillatum*.

Senées (fol. sena), verticille de six feuilles, comme dans le *galium uliginosum*.

Octonées (fol. octona), verticille de huit feuilles; par exemple, celle de l'aspérule odorante (*asperula odorata*).

5° *Géminées* (fol. gemina) naissant deux à deux, l'une à côté de l'autre, du même point de la tige. La belladone (*atropa belladona*), l'alkekenge (*physalis alkekengi*).

6° *Distiques* (fol disticha), disposées sur deux rangs opposés l'un à l'autre, comme dans l'orme (*ulmus campestris*), le laurier-cerise (*cerasus lauro-cerasus*).

7° *Unilatérales* (fol. unilateralia), quand elles sont tournées toutes d'un seul et même côté; par exemple, le *convallaria multiflora*, etc.

8° *Ecartées* (fol. remota), quand elles sont très-éloignées les unes des autres.

9° *Rapprochées* (fol. approximata, conferta), naissant à une très-petite distance les unes des autres.

(Ces deux expressions ne s'emploient jamais isolément; elles servent toujours à exprimer une comparaison avec d'autres espèces connues.)

10° *Imbriquées* (fol. imbricata), quand elles se recouvrent en partie, à la manière des tuiles d'un toit, comme dans certaines espèces d'aloës, le *thuya*, etc.

On dit des feuilles *imbriquées*, qu'elles sont *bisériées* quand elles sont disposées sur deux lignes longitudinales.

Trisériées (fol. triseriata), disposées sur trois rangées longitudinales.

Quadrisériées (fol. quadriseriata) formant quatre séries longitudinales, telles sont celles du thuya.

Enfin on dit qu'elles sont *imbriquées* de tous côtés, quand elles n'offrent aucun ordre régulier.

11° *Fasciculées* (fol. fasciculata) naissant, plus de deux ensemble, du même point de la tige, comme dans le cerisier (*cerasus communis*), le mélèse (*larix vulgaris*), l'épine-vinette (*berberis vulgaris*), etc.

12° *Couronnantes* (fol. coronantia, terminantia), réunies en forme de bouquet, au sommet de la tige, comme dans les Palmiers, le Papaier (*carica papaia*).

13° *Roselées* ou en rosette (fol. roselata), alternes et rapprochées en forme de rosaces, comme dans la joubarbe (*sempervivum tectorum*), le pissenlit, etc.

C. Quant à leur direction, relativement à la tige, les feuilles sont :

1° *Dressées* (fol. erecta), formant un angle très aigu avec la partie supérieure de la tige, comme dans la massette (*typha latifolia*).

2° *Apprimées* (fol. appressa), quand le limbe de la feuille est appliqué sur la tige.

3° *Etalées* ou ouvertes (patentia), quand elles forment, avec la tige, un angle presque droit, comme dans le lierre terrestre (*glecoma hederacea*), l'androsème (*hypericum androsæmum*), etc.

4° *Infléchies* (fol. inflexa), quand elles sont fléchies en dedans, comme celles de plusieurs Malvacées.

5° *Involutées* (fol involuta), lorsqu'elles sont roulées en dedans, telles sont celles des Fougères.

6° *Réfléchies* (fol. reflexa), celles qui sont rabattues brusquement en dehors , comme dans l'*inula pulicaria*, le *dracæna reflexa* , etc.

7° *Révolutées* (fol. revoluta), roulées en dehors.

8° *Pendantes* (fol. pendentia), celles qui s'abaissent presque perpendiculairement vers la terre, comme dans le lizeron des haies (*convolvulus sepium*), le daphne lauréole (*daphne laureola*).

9° *Inverses* (fol. inversa); quand le pétiole se tord de manière que la face inférieure devient supérieure, comme dans le genre *pharus*.

10° *Humifuses* (fol. humifusa), quand elles sont radicales, molles et étalées sur la terre, comme dans la paquerette (*bellis perennis*).

11° *Nageantes* (fol. natantia), se soutenant sur l'eau , le nénuphar (*nymphæa alba*).

12° *Submergées* (fol. submersa, demersa), cachées sous l'eau ; celles de l'*hottonia palustris*.

13° *Emergées* (fol. emersa), quand leur point d'attache est sous l'eau, et que leur pétiole les élève au-dessus du liquide, comme celles du plantain d'eau (*alisma plantago*), de la sagittaire (*sagittaria sagittæfolia*).

D. Circonscription ou figure.

1° *Orbiculées* (fol. orbiculata), celles dont la circonférence approche de la figure d'un cercle, comme l'écuelle d'eau (*hydrocotyle vulgaris*). (Voy. pl. 3, fig. 9.)

2° *Ovales* (1) (fol. ovalia), allongées, arrondies aux deux extrémités, l'extrémité inférieure étant plus large. Exemples : l'aunée (*inula helenium*), le mouron des oiseaux (*alsine media*), la grande pervenche (*vinca major*). (Voy. pl. 3, fig. 1.)

4° *Obovales* (2) (fol. obovalia), la précédente renversée, c'est-à-dire que la grosse extrémité est tournée en haut, comme dans la busserole (*arbutus uva ursi*), le *samolus valerandi*, etc.

5° *Elliptiques* (3) (fol. elliptica), allongées, les deux bouts arrondis et égaux entre eux, comme dans le muguet (*convallaria maialis*). (Voy. pl. 3, fig. 2.)

6° *Oblongues* (oblonga), elliptiques très-allongées et étroites.

7° *Lancéolées* (fol. lanceolata), oblongues et finis-

---

(1) La figure ovale est celle qu'on obtient par la section oblique d'un cône.

(2) *Obovalia*, par abrévation de *observé ovalia*.

(3) La figure elliptique est celle que l'on obtient par la section oblique d'un cylindre.

sant insensiblement en pointe vers leur sommet (*plantago lanceolata*), le laurier-rose (*nerium oleander*), le pêcher (*amygdalus persica*).

8° *Linéaires* (fol. linearia), lancéolées, mais très-étroites; la plupart des Graminées.

9° *Rubanaires* ou en ruban (fol. fasciaria, graminea), un peu plus larges que les précédentes, mais bien plus allongées, la *vallisneria spiralis*, le *typha latifolia*.

10° *Subulées* ou en alène (fol. subulata), très-étroites à leur base, et rétrécies insensiblement en une pointe aiguë au sommet : le genévrier (*juniperus communis*).

11°. *Aiculées* et *sétacées* (fol. acicularia, setacea), allongées, roides et aiguës, ayant quelque ressemblance avec des aiguilles ou une soie de cochon ; par exemple, celles de l'*Asparagus acutifolius*, etc.

12°. *Capillaires* (fol. capillaria), déliées et flexibles comme des cheveux : celles de l'asperge (*asparagus officinalis*), etc.

13°. *Filiformes* (fol. filiformia), minces, grêles, très-déliées, comme un fil. Exemple : la renoncule aquatique (*ranunculus aquatilis*).

14°. *Spatulées* ou en forme de spatule (fol. spatulata), minces, étroites à la base, larges et arrondies à leur sommet : la paquerette (*bellis perennis*), (Voy. pl. 3. f. 3).

15°. *Cunéaires*, ayant la figure d'un coin (fol. cunearia), très-étroites à la base, s'élargissant jusqu'au sommet, qui est comme tronqué. Exemple : le *saxifraga tridentata*, etc. (Voy. pl. 3, f. 12.)

16°. *Paraboliques* (fol. parabolica), oblongues, arrondies du haut et comme tronquées du bas.

17°. *Falquées* (fol. falcata) ou en fer de faux (*bupleurum falcatum*), etc.

18°. *Inéquilatères* (fol. inæquilatera), quand la nervure médiane partage la feuille en deux moitiés inégales. Par exemple, dans le tilleul ; le *begonia obliqua* , etc.

E. Les feuilles peuvent être diversement échancrées à leur base, ce qui leur donne des figures variées. Ainsi on dit qu'elles sont :

1°. *Cordées* ou en cœur, ou cordiformes (fol. cordata, cordiformia), quand elles sont échancrées à leur base, de manière à représenter deux lobes arrondis, et qu'elles se terminent supérieurement en s'amincissant, comme dans le *tamus communis*, le nénuphar (*nymphœa alba*), etc. (Voy. pl. 3 , fig. 4, 5.)

Les feuilles *cordiformes* peuvent être en même temps *obliques* ou *inéquilatères* (obliquè cordata) comme dans le tilleul, etc.

2°. *Reinaires* ou réniformes, en forme de rein (reniformia), quand elles sont beaucoup plus larges que hautes, et sont arrondies au sommet, et échancrées en cœur à la base ; par exemple : l'azaret (*azarum europœum*), le lierre terrestre (*glecoma hederacea*). (Voy. pl. 3, fig. 6).

3°. *Lunulées*, ou en croissant (fol. lunata), arrondies et divisées à leur base en deux lobes étroits.

4° *Sagittées*, ou en fer de flèche (folia sagittata), quand elles sont aiguës, et que leur base est prolongée en deux lobes pointus, peu divergens. Exemple : la sagittaire (*sagittaria sagittæfolia*). Voy. pl. 3, fig. 7.

5° *Hastées* (fol. hastata), à base prolongée en deux lobes aigus, très-écartés et rejetés en dehors, comme dans l'*arum maculatum*, etc. (Voy. pl. 3, fig. 8).

F. Les feuilles peuvent être terminées de diverses manières à leur *sommet*. De là elles prennent les noms de :

1° *Aiguës* (fol. acuta), quand elles s'amincissent insensiblement en pointe à leur sommet, comme celles du laurier-rose. (Pl. 3, fig. 4. 7).

2° *Piquantes* (fol. pungentia), terminées par une pointe roide, comme dans le landier (*ulex europæus*), le petit houx (*ruscus aculeatus*).

3° *Acuminées* (fol. acuminata), quand, vers le sommet, leurs deux bords changent de direction, et se prolongent en se rapprochant, comme dans le coudrier (*corylus avellana*), le cornouiller (*cornus mascula*).

4° *Mucronées* (fol. mucronata), surmontées d'une petite pointe, grêle et isolée, qui ne paraît pas faire suite au sommet de la feuille : dans la joubarbe des toits (*sempervivum tectorum*).

5° *Uncinées* (fol. uncinata), terminées par une pointe recourbée en crochet.

6° *Obtuses* (fol. obtusa), terme général mis en op ‧ position à celui de feuilles d'aiguës : comme celles du *nymphæa alba*, etc. (Pl. 3, fig. 1, 2, 5).

7° *Echancrées* (fol. emarginata), offrant à leur sommet, un sinus rentrant en forme de crénelure; comme le buis (*buxus sempervirens*), l'asaret (*azarum euro-pæum.*) (Voy. pl. 3, fig. 6).

8° *Rétuses* (fol. retusa), offrant un sinus peu profond, comme la busserole (*vaccinium vitis idæa*).

9° *Obcordées* (fol. obcordata (1), en cœur renversé. Les folioles de l'alléluia (*oxalis acetosella*).

10° *Bifides* (folia apice bifida), fendues au sommet en deux lanières aiguës, peu profondes.

11° *Bilobées* (fol. apice biloba), quand les deux divisions sont séparées par un sinus obtus.

12°. *Bipartites* (fol. apice bipartita), quand les deux divisions sont très-profondes et aiguës.

G. Les feuilles peuvent offrir, dans leur *contour*, des angles plus ou moins nombreux, plus ou moins marqués, ce qui leur donne de figures particulières; ainsi on les appelle :

1° *Rhomboïdales* (fol. rhomboïdea) quand elles présentent quatre angles, dont deux opposés plus aigus. Exemple : *campanula rhomboïdalis*, etc.

2° *Deltoïdes* (fol. deltoïdea), quand elles ont la figure d'un rhomboïde, dont l'angle inférieur est très-court, en sorte qu'elles paraissent comme triangulaires, ou approchant de la forme du *delta* des Grecs (Δ). Exemple : le *mesembryanthemum deltoïdes*.

---

(1) *Obcordata*. Ce mot est employé par abréviation pour *obverse cordata*.

3° *Trapèzoïdes* (fol. trapezoïdea), **ayant** la figure d'un trapèze, c'est-à-dire d'un carré dont les quatre côtés sont inégaux. Par exemple, plusieurs *Fougères.*

4° *Triangulées* (fol. triangulata) offrant trois angles saillans.

5° *Quadrangulées* (fol. quadrangulata).

H. Les feuilles *simples*, comme nous l'avons dit précédemment, peuvent offrir des incisions plus ou moins profondes, sans, pour cela, devoir être considérées comme *composées*. Ainsi, elles peuvent être :

1° *Trifides* (fol. trifida),
2° *Quadrifides* (fol. quadrifida),
3° *Quinquéfides* (fol quinquefida),
4° *Sexfides* (fol. sexfida),
5° *Multifides* (fol. multifida),
quand elles présentent trois, quatre, cinq, six, ou un grand nombre de divisions étroites et peu profondes.

6° *Trilobées* (fol. trilobata),
7° *Quadrilobées* (fol. quadrilobata),
8° *Quinquélobées* (fol. quinquelobata),
9° *Multilobées* (fol. multilobata),
lorsque les divisions sont plus larges, et séparées par des sinus obtus.

10° *Tripartites* (fol. tripartita), (Voy. pl. 3, fig 15).
11° *Quadripartites* (fol. quadripartita),
12° *Quinquépartites* (fol. quinquepartita), (V. pl. 3, fig. 16).
13° *Multipartites* (fol. multipartita),

si les incisions sont assez profondes pour arriver jusqu'aux deux tiers au moins du *limbe* de la feuille.

14° *Laciniées* (fol. laciniata), celles dont les divisions sont profondes et manifestement inégales, comme dans beaucoup de *Synanthérées.* (Voy. pl. 3, fig. 14).

15° *Palmées* (fol. palmata), quand toutes les nervures, partant en rayonnant du sommet du pétiole, se dirigent chacune vers le milieu des divisions, comme dans le ricin (*ricinus officinalis*), (Voy. pl. 3, fig. 16).

16° *Auriculées* (fol. auriculata), offrant à leur base deux petits appendices qu'on nomme *oreillettes*, comme dans la sauge officinale (*salvia officinalis*), la scrophulaire aquatique (*scrophularia aquatica*), etc.

17° *Pandurées* ou *panduriformes* (fol. pandurata, panduriformia), approchant de la figure d'un violon, c'est-à-dire allongées, arrondies aux deux extrémités et présentant deux sinus latéraux rentrans ; par exemple, dans le *convolvulus panduratus*, le *rumex pulcher*, etc.

18° *Sinuées* (fol. sinuata), quand elles présentent une ou plusieurs échancrures arrondies, ou sinus en nombre déterminé.

19° *Sinueuses* (fol. sinuosa), présentant des sinus arrondis et des saillies également arrondies et convexes, en nombre indéterminé : dans le chêne (*quercus robur*).

20° *Pinnatifides* (fol. pinnatifida), divisées latéralement en lobes plus ou moins profonds, comme dans le *polypodium vulgare*, le *coronopus Ruëllii.*

21° *Interrompues* (fol. interruptè-pinnatifida); ce sont celles dont les divisions supérieures sont confluentes

par leur base, tandis que les inférieures sont entièrement libres; en sorte que ces feuilles représentent
supérieurement une feuille pinnatifide, et inférieurement une feuille pinnée. Mais on ne peut les confondre
avec les feuilles vraiment composées.

22° *Pectinées*, ou en forme de peigne (fol. pectinata), feuilles pinnatifides, dont les divisions sont
étroites, rapprochées et presque parallèles : par exemple, dans l'*achillæa pectinata*.

23.° *Lyrées* (fol. lyrata), feuilles pinnatifides, terminées par un lobe arrondi, beaucoup plus considérable que les autres, comme dans la benoite (*geum urbanum*), le radis sauvage (*raphanus raphanistrum*), etc.
(Voy. pl. 3, fig. 14).

24° *Roncinées* (fol. runcinata), feuilles pinnatifides,
dont les lobes latéraux sont aigus et recourbés en bas.
Par exemple, elles du pissenlit (*taraxacum dens leonis*), du *prenanthes muralis*, etc. (Voy. pl. 3, fig. 13).

I. Quant à leur *contour*, ou aux modifications que
présente leur *bord* même, les feuilles sont :

1° *Entières* (integra), quand leur bord se continue
sans présenter ni dents, ni incisions, ni sinus. Exemple,
la pervenche (*vinca major*), le lilas, etc. (Voy. pl. 3,
fig. 2, 3, 4, 5,).

2° *Érodées* (fol. erosa), présentant de petites dentelures inégales, en sorte que le bord de la feuille
semble avoir été rongé par un insecte, comme celles
du *sinapis alba*, etc.

3° *Crénelées* (fol. crenata), dont le bord offre des

crénelures ou petites parties saillantes, arrondies, séparées par des angles rentrans. Par exemple dans le lierre
terrestre (*glecoma hederacea*), le marrube blanc (*marrubium vulgare*), la betoine (*betonica officinalis*).

4° *Doublement crénelées* (fol. duplicato - crenata)
quand chaque crénelure principale en offre de plus
petites, comme dans le *chrysosplenium alternifolium*,
et *l'hydrocotyle vulgaris*. (Voy. pl. 3, fig. 9).

5° *Dentées* (fol. dentata), dont le bord est découpé
en petites dents aiguës, ne s'inclinant ni vers le haut, ni
vers la base de la feuille. Exemple, l'alliaire (*erysimum
alliaria*), le seneçon (*senecio vulgaris*), etc.

6° *Serrées* (fol. serrata), quand les dents sont in-
clinées vers le sommet de la feuille, comme dans la
violette (*viola odorata*), la viorne (*viburnum lantana*), etc. (Voy. pl. 3, fig. 1).

7° *Doublement serrées* (duplicato - serrata), dont
chaque dentelure est elle-même serrée, comme dans
le coudrier (*corylus avellana*), l'orme (*ulmus campestris*).

8° *Épineuses* (folia margine spinosa), bordées de
dents roides, aiguës et piquantes, comme dans le houx
(*ilex aquifolium*), beaucoup de chardons.

9° *Ciliées* (fol. ciliata), ayant le bord garni de poils
disposés en série, comme les cils des paupières ; par
exemple dans l'*erica tetralix*, la *luzula vernalis*, etc.

K. Expansion.

Les feuilles peuvent être :

1° *Planes* (plana), quand leur surface n'est ni concave ni convexe : celles de la plupart des plantes.

2° *Convexes* (fol. convexa), quand elle sont bombées par leur face supérieure.

3° *Concaves* (fol. concava), bombées par leur face inférieure, de manière à ce que la supérieure présente une cavité.

4° *Gladiées* ou ensiformes (fol. ensiformia), comprimées fortement, sur leurs parties latérales, en sorte que leurs faces sont devenues latérales, et leurs bords, postérieur et antérieur : comme dans l'*iris germanica*, etc.

5° *Striées* (fol striata), offrant des stries en différens sens.

6° *Onduleuses* (undulosa), offrant des saillies et des enfoncemens irréguliers, qu'on a comparés aux ondulations de l'eau agitée. La rhubarbe ondulée (*rheum undulatum*).

L. Superficie.

1° *Luisantes* (lucida), ayant leur surface unie et réfléchissant la lumière : le laurier-cerise, le lierre.

2° *Unies* (lævia), n'offrant aucune saillie ni aspérité : le *nymphæa*, etc.

3° *Glabres* (glabra), dépourvues de toute espèce de poils : la petite centaurée (*erythræa centaurium*), le laurier-rose.

4° *Pertuses* (fol. pertusa), percées de trous très-sensibles : (*dracontium pertusum*).

5° *Cancellées* (fol. cancellata), quand le parenchyme n'existe pas, et qu'elles sont simplement formées par les ramifications des nervures fréquemment anastomo-sées, et représentant une sorte de treillage, comme celles de l'*hydrogeton fenestralis*.

6° *Glanduleuses* (glandulosa), offrant à leur sur-face de petites *glandes*.

7° *Scabres* (fol. scabra), rudes au toucher. L'orme(*ul-mus campestris*). Le grémil(*lithospermum officinale*),etc.

8° *Glutineuses* (glutinosa), offrant quand on les touche une viscosité plus ou moins grande : *inula viscosa*.

M. *Pubescence*. (Voy. ce que nous en avons dit pré-cédemment en parlant de la tige, page 55.)

N. Consistance et tissu.

1° *Membraneuses* (fol. membranacea), n'ayant pas d'épaisseur sensible, molles et souples, comme celles de la grande aristoloche (*aristolochia sypho*).

2° *Scarieuses* (fol. scariosa), minces, sèches, demi-transparentes.

3° *Coriaces* (fol. coriacea), quand elles sont épaisses et qu'elles ont une certaine consistance : celles du guy (*viscum album*).

4° *Molles* (mollia), ayant peu de solidité, et douces au toucher : l'épinard (*spinacia oleracea*), la guimauve (*althæa officinalis*).

5° *Roides* (fol. rigida), coriaces et résistant à la flexion. Le petit houx (*ruscus aculeatus*).

6° *Charnues* (carnosa) : la joubarbe des toits (*sempervivum tectorum*), et en général toutes les plantes grasses.

7° *Creuses* (fol. fistulosa) : l'ognon ordinaire (*allium cepa*).

O. *Forme* (1) (épaisseur ou solidité notable).

1° *Ovées* (fol. ovata), ayant la forme d'un œuf.

2° *Obovées* (fol. obovata), ayant la forme d'un œuf renversé.

3° *Conoïdales* (fol. conoïdea), ayant la forme d'un cône.

4° *Cylindriques* (fol. cylindrica, teretia), ayant la forme d'un cylindre allongé : le *sedum album*, l'ognon.

5° *Linguiformes* (fol. linguiformia), ayant l'épaisseur et la forme d'une langue : la joubarbe des toits (*sempervivum tectorum*).

6° *Triquètres* (fol. triquetra), allongées en prisme à trois faces : le jonc fleuri (*butomus umbellatus*).

7° *Tétragonées* (fol. tetragona), allongées en prisme à quatre faces : *gladiolus tristis.*

---

(1) Il ne faut pas confondre, comme on le fait très-souvent, la *forme* et la *figure* d'un corps. La *forme* ne s'entend que des corps solides, c'est-à-dire de ceux qui présentent l'étendue, la largeur et l'épaisseur. La partie de la géométrie qui s'en occupe porte le nom de *stéréométrie*. Le terme de *figure* n'est applicable qu'aux corps plans, c'est-à-dire aux surfaces qui n'offrent que deux dimensions, la largeur et la longueur. On donne le nom de *planimétrie*, à la partie de la géométrie qui traite de la figure des corps plans. Ainsi un œuf a une forme *ovée* : une feuille plane, représentant la section longitudinale d'un œuf, a une figure *ovale*. On voit donc la nécessité de distinguer les expressions *formaires*, des expressions *figuraires*.

8° *Comprimées* (fol. compressa), épaisses, charnues, aplaties latéralement, ayant plus d'épaisseur que de largeur.

P. Coloration.

1° *Vertes* (fol. viridia) : la plupart des feuilles.

2° *Colorées* (fol. colorata), d'une autre couleur que le vert.

3° *Glauques* (glauca) : *magnolia glauca*, le chou (*brassica oleracea*).

4° *Discolores* (fol. discolora), quand les deux faces ne sont pas de la même couleur. Ainsi, dans la cymbalaire (*antirrhinum cymbalaria*), la face supérieure est verte, l'inférieure est pourprée.

5° *Tachetées* (fol. maculata), offrant des taches plus ou moins considérables, d'une couleur différente de celle de la feuille : (*arum maculatum*).

6° *Incanes* (fol. incana), d'un blanc pur : (*achillœa incana*).

Q. Pétiolation.

1° *Sessiles* (fol. sessilia) : le buis (*buxus sempervirens*), etc.

2° *Pétiolées* (petiolata) : le platane, le poirier, l'abricotier.

3° *Peltées* (fol. peltata), quand le pétiole s'insère au centre de la face inférieure des feuilles, et que les nervures partent de ce point, en rayonnant vers la circonférence : comme dans la capucine (*tropœolum*

majus), l'écuelle d'eau (*hydrocotyle vulgaris*). (Voyez
pl. 3, fig. 9).

Quand les feuilles sont pourvues d'un pétiole, il ne
faut pas négliger les caractères qu'on peut tirer de ses
différentes modifications.

Ainsi, il peut être *cylindrique*, *comprimé*, *tiquètre*,
filiforme, *court*, *long*, etc. Nous n'avons pas besoin
de donner ici l'explication de ces expressions que nous
avons déjà définies pour la plupart, dans un autre lieu.

Le *pétiole* peut être tordu sur lui-même, comme
dans plusieurs. *Cucurbitacées*, etc.

Claviforme, en forme de massue (p. claviformis),
quand il est renflé d'une manière manifeste à sa partie
supérieure, comme dans la chataigne d'eau (*trapa
natans*).

Canaliculé, ou *creusé* en gouttière (p. canaliculatus),
quand il est convexe à sa face externe, concave du
côté de la tige ; par exemple, dans beaucoup d'*Ombellifères*.

Ailé (p. alatus), quand le limbe de la feuille se prolonge sur lui, de manière à former, de chaque côté, un
appendice membraneux. Par exemple, dans l'oranger
(*citrus aurantium*).

Foliiforme, ou en forme de feuille (foliiformis),
quand il est large, mince, et a l'aspect d'une feuille.
Dans ce cas, il remplace fort souvent les véritables
feuilles, qui n'existe que dans les individus encore
jeunes, et tombent à une certaine époque. Ainsi les
prétendues feuilles simples des *Mimosa* de la nouvelle

Hollande, ne sont que des pétioles élargies et *folii-formes*, etc. On leur a donné le nom de *Phyllodes*

R. Suivant leur durée sur la tige, on distingue les feuilles en :

1°. *Caduques* (fol. caduca), lorsqu'elles tombent peu de temps après leur apparition, comme celles de beaucoup de *cactus*.

2°. *Décidues* (fol. decidua), quand elles tombent avant une nouvelle foliation : celles du marronier, du tilleul, etc.

3°. *Marcescentes* (fol. marcescentia), lorsqu'elles se dessèchent sur la plante, avant de tomber, comme celles du chêne.

4°. *Persistantes* (fol. persistentia), celles qui restent sur le végétal plus d'une année. Par exemple, dans les pins, les buis, le laurier-cerise, etc. Ces arbres portent le nom général d'arbres toujours verts.

§ II — *Des Feuilles composées.*

La feuille vraiment *composée*, avons-nous dit, est celle qui, sur un pétiole commun, porte plusieurs petites folioles qu'on peut isoler les unes des autres. Ces folioles sont, ou articulées sur le rachis, c'est-à-dire attachées par un point très-rétréci de la base de leur petit pétiole, ou continues avec lui par toute la base de leur pétiole.

Il y a différens degrés de composition dans les feuilles. Ainsi le pétiole commun peut être *simple* ou bien il peut se ramifier.

Quand le pétiole commun ne se ramifie pas, la feuille est dite simplement *composée*. On l'appelle feuille *décomposée*, quand il se ramifie.

Nous allons étudier les modifications qu'elle présente dans ces deux cas.

Les feuilles simplement composées offrent deux modifications principales, suivant la position qu'affectent les folioles qui les composent. Ainsi tantôt toutes les folioles partent du sommet même du pétiole commun, comme dans le marronier d'Inde, le trèfle, etc.; tantôt au contraire ces folioles naissent sur les parties latérales du pétiole commun ou rachis, comme dans le frêne, le baguenaudier, l'acacia, etc. On a donné le nom de feuilles *digitées* à la première de ces deux modifications, et celui de *pennées* à la seconde.

Les feuilles digitées (*fol. digita*) sont donc celles dont toutes les folioles partent en divergeant du sommet du pétiole commun, à la manière des doigts de la main lorsqu'ils sont écartés.

Le nombre des folioles qui constituent les feuilles digitées est très-variables, comme on peut le voir en comparant ensemble les feuilles du trèfle qui en offrent trois, avec celles des *Pavia* qui en ont cinq, celles du marronier d'Inde qui en présente sept, etc. Aussi est-ce d'après ce nombre que l'on a divisé les feuilles digitées, en :

1° *Unifoliolées* (fol. unifoliolata), quand elles n'offrent qu'une seule foliole, mais qui est articulée au sommet du pétiole. Dans ce cas, des raison d'analogie, et la présence d'une articulation font ranger cette

feuille parmi les composées. Telles sont celles de l'o-
ranger (*citrus aurantium*), du *rosa simplicifolia*, etc.
(Voy. pl. 4, fig. 1.)

2° *Trifoliolées* (fol. trifoliolata), quand elles ont trois
folioles comme le trèfle d'eau (*menyantes trifoliata*),
l'alleluia (*oxalis acetosella*). (Voyez pl. 4, fig. 5).

3° *Quadrifoliolées* (fol. quadrifoliolata), composées
de quatre folioles : (*marsilia quadrifolia*).

4° *Quinquéfoliolées* (fol. quinquefoliolata) : *cissus
quinquefolia*, *potentilla reptans*, etc.

5° *Septemfoliolées* (fol. septemfoliolata) : le mar-
ronier-d'Inde, etc. (pl. 4, fig. 6.)

6° *Multifoliolées* (fol. multifoliolata), composées d'un
grand nombre de folioles, comme le *lupinus varius*.

Les feuilles *pennées*(fol. pennata) comme nous l'avons
dit, sont celles qui, sur un pétiole commun, portent
un nombre plus ou moins considérable de folioles,
disposées sur ses parties latérales, à la manière des
barbes d'une plume sur leur tige commune ; telles sont
celles de l'acacia (*robinia pseudo-acacia*), du frêne
(*fraxinus excelsior*). (Voy. pl. 4, fig. 3.)

Les folioles d'une feuille pennée peuvent être *opposées* l'une à l'autre et diposées par paire ; dans ce cas,
on dit qu'elles sont *oppositi-pennées* ; ou bien ces folioles sont *alternes*, et les feuilles sont dites *alternati-
pennées*.

Les feuilles *oppositi-pennées* sont également appelées
conjuguées. On dit qu'elles sont :

1° *Unijuguées* (fol. unijugata), quand le pétiole
commun porte une seule paire de folioles, comme

dans le *lathyrus latifolius*, le *lathyrus sylvestris*, etc. (Voyez pl. 4, fig. 4).

2° *Bijuguées* (fol. bijugata), composées de deux paires de folioles, comme dans certains *Mimosa*. (Voy. pl. 4, fig. 2).

3° *Trijuguées* (fol. trijugata), composées de trois paires de folioles, comme celles de l'*orobus tubérosus*.

4° *Quadrijuguées* (fol. quadrijugata).

5° *Quinquéjuguées* (fol. quinquejugata), comme celles de la casse (*cassia fistula*).

6° *Multijuguées* (fol. multijugata), quand les pairs de folioles sont en nombre indéterminé, comme celles de la fausse réglisse (*astragalus glycyphyllos*, la *vicia cracca*), etc.

Les feuilles *oppositi-pennées* sont dites, *pari-pennées* ou *pennées* sans *impaire*, quand les folioles sont attachées par paires, et que le sommet du pétiole commun ne présente pas de foliole solitaire ni de vrille qui en tienne lieu, comme dans le caroubier (*ceratonia siliqua*), l'*orobus tuberosus*, etc. (Voy. pl. 4. fig. 2).

Elles sont dites au contraire, *impari-pennées* ou *pennées* avec *impaire* (impari pennata), quand le pétiole commun est terminé par une foliole solitaire, comme dans l'acacia (*robinia pseudo-acacia*), le frêne (*fraxinus excelsior*). (Voyez pl. 4, fig. 3).

Les feuilles *impari-pennées* sont appelées *trifoliolées* (fol. impari pennata trifoliolata), quand, au-dessus de l'unique paire de folioles dont elles sont formées, se trouve une foliole solitaire pétiolée, comme dans les espèces de *dolichos*, etc.

On appelle feuilles *interrupté-pennées* (fol interupte pennata), celles dont les folioles sont alternativement grandes et petites, comme dans l'aigremoine (*agrimonia eupatoria*).

Quant aux feuilles *décursivé - pennées*, c'est-à-dire à celles dont le pétiole commun est ailé, par le prolongement de la base des folioles, nous ne les rangeons pas parmi les feuilles composées, puisqu'aucune foliole ne peut être enlevée, sans en déchirer la partie foliacée. Ce ne sont que des feuilles plus ou moins profondément pinnatifides.

Les feuilles *décomposées* (fol. décomposita) sont le deuxième degré de composition des feuilles ; le pétiole commun est divisé en pétioles secondaires, qui portent les folioles. On les appelle :

1°. *Digitées-pennées* (fol. digitato-pennata), quand les pétioles secondaires représentent des feuilles *pennées* partant toutes du sommet du pétiole commun : ex. certains *Mimosa*.

2° *Bigéminées* (fol. decomposito-bigeminata), quand chacun des pétioles secondaires porte une seule paire de folioles : Ex. : *mimosa unguis cati.*

3° *Bipennées* (fol. bipennata, duplicato-pennata), quand les pétioles secondaires sont autant de feuilles *pennées*, partant du pétiole commun, comme dans le *mimosa julibrizin*, etc. (Voy. pl. 4, fig 7).

On nomme feuilles *surdécomposées*, le troisième et dernier degré de composition que présentent les feuilles. Dans ce cas les pétioles secondaires se divisent en pétioles tertiaires, portant les folioles. Ainsi, on appelle feuille *surdécomposée - triternée*, celle dont le pétiole commun se divise en trois pétioles secondaires, divisés chacun en trois pétioles tertiaires, portant aussi chacun trois folioles, comme dans l'*actœa spicata*, l'*epimedium alpinum*. (Voy. pl. 4, fig. 8.)

Nous venons d'exposer, avec quelques détails, les nombreuses variétés de forme, de figure, de consistance, de simplicité et de composition que présentent les feuilles. Nous avons cru devoir donner quelque développement à cet article, parce que beaucoup d'autres organes, que nous étudierons successivement, tels que les stipules, les sépales, les pétales, etc., nous offriront des modifications analogues, dans leur figure, leur forme, leur structure, etc., qui, une fois décrites et définies, n'auront plus besoin que d'être citées pour être parfaitement comprises.

Structure, usages et fonctions des Feuilles.

Les feuilles, comme nous l'avons dit précédemment, sont formées par trois organes principaux, savoir : par un faisceau vasculeux, provenant de la tige ; par du parenchyme, prolongement de la substance herbacée de l'écorce, et enfin, par une portion d'épiderme qui les recouvre dans toute leur étendue.

Le faisceau vasculeux constitue le pétiole, quand celui-ci existe. Ces vaisseaux sont des trachées, des fausses trachées et des vaisseaux poreux ; ils sont, dans le pétiole, enveloppés à l'extérieur par une couche de la substance herbacée, qui se prolonge sur eux, au moment où ils sortent de la tige. C'est par leur épanouissement et leurs ramifications successives qu'ils constituent le réseau de la feuille. Les mailles ou espaces vides qu'ils laissent entre eux, sont remplis par le tissu parenchymateux provenant de l'écorce. Ce parenchyme manque quelquefois, comme dans l'*hydrogeton;* et alors la feuille, qui n'est composée que par son réseau vasculaire, offre l'aspect d'un sorte de treillage ou de dentelle.

L'épiderme, qui recouvre les surfaces de la feuille, est en général mince et très-poreux, surtout à la surface inférieure.

Les feuilles sont, avec les racines, les organes principaux de l'absorption et de la nutrition dans les végétaux. En effet, elles absorbent dans l'atmosphère les substances nutritives qui peuvent servir à l'accroissement. Aussi quelques auteurs les ont-ils désignées sous le nom de *racines aériennes.* Elles remplissent encore d'autres usages d'une haute importance dans l'économie végétale. Elles servent à la transpiration et à l'exhalation des fluides devenus inutiles à la végétation, et c'est en elles que la sève se dépouille des sucs aqueux qu'elle contient, et qu'elle acquiert toutes ses qualités nutritives.

C'est principalement par les pores, situés à la face inférieure de la feuille des plantes ligneuses, que les fluides vaporeux et les gaz, répandus dans l'atmosphère, sont absorbés. Cette face inférieure, en effet, est plus molle, moins lisse et présente presque toujours un duvet léger, qui favorise cette absorption ; leur face supérieure, au contraire plus lisse, plus souvent glabre, sert à l'excrétion des fluides inutiles à la nutrition du végétal ; c'est ce qui constitue la *transpiration* dans les végétaux.

Les feuilles des plantes herbacées, plus rapprochées du sol, plongées en quelque sorte dans une atmosphère continuellement humide, absorbent également par leur face supérieure et leur face inférieure. C'est au célèbre Bonnet que l'on doit ces connaissances. Ce physicien posa des feuilles d'arbre sur l'eau, par leur face inférieure ; elles se conservèrent fraîches et vertes pendant plusieurs mois. Il en posa d'autres par leur face supérieure, qui, en peu de jours, ne tardèrent point à se faner. Des feuilles de plantes herbacées se conservèrent saines pendant fort long-temps, dans les deux positions.

C'est dans le parenchyme des feuilles, de même que dans toutes les autres parties vertes et herbacées du végétal, que s'opère la décomposition de l'acide carbonique absorbé dans l'air. Lorsqu'elles sont exposées à l'action du soleil, elles décomposent ce gaz, retiennent le carbone et dégagent l'oxigène. Le contraire a lieu quand elles sont soustraites à l'action de la lumière, car alors elles prennent dans l'air une portion de son oxigène, qu'elles remplacent en dégageant une égale quantité de gaz acide carbonique. On sait que les végétaux, privés de l'influence du soleil, s'étiolent, c'est-à-dire qu'ils perdent leur couleur verte, deviennent mols, aqueux et contiennent une plus grande proportion de principe sucré.

Mais nous reviendrons tout à l'heure avec plus de détails sur les phénomènes de l'absorption et de la transpiration, en traitant de la nutrition dans les plantes.

Les feuilles sont susceptibles de certains mouvemens qui dépendent évidemment de l'irritabilité dont elles sont douées. Des faits nombreux et bien constatés mettent hors de doute l'existence de cette propriété dans les végétaux.

Si l'on place une branche, tenant encore à sa tige, de manière que la face inférieure des feuilles regarde vers le ciel, on verra les feuilles se retourner, petit à petit, et reprendre leur position naturelle. Ce fait peut s'observer chaque jour lorsqu'on taille et que l'on palissade les arbres tenus en espalier, comme le pêcher, la vigne, etc.

Ce sont surtout les feuilles composées, c'est-à-dire celles dont les folioles sont attachées par articulation au pétiole commun, qui présentent les mouvemens les plus remarquables. Ainsi, pendant la nuit, les folioles d'un plus grand nombre de Légumineuses, dont les feuilles sont toutes articulées, ont une position différente de celle qu'elles occupent pendant le jour. C'est à ce phénomène singulier que Linnæus a donné le nom de sommeil des plantes. Par exemple, les folioles de l'*Acacia*, au lever du soleil, sont étendues presque horizontalement. Mais à mesure que cet astre s'élève au dessus de l'horizon ; ses folioles se redressent de plus en plus, et deviennent presque verticales ; elles commencent au contraire à baisser à mesure que le jour décline.

D'autres plantes présentent encore des phénomènes analogues, qui tous paraissent dépendre de l'influence de la lumière. C'est en effet ce que l'on peut conclure des expériences ingénieuses de M. De Candolle. Cet habile botaniste ayant placé dans un caveau, à l'abri de la lumière, des plantes à feuilles composées, est parvenu, en les privant pendant le jour de la lumière et les éclairant au contraire fortement la nuit, à changer dans quelques-unes les heures de leur veille et de leur sommeil.

Mais les feuilles de certains végétaux exécutent aussi des mouvemens d'irritabilité qu'on ne peut attribuer à l'influence de la lumière. La *sensitive* (mimosa sensitiva) est de ce nombre. La secousse la plus légère, l'air faiblement agité par le vent, l'ombre d'un nuage ou d'un corps quelconque, l'action du fluide électrique, la chaleur, le froid, les vapeurs irritantes, telles que le chlore, le gaz nitreux, suffisent pour faire éprouver à ses folioles les mouvemens les plus singuliers. Si l'on en touche une seule, elle se redresse contre celle qui lui est opposée, et bientôt toutes les autres de la même feuille suivent et exécutent le même mouvement, et se couchent les unes sur les autres, en se recouvrant à la manière des tuiles d'un toit. La feuille elle même tout entière ne tarde pas à se fléchir vers la terre. Mais peu de temps après, si la cause a cessé d'exercer son action, toutes ces parties, qui semblaient s'être fanées, reprennent leur aspect et leur position naturels.

L'*hedysarum gyrans*, plante singulière, originaire du Bengale, offre des mouvemens très-remarquables. Ses feuilles sont composées de trois folioles articulées, deux latérales plus petites, une moyenne plus grande. Les deux latérales sont animées d'un double mouvement de flexion et de torsion sur elles-mêmes, qui paraît indépendant dans chacune d'elles. En effet l'une se meut quelquefois rapidement, tandis que l'autre reste en repos. Ce mouvement s'exécute sans l'intervention d'aucun stimulant extérieur. La nuit ne le suspend pas. Celui de la foliole médiane, au contraire, paraît dépendre de l'action de la lumière, et cesse quand la plante n'y est plus exposée.

Les folioles du *porliera* se rapprochent et s'accolent, aussitôt que le ciel se couvre de nuages.

Le *dionæa muscipula*, plante originaire de l'Amérique septentrionale, présente, à l'extrémité de ses feuilles, deux lobes réunis par une charnière médiane. Quand un insecte, ou un corps quelconque, touche et irrite leur face supérieure, ces deux lobes se redressant vivement, se rapprochent et saisissent l'insecte qui les irritait. Aussi cette plante porte-t-elle le nom vulgaire d'*attrape-mouche*.

Quelle est la partie du tissu végétal dans laquelle réside cette force contractile, cette irritabilité si manifeste? Dans les animaux, nous voyons que le siége de l'irritabilité est dans la fibre musculaire, qui doit son action aux nerfs qui viennent s'y répandre. Mais les végétaux n'ont ni muscles, ni nerfs : il est donc impossible d'assigner le siége de la force qui préside à ces divers phénomènes.

Défoliation ou chute des feuilles.

Il arrive chaque année une époque où la plupart des végétaux se dépouillent de leurs feuilles. C'est ordinairement à la fin de l'été ou au commencement de l'automne que les arbres perdent leur feuillage.

Cependant ce phénomène n'a pas lieu à la même époque pour toutes les plantes. On remarque, en général, que les arbres dont les feuilles se développent de bonne heure, sont aussi ceux qui les perdent les premiers, comme on l'observe pour le tilleul, le marronier d'Inde, etc. Le sureau fait exception à cette règle, ses feuilles paraissent de bonne heure, et ne tombent que très-tard. Le frêne ordinaire présente une autre particularité, ses feuilles se montrent très-tard et tombent dès la fin de l'été.

Les feuilles pétiolées, surtout celles qui sont articulées avec la tige s'en détachent plutôt que celles qui sont sessiles et à plus forte raison que celles qui sont amplexicaules. En général, dans les plantes herbacées, annuelles ou vivaces, les feuilles meurent avec la tige, sans s'en détacher.

Mais il est des arbres et des arbrisseaux qui restent en tout temps ornés de leur feuillage. Ce sont en général des espèces résineuses, telles que les pins, les sapins

ou des végétaux dont les feuilles sont roides et coriaces comme les myrtes, les alaternes, les lauriers
roses, etc. On leur donne le nom d'arbres verts.

Quoique la chute des feuilles ait généralement lieu
aux approches de l'hiver, on ne doit cependant pas regarder le froid comme la principale cause de ce phénomène.
Elle doit être bien plus naturellement attribuée à la ces-
sation de la végétation, au manque de nourriture que les
feuilles éprouvent à cette époque de l'année où le cours
de la sève est interrompu. Les vaisseaux de la feuille
se ressèrent, se dessèchent et bientôt cet organe se
détache du rameau sur lequel il s'était développé.

Usages économiques et médicinaux des Feuilles.

Un grand nombre de végétaux sont cultivés dans
nos potagers à cause de leurs feuilles, qui sont d'excellens alimens. C'est ainsi qu'on emploie fréquemment les *choux*, les *épinards*, l'*oseille*, le *céleri*, les
cardons et beaucoup d'autres espèces. Remarquons ici
que les cultivateurs se servent souvent de la propriété,
que possèdent les végétaux, privés de l'action de la
lumière, de devenir tendres et sucrés, pour les rendre
plus propres à la nourriture de l'homme.

La médecine trouve aussi dans les feuilles un grand
nombre de médicamens utiles, que l'on peut ranger
de la manière suivante :

§ 1. Feuilles émollientes.

De guimauve (*Althœa officinalis*).
De mauve (*Malva rotundifolia*).

De poirée (*Beta vulgaris*).

§ 2. Feuilles amères ou toniques.

Trèfle d'eau (*Menyanthes trifoliata*).
Véronique officinale (*Veronica officinalis*).
Beccabunga (*Veronica beccabunga*).
Petite centaurée (*Erythræa centaurium*).

§ 3. Feuilles excitantes.

Oranger (*Citrus aurantium*).
Menthe poivrée (*Mentha piperita*).
Menthe crépue (*Mentha crispa*).
Sauge (*Salvia officinalis*).
Cresson de fontaine (*Sisymbrium nasturtium*).
Cochléaria (*Cochlearia officinalis*).
Cresson alenois (*Lepidium sativum*).

§ 4. Feuilles vireuses.

Cigüe (*Conium maculatum*).
Stramoine (*Datura stramonium*).
Tabac (*Nicotiana tabacum*).
Belladone (*Atropa belladona*).
Digitale pourprée (*Digitalis purpurea*), etc.

§ 5. Feuilles purgatives.

Séné d'Italie (*Cassia senna*).
Séné d'Alexandrie (*Cassia lanceolata*).
Gratiole (*Gratiola officinalis*).
Baguenaudier (*Colutea arborescens*).

CHAPITRE V.

DES STIPULES (1).

Les *stipules* sont des organes accessoires des feuilles. Elles n'existent point dans les végétaux monocotylédonés, mais seulement dans les dicotylédonés, qui n'en sont pas tous pourvus. Ce sont de petits appendices, ordinairement *squammiformes* ou *foliacés*, qu'on rencontre au point d'origine des feuilles sur la tige. Elles sont ordinairement au nombre de deux, une de chaque côté du pétiole, comme dans le charme, le tilleul; le plus souvent elles sont libres, c'est-à-dire qu'elles ne sont pas fixées au pétiole; d'autres fois elles font corps avec la base de cet organe, comme dans le rosier.

Les stipules fournissent d'excellens caractères pour la coordination des plantes. Quand un végétal d'une famille naturelle en présente, il est extrêmement rare que tous les autres n'en soient pas pourvus. Ainsi, elles existent dans toutes les plantes de la famille des *Légumineuses*, des *Rosacées*, des *Tiliacées*.

Comme elles tombent très-facilement, quand elles sont libres, on pourrait quelquefois s'en laisser im-

---

(1) *Stipulæ, Fulcra.*

poser pas leur absence, et croire qu'elles n'existent pas; mais on pourra éviter facilement cette erreur, en observant qu'elles laissent toujours sur la tige, au lieu qu'elles occupaient, une petite cicatrice qui atteste ainsi qu'elles ont existé.

Dans les *Rubiacées* exotiques, à feuilles opposées, tel que le *coffœa*, le *psychotria*, le *cinchona*, les stipules sont situées entre les feuilles et paraissent être de véritables feuilles avortées. En effet, dans les Rubiacées de nos climats, telles que les *galium*, les *rubia*, les *asperula*, elles sont remplacées par de véritables feuilles, qui alors forment un verticille autour de la tige.

Quelques plantes ne présentent qu'une seule stipule, comme le vinettier (*berberis vulgaris*).

Quand il en existe deux, elles sont presque toujours distinctes l'une de l'autre; mais quelquefois elles se soudent et sont *conjointes* (stipulæ connatæ), comme dans le houblon (*humulus lupulus*).

Leur nature et leur consistance sont très-sujettes à varier. Ainsi elles peuvent être *foliacées*, c'est-à-dire semblables à des feuilles, comme dans l'aigremoine (*agrimonia eupatoria*); *membraneuses*, comme dans le figuier, les *magnolia*; *spinescentes*, comme dans le jujubier (*zizyphus vulgaris*), le groseiller à maquereau (*ribes grossularia*).

Leur *figure* ne varie pas moins que celle des feuilles. Ainsi il y en a d'orbiculaires, d'ovales, de sagittées, de réniformes, etc. Elles peuvent encore être entières, dentées ou laciniées.

Quant à leur durée, les unes sont *fugaces*, c'est-à-dire tombant avant les feuilles; par exemple celles du figuier (*ficus carica*), du tilleul (*tilia europœa*). Les autres sont simplement *caduques*, quand elles tombent en même temps que les feuilles. C'est ce qui a lieu pour le plus grand nombre. Enfin il en est d'autres qui persistent sur la tige plus ou moins long-temps après la chute des feuilles. Telles sont celles du jujubier, du groseiller à maquereau, etc.

CHAPITRE VI.

DES VRILLES, CIRRHES OU MAINS.

On désigne sous ce nom des appendices ordinairement filamenteux, d'origine diverse, simples ou rameux, se roulant en spirale autour des corps voisins, et servant ainsi à soutenir la tige des plantes faibles et grimpantes.

Les *vrilles* ne sont jamais que des organes avortés. Tantôt en effet ce sont des pédoncules floraux qui se sont allongés considérablement, comme dans la vigne : aussi les voit-on quelquefois porter des fleurs et des fruits. Tantôt ce sont des pétioles, comme dans beaucoup de *lathyrus*, de *vicia*, etc. D'autres fois enfin, ce sont des stipules, ou même des rameaux avortés. Assez souvent ce sont les feuilles elles-mêmes, dont l'extrémité se roule ainsi et constitue des espèces de vrilles , comme dans l'œillet.

La position relative des vrilles mérite beaucoup d'être observée, car elle indique l'organe dont elles tiennent la place. Ainsi dans la vigne elles sont comme les grappes de fleurs, *opposées* aux feuilles, ce qui fait voir que ce sont des grappes avortées; elles sont axillaires dans les passiflores; elles sont *pétioléennes* dans le *lathy-rus latifolius*, la *fumaria vesicaria*; *pédonculéennes* dans la vigne; *stipuléennes* dans certain *smilax :* enfin elles peuvent être *simples*, comme dans la bryone (*bryonia alba*), ou *rameuses*, comme dans le *cobœa scandens*.

On donne le nom particulier de *griffes* aux racines que les plantes sarmenteuses et grimpantes enfoncent dans les corps sur lesquels elles s'élèvent, comme celles du lierre, du *bignonia radicans*. On appelle *suçoirs* les filamens très-déliés que l'on rencontre sur la sur-face des griffes, et qui paraissent destinés à absorber les parties nutritives contenues dans le corps où elles sont implantées.

CHAPITRE VII.

DES ÉPINES ET DES AIGUILLONS.

Les *épines* (spinæ), sont des piquans formés par le prolongement du tissu interne du végétal, tandis que les *aiguillons* (aculei) ne proviennent que de la partie la plus extérieure de végétaux, c'est-à-dire de l'épiderme.

L'origine et la nature des épines ne sont pas moins variées que leur siége. Elles remplacent les feuilles dans certaines espèces d'asperges de l'Afrique, les stipules dans le jujubier, le groseiller à maquereau. Très-souvent elles ne sont que des rameaux avortés; par exemple, dans le prunier sauvage. Aussi cet arbre, transplanté dans un bon terrain, change-t-il ses épines en rameaux. Le tronc de quelques arbres est hérissé d'épines qui les rendent inabordables; tel est le *gleditsia ferox*. Les pétioles persistans de l'*astragalus triacanthos*, se convertissent en épines.

Suivant leur situation et leur origine, elles sont *caulinaires*, quand elles naissent sur la tige, comme dans les cierges (*cactus*), les *gleditsia*.

Elles sont *terminales*, quand elles se développent à l'extrémité des branches et des rameaux, comme dans le prunier sauvage (*prunus spinosa*).

Axillaires, quand elles sont situées dans l'aisselle des feuilles, comme dans le citronnier (*citrus medica*).

Infraxillaires, lorsqu'elles naissent au-dessous des feuilles et des rameaux, comme dans le groseiller à maquereau.

Enfin elles peuvent être *simples*, *rameuses*, *solitaires* ou *fasciculées*.

Les *aiguillons* ont été regardés par quelques physiologistes comme des poils endurcis. Ils sont très - peu adhérens aux parties sur lesquelles on les observe, et peuvent s'en détacher facilement, comme on le voit dans les *Rosiers*.

Les modifications qu'ils présentent, quant à leur situation, leur forme, etc., sont les mêmes que celles des épines.

DE LA NUTRITION

DANS LES VÉGÉTAUX.

Nous venons d'étudier tous les organes de la végétation, c'est-à-dire tous ceux qui servent au développement et à la fonction du végétal; voyons maintenantcomment s'opère cette nutrition; quelle part y prend chacun des organes en particulier, et quelles sont les conditions nécessaires pour qu'elle ait lieu.

La nutrition est une fonction par laquelle les végétaux s'assimilent une partie des substances solides, liquides ou gazeuses répandues dans le sein de la terre ou au milieu de l'atmosphère, et qu'ils y absorbent soit par l'extrémité la plus déliée de leurs radicules, soit au moyen des parties vertes qu'ils développent dans l'atmosphère.

C'est en vertu d'une force particulière de succion, dont ces diverses parties sont douées, que l'on voit s'effectuer l'absorption de ces matières et leur introduction dans le tissu végétal. Nous ferons d'abord connaître la succion ou l'absorption exercée par les racines dans le sein de la terre, et par les feuilles et les autres parties vertes au milieu de l'atmosphère, puis nous décrirons la marche des sucs nourriciers, ou de la sève des racines vers les feuilles. Là, nous étudierons les phénomènes de la transpiration, de l'expiration et de l'excrétion, et nous suivrons ensuite la sève dans son cours rétrograde des feuilles vers les racines.

§ I. *De l'absorption ou succion.*

Nous avons déjà dit que c'était par les extrémités de leurs fibrilles les plus déliées que les racines absorbent dans l'intérieur de la terre, les fluides et les gaz qui s'y trouvent répandus. Mais toutes les parties vertes des végétaux, telles que les feuilles, les jeunes branches, etc., sont également douées d'une force de succion fort remarquable, et concourent aussi à cette fonction importante.

Plongées dans le sein de la terre, les radicules capillaires y pompent, par les espèces de bouches aspirantes qui les terminent, l'humidité dont elle est imprégnée. L'eau est donc le véhicule nécessaire des substances nutritives des végétaux. Ce n'est point elle qui forme la base de l'alimentation du végétal, comme le croyaient les anciens physiciens; mais elle sert de dissolvant et de menstrue aux corps qu'il doit s'assimiler. En effet, si l'on fait végéter une plante dans de l'eau distillée, à l'abri de toute influence étrangère, elle ne tardera pas à périr. L'eau seule ne sert donc pas à sa nutrition. Il faut qu'elle contienne d'autres principes qui lui soient étrangers. D'ailleurs, les végétaux ne renferment - ils point du carbone, des gaz, des substances terreuses, des sels et même quelques parcelles de métaux? Or, l'eau aurait-elle pu donner naissance à ces différentes substances ? Voyons donc par quel moyen elles se sont introduites dans l'intérieur de la plante, dont elles sont devenues parties constituantes.

Comment le carbone s'est-il introduit dans les végétaux ? Ce ne peut être à l'état de pureté et d'isolement, puisqu'alors il est fort rare dans la nature, et n'est pas soluble dans l'eau. Mais tout le monde connaît la grande affinité du carbone pour l'oxigène ; on sait que l'acide carbonique qu'ils forment en se combinant est très-abondamment répandu dans la nature, qu'il se trouve dans le sein de la terre, dans les engrais, le fumier qu'on y mêle ; que, très-soluble dans l'eau, ce liquide en contient toujours une certaine quantité. C'est donc à l'état d'acide que le carbone est porté dans le tissu des végétaux. Or, nous avons dit précédemment qu'exposées à l'action des rayons du soleil, les plantes décomposaient l'acide carbonique, retenaient et s'assimilaient le carbone, tandis qu'elles rejetaient la plus grande partie de l'oxigène au dehors. L'eau n'a donc servi que de véhicule à cette substance alimentaire de la végétation.

L'oxigène fait également partie de la substance des végétaux. Il nous sera facile d'y expliquer la présence de ce fluide. En effet, comme le prouvent les expériences de Théod. de Saussure, les plantes ne rejettent point tout l'oxigène qui acidifiait le carbone ; elles en retiennent une certaine quantité. L'air atmosphérique qui circule dans les végétaux, leur cède également une portion de l'oxigène qu'il contient ; mais c'est principalement une partie de l'eau qui, par la décomposition qu'elle éprouve dans le tissu végétal, décomposition dont les lois ordinaires de la chimie ne peuvent pas plus nous donner une explication satisfaisante que de celle de l'acide carbonique, lui fournit, à la fois, la majeure partie de son oxigène, et l'hydrogène, qu'il renferme aussi en si grande proportion.

L'azote que l'on trouve également dans les substances végétales, tire évidemment son origine de la décomposition de l'air atmosphérique dans l'intérieur de la plante.

Telles sont les différentes substances inorganiques qui entrent essentiellement dans la composition du tissu végétal; ce sont elles qui en forment la base. Mais il en est d'autres encore qui, sans faire partie nécessaire de leur organisation, s'y retrouvent toujours dans des quantités plus ou moins considérables ; tels sont la chaux, la silice, le carbonate, le phosphate, le malate de chaux, le carbonate de soude et de potasse, le nitrate de potasse, le fer, etc. Or, il est prouvé, d'après les expériences de M. Théodore de Saussure, que ces substances arrivent toutes formées dans l'intérieur du végétal. Déposées dans le sein de la terre ou dans l'atmosphère, elles sont dissoutes ou entraînées par l'eau qui les charie et les transporte dans l'intérieur du tissu végétal.

Ce n'est point l'acte de la végétation qui forme ces substances, ainsi que quelques botanistes et quelques physiciens l'avaient avancé. C'est la terre ou le milieu dans lesquels les végétaux se développent qui leur cèdent les alcalis, les terres, les parcelles de métaux que l'analyse chimique y fait découvrir. Ce fait déjà prouvé par les nombreux essais de M. Théod. de Saussure vient d'être mis dans son dernier degré d'évidence par les expériences récentes de M. Lassaigne. Ce jeune et habile chimiste répéta de la manière suivante, les expériences de M. Théod. Saussure :

« Au 2 avril dernier, je plaçai, dit-il, dix grammes de graines de sarrazin (*polygonum fagopyrum.*) dans une capsule de platine contenant de la fleur de soufre lavée et que j'avais humectée avec de l'eau distillée, récemment préparée; je la posai sur une assiette de porcelaine qui contenait un demi centimètre d'eau distillée, et je recouvris le tout avec une cloche de verre, à la partie supérieure de laquelle il y avait un robinet, qui, au moyen d'un tube de verre recourbé en syphon et terminé par un entonnoir, me permettait de verser de l'eau de temps en temps sur le soufre.

« Au bout de deux ou trois jours les graines avaient germé pour la plus grande partie; on continua de les arroser tous les jours, et dans l'espace d'une quinzaine elles avaient poussé des tiges de six centimètres de hauteur, surmontées de plusieurs feuilles.

« On les rassembla avec soin, ainsi que plusieurs graines qui n'avaient point levé et on les incinera dans un creuzet de platine; la cendre qu'on en obtint pesait 0,220 grammes; soumise à l'analyse elle a donné 190 de phosphate de chaux, 25 de carbonate de chaux et 5 de silice.

« Dix grammes de ces mêmes semences incinérées

fournirent la même quantité de cendre, et formée exactement des mêmes principes. »

Il résulte évidemment de cette expérience, qui fut répétée une seconde fois et qui donna le même résultat, qu'après leur développement dans l'eau distillée, les jeunes pieds de sarrasin ne contenaient pas une quantité plus considérable de sels alcalins que les graines dont ils provenaient. D'où l'on peut conclure, avec M. Théodore de Saussure, *que les alcalis et les terres que l'on trouve dans les plantes, ont été absorbés et tirés du sol.*

Mais quelle est la puissance qui détermine la succion des racines? Les lois de la physique et de la mécanique sont insuffisantes pour expliquer un semblable phénomène. La force extraordinaire avec laquelle s'opère cette absorption, ne peut être conçue d'une manière satisfaisante, qu'en admettant une puissance, une énergie vitale, inhérente au tissu même des végétaux, et déterminant par son influence, dont la nature nous est inconnue, les phénomènes sensibles de la végétation.

C'est au célèbre physicien Hales, que l'on doit les expériences les plus précises et les plus ingénieuses, au moyen desquelles on démontre la force prodigieuse de succion, dont sont douées les racines et les branches. Il découvrit une des racines d'un poirier, en coupa la pointe, y adapta l'une des extrémités d'un tube rempli d'eau, dont l'autre extrémité était plongée dans une cuve à mercure, et en six minutes le mercure s'éleva de huit pouces dans le tube.

Hales, pour mesurer la force avec laquelle la vigne absorbe l'humidité dans le sein de la terre, fit une expérience dont les résultats paraîtraient inexacts et exagérés, s'ils n'eussent été vérifiés dans ces derniers temps par M. Mirbel qui répéta l'expérience. Le physicien anglais coupa, le 6 avril, un cep de vigne sans rameaux, d'environ sept à huit lignes de diamètre, à trente-trois pouces au-dessus de la terre. Il y adapta un tube à double courbure, qu'il remplit de mercure jusqu'auprès de la courbure qui surmontait la section transversale de la tige. La sève qui en sortit eut assez de force pour élever, en quelques jours, la colonne de mercure à trente-deux pouces et demi au-dessus de son niveau. Or, le poids d'une colonne d'air de la hauteur de l'atmosphère est égal à celui d'une colonne de mercure de vingt-huit pouces, ou d'une colonne d'eau d'environ trente-trois pieds. Dans ce cas, la force avec laquelle la sève s'élevait des racines dans la tige, était donc beaucoup plus considérable que la pression de l'atmosphère.

Un grand nombre de faits et d'expériences démontrent la part que les feuilles prennent au phénomène de la succion et de l'absorption. Ainsi une branche, détachée de l'arbre dont elle faisait partie, absorbe encore avec une grande force le liquide dans lequel on plonge son extrémité. Il en est de même si on la retourne et que son sommet trempe dans l'eau, sa puissance absorbante n'en sera pas diminuée.

Pendant l'été nous voyons la chaleur du soleil flétrir et faire faner les plantes qui ornent nos parterres;

mais qu'on les examine pendant la nuit ou dans la matinée, la rosée que les feuille ont absorbée leur a rendu leur force et leur fraîcheur.

Si l'on dépouille entièrement un végétal de ses feuilles, il ne tardera pas à périr, parce que la succion exercée par ses racines sera insuffisante pour fournir tous les matériaux de sa nutrition.

Dans beaucoup de plantes, particulièrement dans les *cactus* et autres plantes grasses, dont les racines sont très-petites et qui végètent d'ordinaire sur les rochers ou dans les sables mouvans des déserts, il est évident que l'absorption des fluides nutritifs a lieu presque exclusivement par les feuilles et les autres parties plongées dans l'atmosphère; car la petitesse de leurs racines, l'extrême aridité du sol dans lequel ils croissent ne suffiraient point pour les faire végéter.

D'après ce qui vient d'être dit, on voit combien dans les végétaux la surface absorbante est grande, lorsqu'on la compare à leur volume général. Elle est incomparablement plus considérable que celle des animaux.

§ II. *De la Marche de la sève.*

La sève est ce liquide incolore, essentiellement aqueux, que les racines puisent et absorbent dans le sein de la terre, les feuilles dans l'atmosphère, pour le faire servir à la nutrition du végétal. C'est elle qui, contenant en dissolution les véritables principes nutritifs, les dépose dans l'intérieur de la plante, à mesure qu'elle traverse leur tissu.

Les anciens se sont disputé long-temps pour savoir par quelle partie de la tige l'ascension de la sève avait lieu. Les uns croyaient que c'était par la moelle ; les autres, au contraire, pensaient que l'écorce était le siége de ce singulier phénomène. Mais quand on a eu recours à des expériences positives, il a été prouvé que ces deux opinions étaient également erronées. En effet, la marche de la sève se fait à travers les couches ligneuses. Ce sont les vaisseaux lymphatiques, répandus dans le bois et l'aubier, qui servent de canaux pour charier ce fluide nutritif. Mais c'est la partie la plus voisine de l'étui médullaire, qui paraît être le siége principal de cette ascension. En effet, si l'on fait tremper une branche ou un jeune végétal dans une liqueur colorée, on pourra suivre, surtout dans les vaisseaux qui avoisinent l'étui médullaire, les traces du fluide absorbé : or, ce fluide ne se verra, ni dans la moelle ni dans l'écorce. L'expérience a encore démontré que la marche de la sève ne s'est point arrêtée dans des arbres privés de leur écorce, et dans lesquels la moelle était plus ou moins obstruée. Tandis que, si l'on enlève sur un arbre toutes les couches ligneuses, l'ascension de la sève n'a plus lieu. Cependant elle pourrait encore se faire, si autour de l'étui médullaire, on laissait un petit cylindre de couches ligneuses.

En traversant ainsi les couches du bois, dans sa marche ascendante, la sève communique avec les parties et branches latérales de la tige, soit directement par l'anastomose de leurs vaisseaux, soit en se répandant de proche en proche, par les pores et les fentes dont sont percés les canaux qui la charient. L'eau qui en forme la base essentielle, chargée des principes nourriciers et réparateurs, s'en dépouille chemin faisant, et les dépose dans le tissu végétal.

En parlant précédemment de la succion des racines, nous avons rapporté des expériences de Hales, qui prouvent la force avec laquelle a lieu la marche de la sève dans une tige, même d'un petit diamètre, puisque cette force agit avec plus de puissance sur le mercure, qu'une colonne d'air égale à la hauteur de l'atmosphère. Bonnet a également expérimenté, pour connaître la rapidité avec laquelle la sève peut s'élever. Ainsi, en plongeant des jeune pieds de haricots dans des fluides colorés, il a vu ces derniers s'y élever, tantôt d'un demi pouce dans une demi-heure, tantôt de trois pouces en une heure, tantôt enfin de quatre pouce en trois heures.

Mais quelle est la cause de cette ascension de la sève? Comment ce fluide peut-il s'élever des racines vers la partie supérieure des tiges ? On pense bien que dans les temps anciens, chaque auteur a dû avoir une opinion différente pour expliquer cet étonnant phénomène.

Grew en trouvait la cause dans le jeu des utricules. Cet auteur, qui considérait le tissu végétal comme formé de petites utricules juxta-posées les unes au-dessous des autres, et communiquant toutes entre elles, pensait que la sève, une fois entrée dans les utricules inférieures, celles-ci se contractaient sur elles-mêmes, la poussaient dans celles qui leur étaient immédiatement supérieures ; et que par ce mécanisme, elle parvenait ainsi jusqu'au sommet du végétal.

Malpighi, au contraire, l'attribuait à la raréfaction et à la condensation alternatives de la sève par la chaleur.

De la Hire, qui croyait les vaisseaux séveux garnis de valvules, comme les veines des animaux, pensait qu'elle dépendait de cette disposition.

Pérault la croyait produite par une sorte de fermentation.

D'autres enfin, et ceux-là sont en grand nombre, ont comparé la marche de la sève, dans le tissu végétal, à l'ascension des liquides dans les tubes capillaires. Mais ont sent combien de semblables hypothèses sont insuffisantes pour expliquer les phénomènes dont il s'agit. Si en effet ils étaient dus à la capillarité des vaisseaux séveux, leur action devrait être indépendante des circonstances extérieures et même de la vie du végétal. Or, c'est ce qui n'a pas lieu. Personne n'ignore que la sève ne circule plus dans un végétal privé de la vie. La vie a donc une action directe et puissante sur l'exercice de cette fonction. De même que pour la succion opérée par les racines dans le sein de la terre, nous avons admis une force vitale particulière d'où dépendent tous les phénomènes de la végétation, force qui fait le caractère distinctif des être vivans, qui les soustrait à l'empire des causes physiques et chimiques ; de même aussi, nous sommes forcés de recourir encore à elle pour expliquer la marche de la sève. En effet, si tous les phénomènes de la végétation n'étaient produits que par l'action des agens mécaniques ou chimiques, par quels caractères distinguerions-nous les végétaux des êtres inorganiques? Nous devons donc admettre dans les végétaux comme dans les animaux, une force vitale qui préside à toutes leurs fonctions.

Mais quoique cette force vitale soit le véritable agent de la marche ascensionnelle de la sève, cependant certaines causes externes et internes peuvent faciliter l'exercice de ce phénomène.

Parmi les causes externes, on doit placer la température, l'influence de la lumière et du fluide électrique.

On sait genéralement qu'une température chaude favorise singulièrement le cours de la sève. En effet, pendant l'hiver, l'arbre en est gorgé, mais elle est épaisse et stagnante; le printemps, en ramenant la chaleur, détermine aussi l'ascension des sucs, dont les vaisseaux de la tige semblaient être obstrués.

La lumière et le fluide électrique ont aussi une influence marquée sur les phénomènes de la marche de la sève. On sait que quand l'atmosphère reste long-temps chargée d'électricité, les végétaux acquièrent un développement considérable, ce qui annonce nécessairement que la sève a un cours plus rapide et plus puissant.

Certaines causes internes, c'est-à-dire inhérentes au végétal lui-même, paraissent agir aussi sur l'ascension de la sève. Telle est la quantité plus ou moins grande de pores corticaux que présente le végétal et l'étendue

plus considérable de sa surface. Ces deux circonstances favorisent évidemment la rapidité et la force
de la marche du fluide séveux.

Nous venons de voir par quelle force et par quels
organes la sève s'élève des racines jusque vers l'extrémité de toutes les branches du végétal. Ici s'opère de
nouveaux phénomènes ; ici va commencer une nouvelle circulation.

En effet, lorsque la sève est parvenue vers les extrémités des branches, elle se répand dans leurs feuilles.
Là elle perd une partie des principes qu'elle contenait,
et en acquiert de nouveaux. Les feuilles et les parties
vertes sont le siége de la transpiration, de l'expiration
et de l'excrétion végétales. La sève s'y dépouille de l'air
atmosphérique qu'elle contient encore, de sa quantité
surabondante de principes aqueux, et des substances
qui sont devenues étrangères ou inutiles à sa nutrition.
Mais en même temps qu'elle perd ainsi une partie des
principes qui la constituaient auparavant, elle éprouve
une élaboration particulière, elle acquiert des qualités
nouvelles, et suivant une route inverse de celle qu'elle
vient de parcourir, elle redescend des feuilles vers les
racines, à travers le liber ou la partie végétante des
couches corticales.

Examinons en particulier tous les phénomènes qui
s'opèrent dans les feuilles par l'effet de l'ascension de
la sève.

§ III. *De la Transpiration.*

La transpiration ou émanation aqueuse des végétaux, est cette fonction par laquelle la séve, parvenue dans les organes foliacés, perd et laisse échapper la quantité surabondante d'eau qu'elle contenait.

C'est en général sous forme de vapeur que cette eau s'exhale dans l'atmosphère. Quand la transpiration est peu considérable, cette vapeur est absorbée par l'air, à mesure qu'elle se forme. Mais si la quantité augmente, on voit alors ce liquide transpirer, sous forme de gouttelettes extrêmement petites, qui souvent se réunissent plusieurs ensemble et deviennent alors d'un volume remarquable. Ainsi on trouve fréquemment, au lever du soleil, des gouttelettes limpides qui pendent de la pointe des feuilles d'un grand nombre de graminées. Les feuilles du chou en présentent aussi de très-apparentes. On avait cru long-temps qu'elles étaient produites par la rosée; mais Musschenbroek prouva le premier, par des expériences concluantes, qu'elles provenaient de la transpiration végétale, condensée par la fraîcheur de la nuit. En effet, il intercepta toute communication à une tige de pavot avec l'air ambiant, en la recouvrant d'une cloche, avec la surface de la terre, en recouvrant le vase dans lequel il était, d'une plaque de plomb, et le lendemain matin les gouttelettes s'y trouvèrent comme auparavant.

Hales fit également des expériences, pour évaluer le rapport existant entre la quantité des fluides absorbés par les racines, et celui que les feuilles exhalent. Il mit dans un vase vernissé, un pied de l'*helianthus annuus* (grand-soleil), recouvrit le vase d'une lame de plomb percée de deux ouvertures, l'une par laquelle passait la tige, l'autre destinée à pouvoir l'arroser. Il pesa exactement cet apppareil pendant quinze jours de suite, et vit que pour terme moyen, pendant les douze heures de jour, la quantité d'eau expirée était de vingt onces environ. Un temps sec et chaud favorisait singulièrement cette transpiration, qui s'éleva à trente onces dans une circonstance semblable. Une atmosphère chargée d'humidité diminuait au contraire sensiblement cette quantité, aussi la transpiration n'était-elle au plus que de trois onces pendant la nuit, et même quelquefois la quantité de liquide expirée devenait insensible, quand la nuit était fraîche et humide.

Ces expériences ont été depuis répétées par MM. Desfontaines et Mirbel, qui ont encore eu occasion d'admirer l'exactitude et la sagacité du physicien anglais.

M. Sénebier a prouvé, par des expériences multipliées, que la quantité d'eau expirée, était à celle absorbée par le végétal dans le rapport de 2 : 3 ; ce qui démontre encore qu'une partie de ce liquide est fixée ou décomposée dans l'intérieur du végétal.

Ces faits prouvent d'une manière incontestable : 1° Que les végétaux transpirent par leurs feuilles, c'est-à-dire qu'ils rejettent à l'extérieur une certaine quantité de fluides aqueux ;

2° Que cette transpiration est d'autant plus grande que l'atmosphère est plus chaude et plus sèche ; tandis que quand le temps est humide, et surtout pendant la nuit, la transpiration est presque nulle ;

3° Que cette fonction s'exécute avec d'autant plus d'activité que la plante estplus jeune et plus vigoureuse ;

4° Que la nutrition se fait d'autant mieux que la transpiration est en rapport avec l'absorption. Car lorsque l'une de ces deux fonctions se fait avec une force supérieure à celle de l'autre, le végétal languit. C'est ce que l'on observe, par exemple, pour les plantes qui, exposées aux ardeurs du soleil, se fanent et perdent leur vigueur, parce que la transpiration n'est plus en équilibre avec la succion exercée par les racines.

§ IV. *De l'Expiration.*

Nous avons dit et prouvé précédemment que les végétaux absorbent ou *inspirent* une certaine quantité d'air ou d'autres fluides aériformes, soit directement, soit mélangés avec la sève, c'est-à-dire tout à la fois par le moyen de leurs racines et de leurs feuilles : or, c'est la portion de ces fluides, qui n'a point été décomposée pour servir à l'alimentation, qui forme la matière de l'expiration. Les plantes sont donc, comme les animaux, douées d'une sorte de respiration, qui se compose également des deux phénomènes de l'inspiration et de l'expiration, toutefois avec cette différence très-notable qu'il n'y a point ici développement de calorique. Cette fonction devient très-manifeste, si

l'on plonge une branche d'arbre ou une jeune plante
dans une cloche de verre remplie d'eau , et qu'elle soit
exposée à l'action de la lumière; en effet, on verra
s'élever de sa surface un grand nombre de petites
bulles qui sont formées par un air très-pur, et presqu'entièrement composé de gaz oxigène. Si, au contraire, cette expérience était faite dans un lieu obs-
cur , les feuilles expireraient de l'acide carbonique
et du gaz azote et non du gaz oxigène. Il faut noter
ici soigneusement que toutes les autres parties du végétal qui n'offrent pas la couleur verte, telles que les
racines, l'écorce, les fleurs , les fruits, soumis aux
mêmes expériences, rejetteront toujours au dehors de
l'acide carbonique et jamais de l'oxigène. Par conséquent l'expiration du gaz oxigène dépend non-seulement de l'influence directe des rayons lumineux, mais
encore de la coloration verte des parties.

Nous savons que les végétaux absorbent une grande
quantité d'acide carbonique , le décomposent dans
l'intérieur de leur tissu , quand ils sont exposés à
l'action du soleil, et rejettent à l'extérieur la plus
grande partie de l'oxigène qui était combiné avec le
carbone. Or ce phénomène est encore une véritable
expiration.

Lorsqu'une plante est morte ou languissante, ou
bien l'expiration cesse entièrement, ou bien le fluide
expiré est constamment du gaz azote. Il est certains
végétaux qui, même exposés à l'influence des rayons
du soleil, n'expirent que de l'azote, tels sont la sensitive, le houx , le laurier-cerise et quelques autres. Il

nous paraît difficile d'indiquer la véritable cause d'une pareille anomalie.

§ 5. *De l'Excrétion.*

Les déjections végétales sont des fluides plus ou moins épais, susceptibles de se condenser et de se solidifier. Leur nature est très-variée. Ce sont tantôt des résines, de la cire, des huiles volatiles ; tantôt des matières sucrées, de la manne, des huiles fixes, etc. Toutes ces substances sont rejetées à l'extérieur, par la force de la végétation. Ainsi le *fraxinus ornus* laisse suinter, en Calabre, un liquide épais et sucré qui, par l'action de l'air, se concrète et forme la *manne*. Les pins, les sapins, et en général tous les arbres de la famille des Conifères, fournissent des quantités considérables de matières résineuses. Beaucoup de végétaux, tels que le *ceroxylon andicola*, superbe espèce de palmier, décrite par MM. de Humboldt et Bonpland, le *myrica cerifera* de l'Amérique septentrionale, fournissent une grande quantité de cire utilement employée dans la patrie de ces végétaux.

Les racines excrètent aussi par leurs extrémités les plus déliées certains fluides qui nuisent ou sont utiles aux plantes qui végètent dans leur voisinage. C'est de cette manière que l'on peut expliquer la convenance ou les antipathies de certains végétaux. Ainsi l'on sait que le chardon hemorrhoïdal nuit à l'avoine, l'*erigeron acre* au froment, la scabieuse au lin, etc.

Tels sont les différens phénomènes qui dépendent de la présence de la sève, quand elle est parvenue à la partie supérieure des végétaux. Suivons-la maintenant dans son cours rétrograde, des feuilles vers les racines.

§ VI. *De la Sève descendante.*

Ce point a été l'objet d'un grand nombre de discussions parmi les physiologistes. Plusieurs, en effet, ont long-temps nié l'existence d'une sève descendante. Mais les phénomènes sensibles de la végétation, et les expériences les plus précises, ont démontré qu'il existe une seconde sève, qui suit une marche inverse de celle que nous avons précédemment examinée. En effet, si l'on fait au tronc d'un arbre dicotylédon une forte ligature, il se formera au-dessus d'elle un bourrelet circulaire qui deviendra de plus en plus saillant. Or ce bourrelet pourrait-il être formé par la sève, qui des racines monte vers les feuilles? On conçoit qu'alors il devrait se présenter au-dessous de la ligature et non au-dessus. Mais le contraire a lieu; ce bourrelet ne peut donc dépendre que de l'obstacle éprouvé par les sucs qui descendent de la partie supérieure vers l'inférieure, à travers les couches corticales. Donc il existe une sève descendante.

La sève descendante, dépouillée de la plus grande partie de ses principes aqueux, beaucoup plus élaborée, contenant plus de principes nutritifs que la première, concourt essentiellement à la nutrition du végétal. Circulant dans la partie végétante de la tige, dans celle qui est seule susceptible d'accroissement, ses usages ne peuvent paraître équivoques.

En effet examinons encore de plus près les phénomènes qui résultent de la ligature circulaire faite au tronc d'un arbre dicotylédon, et nous verrons que non-seulement il se forme un bourrelet au-dessus de cette ligature, mais que la partie du tronc située au-dessous d'elle cesse de s'accroître, et qu'aucune couche circulaire nouvelle ne s'ajoute à celles qui existaient déjà. Or ne voyons-nous point ici, de la manière la plus évidente, l'usage de la sève descendante? C'est elle en effet qui renouvelle et entretient continuellement le liber et le cambium : c'est donc elle qui concourt essentiellement à l'accroissement et au développement des arbres dicotylédonés.

Mais cette seconde sève n'est point de la même nature dans tous les végétaux. Il en est dans lesquels elle forme un suc blanc et laiteux, comme dans les Euphorbes; dans d'autres c'est un suc jaunâtre ou brunâtre, comme dans les Papavéracées; dans les Conifères elle est plus ou moins résineuse, etc.

———

Nous venons de passer successivement en revue les différens phénomènes qui ont rapport ou concourent à la nutrition des végétaux. Nous avons vu les sucs puisés par les racines dans le sein de la terre, portés par une force particulière, dépendante de la vie du végétal, arriver jusqu'aux parties les plus élevées des dernières ramifications de la tige; là, en se mêlant avec les fluides absorbés, en se dépouillant des principes aqueux et aériformes inutiles à la nutrition, acquérir des propriétés nouvelles; et, suivant une marche rétrograde, devenir les véritables alimens du végétal.

On voit par-là que la nutrition dans les plantes quoique ayant de grands rapports avec la même fonction dans les animaux, en diffère essentiellement.

En effet, c'est par leur bouche, que les animaux introduisent dans leur intérieur les diverses substances qui doivent servir à leur nutrition.

C'est au moyen des bouches aspirantes qui terminent leurs racines que les végétaux absorbent, dans l'intérieur de la terre, l'eau mélangée des matières nécessaires ou inutiles à leur développement.

Dans les animaux, les matières absorbées suivent un seul et même canal, depuis la bouche jusqu'à l'endroit où la substance vraiment nutritive (*le chyle*) doit être séparée des matière s inutiles ou excrémentitielles.

Dans les végétaux le même phénomène a lieu : les fluides absorbés parcourent un certain trajet, avant d'arriver jusqu'aux feuilles, où s'opère la séparation des parties nécessaires ou inutiles à la nutrition.

Les animaux et les végétaux rejètent au dehors les substances impropres à leur développement.

Le chyle, ou la partie nutritive et alimentaire des animaux, se mêle au sang, qu'il entretient et répare continuellement, parcourt toutes les parties du corps, et sert au développement et à la nutrition des organes.

La sève des végétaux, après avoir éprouvé l'influence de l'atmosphère dans les feuilles, après avoir acquis une nature et des propriétés nouvelles, redescend dans toutes les parties du végétal, pour y porter les matériaux de leur accroissement et servir au développement de toutes leurs parties.

DEUXIÈME CLASSE.

DES ORGANES DE LA REPRODUCTION.

LES organes de la reproduction, que nous désignons encore sous le nom d'organes de la fructification, sont ceux qui servent à la conservation de l'espèce et à la propagation des races. Leur rôle n'est pas moins important que celui des organes dont nous venons d'étudier la structure et les usages. En effet, si les premiers sont nécessaires à l'existence de l'individu, au développement de toutes ses parties, les seconds sont indispensables pour que cet individu puisse devenir apte à procréer d'autres êtres semblables à lui, qui puissent renouveler et perpétuer son espèce.

Dans les plantes ce sont la fleur et le fruit et les différentes parties dont ils sont formés, qui composent les organes de la reproduction. Aussi les avons-nous distingués en deux sections, savoir les organes de la floraison et les organes de la fructification.

SECTION PREMIÈRE.

DES ORGANES DE LA FLORAISON.

Considérations générales sur la Fleur.

Nous connaissons déjà les parties qui servent à fixer la plante au sol, à absorber dans le sein de la terre, ou au milieu de l'atmosphère, les fluides aqueux et aériformes, nécessaires à la nutrition et au développement du végétal; nous venons d'étudier la série d'organes qui concourent à l'entretien de la vie individuelle : occupons-nous maintenant des organes, non moins essentiels, dont l'action tend à renouveler et à perpétuer l'espèce.

Ici se présente une grande ressemblance entre les végétaux et les animaux. Les uns et les autres en effet sont pourvus d'organes particuliers, qui, par leur influence réciproque, concourent à la fonction la plus importante de leur vie. La génération est le but final pour lequel la nature a créé les différens organes des végétaux et des animaux. L'analogie la plus parfaite existe entre eux dans cette grande fonction. C'est de l'action que l'organe mâle exerce sur l'organe femelle que résulte la *fécondation*, ou ce phénomène par lequel l'embryon, encore à l'état rudimentaire, reçoit et conserve le germe et le principe animateur de la vie. Cependant remarquons ici les modifications que la nature à imprimées à ces deux grandes classes d'êtres organisés. La plupart des animaux apportent en naissant les organes qui doivent servir un jour à les reproduire; ces organes restent engourdis jusqu'à l'époque où la nature, dirigeant sur eux une nouvelle énergie, les rend capables de remplir les usages pour lesquels elle les a créés. Les végétaux, au contraire, sont à leur naissance, dépourvus d'organes sexuels. La nature ne les y développe qu'au moment où ils doivent servir à la fécondation. Une autre grande dissemblance entre les animaux et le végétaux, c'est que dans les premiers les organes sexuels peuvent servir plusieurs fois à la même fonction, naissent et meurent avec l'être qui les porte; tandis que dans les végétaux, dont le tissu est mol et délicat, ces organes n'ont qu'une existence passagère : ils paraissent pour accomplir le vœu de la nature, se fanent et meurent aussitôt qu'ils l'ont rempli.

Admirons la prévoyance de la nature dans la distribution des sexes parmi les êtres organisés. Les végétaux en effet, fixés invariablement au lieu qui les a vus naître, privés de la faculté locomotive, portent le plus souvent, sur le même individu, les deux organes dont l'action mutuelle doit produire la fécondation. Les animaux, au contraire, qui, doués de la volonté et de la faculté de se mouvoir, peuvent se diriger dans tous les sens, ont en général les sexes séparés sur des individus distincts. C'est pour cette raison que l'hermaphroditisme est aussi commun chez les végétaux qu'il est rare parmi les animaux.

On a donné le nom de FLEUR, dans les végétaux, à un assemblage de divers organes, qui, par leur exercice successif, et l'action mutuelle qu'ils exercent les uns sur les autres, donnent naissance aux fruits et aux graines, c'est-à-dire à des corps capables de reproduire de nouveaux individus.

La fleur est essentiellement constituée par la présence d'un des deux organes sexuels, ou des deux réunis sur un support commun, avec ou sans enveloppes extérieures destinées à les protéger.

La fleur, réduite à son dernier degré de simplicité, peut donc n'être formée que par un seul organe sexuel mâle ou femelle, c'est-à-dire par une *étamine* ou un *pistil*.

Ainsi, dans le genre *salix*, dont les fleurs sont *unisexuées*, les fleurs *mâles* consistent simplement en une, deux ou trois étamines, attachées sur une petite écaille. Les fleurs *femelles* sont formées par un pistil, également accompagné d'une écaille, sans autres organes accessoires. Dans ce cas, comme dans un grand nombre d'autres, la fleur est aussi *simple* que possible. Elle prend alors le nom de *fleur mâle* ou de *fleur femelle*, suivant les organes qui la composent.

La fleur *hermaphrodite* est celle, au contraire, qui présente réunis sur un même support commun les deux organes sexuels, mâle et femelle.

Mais les différentes fleurs que nous venons d'examiner ne sont pas *complètes*. En effet, quoique l'essence de la fleur consiste dans les organes sexuels, pour être parfaite, il faut encore qu'elle présente d'autres organes qui, bien qu'accessoires, ne lui appartiennent pas moins, et servent à favoriser ses fonctions. Ces organes sont les enveloppes florales , c'est-à-dire le *calice* et la *corolle*. La fleur *complète* sera donc celle qui présentera les deux organes sexuels entourés d'une *corolle* et d'un *calice*.

Il est important d'examiner ici dans quel ordre symétrique sont disposés entre eux les différens organes constituant une fleur *complète*.

En allant du centre à la circonférence, nous verrons : le *pistil*, ou organe sexuel femelle , occuper toujours la partie centrale de la fleur. Il se compose de l'*ovaire*, du *style* et du *stigmate*. Plus en dehors, sont les organes sexuels mâles, ou les *étamines*, ordinairement en nombre plus considérable que les pistils, et composées d'un *filet* et d'un *anthère*.

A l'extérieur des étamines , se trouve la plus intérieure des deux enveloppes florales , ou la *corolle* : on l'appelle *monopétale*, quand elle est formée d'une seule pièce ; *polypétale*, quand elle est formée de plusieurs pièces, nommées *pétales* : enfin la plus extérieure des deux enveloppes florales est le *calice*, qui est *monosépale* ou *polysépale*, suivant qu'il est composé d'une ou de plusieurs pièces nommées *sépales*. Tout ce qui est en dehors du calice n'appartient plus en propre à la fleur ; telles sont les *feuilles florales* ou les *bractées* qui les accompagnent fort souvent, et qui doivent en être considérées comme des parties accessoires.

Prenons dans la nature quelques exemples de fleurs dans lesquelles nous chercherons à reconnaître et à dé-

nommer les différentes parties que nous venons d'énumérer. La giroflée jaune (*cheiranthus cheiri*), va nous
servir d'exemple.

Nous verrons le centre de la fleur occupé par un
petit corps allongé, un peu comprimé d'avant en ar-
rière, présentant, lorsqu'on le fend longitudinalement
dans ses deux tiers inférieurs, deux cavités dans lesquelles sont renfermés les ovules : ce corps est le *pistil.*
Il se compose d'un *ovaire* ou partie inférieure, d'un
style, prolongement filiforme du sommet de l'ovaire,
terminé par un petit corps visqueux, glandulaire et
bilobé : c'est le *stigmate.* En dehors du *pistil* nous
trouvons six organes de même forme, de même structure, disposés circulairement autour de l'organe femelle, composés chacun d'une partie inférieure filamentiforme, que surmonte une espèce de petit sac
ovoïde, à deux loges, rempli d'une poussière jaunâtre.
A leur position et à leur structure, nous reconnaîtrons
ces corps pour les *étamines*, ou organes sexuels mâles.
Leur partie inférieure filamentiforme est le *filet;* leur
partie supérieure est l'*anthère;* la poussière qu'ils renferment est le *pollen.* En examinant ce qui reste au
dehors des organes sexuels, nous apercevons huit appendices membraneux, disposés par deux séries, quatre
plus intérieurs et quatre occupant la partie externe de
la fleur. Les quatre intérieurs, plus grands, d'une couleur jaune, parfaitement analogues et semblables
entre eux, constituent un seul et même organe; c'est
la *corolle*, qui dans ce cas est composée de quatre
pièces distinctes ou de quatre *pétale*s. Il nous sera très-

facile maintenant de dénommer les quatre pièces verdâtres, plus petites, situées en dehors de la *corolle*. En effet nous savons déjà que la plus externe des deux enveloppes florales est le *calice*. Ici le calice est donc formé de quatre pièces ou *sépales*.

Telle est la structure et la position respective des différens organes qui constituent une fleur complète. Examinons maintenant quelques fleurs dans lesquelles tous les organes que nous venons d'énumérer ne se rencontrent pas. Dans la *tulipe*, par exemple, nous trouvons au centre de la fleur le *pistil*, composé d'un *ovaire* prismatique et à trois faces, dont le sommet est couronné par un corps glandulaire, qui est le *stigmate :* il n'y a point de *style*. En dehors nous voyons six étamines, dont la structure n'a rien de remarquable. Voilà donc les deux organes sexuels ; mais à leur extérieur nous trouvons six pièces, ou segmens membraneux, parfaitement semblables et analogues entre eux, ne formant évidemment qu'un seul et même organe. Dans cette fleur il manque donc une des deux enveloppes florales ; mais quelle est celle qui manque ? Cette question a beaucoup occupé les botanistes, qui tous ne sont pas encore d'accord à ce sujet. Les uns en effet, avec Linnæus, veulent que lorsqu'il n'existe qu'une seule enveloppe florale autour des organes sexuels, on la nomme *corolle*, quand elle offre des couleurs vives ; *calice*, quand elle est verte. On voit combien cette distinction est fondée sur des caractères peu fixes. Les autres au contraire, avec M. de Jussieu, conduits par des analogies, la regardent, avec plus de raison, selon nous, comme un *calice*, quelles que soient sa couleur et sa consistance. Nous partagerons cette opinion, et nous appellerons *calice* l'enveloppe florale unique qui se trouve autour des organes sexuels. D'autres auteurs, voulant remédier à cette diversité d'opinions, et concilier en quelque sorte les deux partis, donnent le nom de *périgone* à l'enveloppe florale unique qui entoure les organes sexuels. La tulipe, que nous examinons, a donc un calice formé de six *sépales*, ou un *périgone* composé de six pièces distinctes.

Enfin, comme nous l'avons vu précédemment, il est des fleurs dans lesquelles les deux enveloppes florales manquent en même temps. On les a appelées fleurs *nues*, pour les distinguer de celles qui sont munies d'enveloppes florales.

CHAPITRE PREMIER.

DU PÉDONCULE ET DES BRACTÉES.

La fleur peut être fixée de diverses manières aux branches ou aux rameaux qui la supportent. Ainsi tantôt elle y est immédiatement attachée par sa base, sans le secours d'aucune partie accessoire ou intermédiaire ; dans ce cas elle est dite *sessile* (flos sessilis). On la nomme au contraire *fleur pédonculée* (flos pedunculatus), quand elle y est fixée au moyen d'un prolongement particulier, nommé vulgairement *queue* de la fleur, et désigné en botanique sous le nom de *pé-*

doncule. Le pédoncule de la fleur, de même que le pétiole de la feuille, peut être simple ou ramifié. Quand il est ramifié, chacune de ses divisions, portant une seule fleur, prend le nom de *pédicelle*, et les fleurs sont dites *pédicellées* (flores pedicellati). Ainsi la fleur de l'œillet ordinaire est pédonculée, et chacune des fleurs qui composent la grappe du lilas, ou de la vigne, est pédicellée.

Il arrive fréquemment qu'autour d'une ou de plusieurs fleurs réunies, on trouve un certain nombre de petites feuilles tout-à-fait différentes des autres, par leur couleur, leur forme, leur consistance, etc. On leur a donné le nom de *bractées* (bracteæ). Ne confondez pas les bractées avec les *feuilles florales* proprement dites. Celles-ci en effet ne diffèrent point notablement des autres feuilles de la même plante ; mais elles sont seulement plus petites, et plus rapprochées des fleurs. Ainsi, dans le *salvia horminum* et le *salvia sclarœa*, les bractées sont très-apparentes, et fort distinctes des feuilles. Elles sont colorées en bleu.

Quand les bractées ou les feuilles florales sont disposées symétriquement autour d'une ou de plusieurs fleurs, de manière à leur former une sorte d'enveloppe accessoire, on donne à leur réunion le nom d'*involucre*. Ainsi, dans la sylvie, on trouve au-dessous de la fleur trois bractées disposées symétriquement, qui constituent un *involucre triphylle*. L'*involucre* est dit *tétraphylle, pentaphylle, hexaphylle, polyphylle*, suivant qu'il est formé de quatre, cinq, six, ou d'un grand nombre de bractées. Quand le *pédoncule* est divisé, et que l'involucre se trouve à la base des *pédicelles*, on le nomme *involucelle* : par exemple, dans la carotte, à la base des pédoncules, se trouve un *involucre poly-phylle*, et à la base des *pédicelles*, un *involucelle* également *polyphylle*.

Les *bractées* sont le plus souvent *libres* de toute adhérence ; d'autres fois elles adhèrent avec le pédoncule de la fleur, comme dans le tilleul (*tilia europæa*).

Elles ont ordinairement une structure et une consistance *foliacées* ; quelquefois, cependant, ce sont de petites écailles, plus ou moins nombreuses et serrées autour de la fleur. Dans ce cas, si elles sont persistantes, et quelles entourent la base du fruit, ou l'enveloppent entièrement, à l'époque de sa maturité, elles forment ce que les botanistes nomment une *cupule* (cupula), comme dans les chênes, etc.

La *cupule* peut être *squamacée*, c'est-à-dire formée de petites écailles très-serrées, comme dans le chêne (*quercus robur*).

Elle peut être *foliacée*, c'est-à-dire formée par de petites folioles, plus ou moins libres et distinctes, comme dans le noisettier (*corylus avellana*).

Enfin elle est quelquefois *pericarpoïde*, c'est-à-dire formée d'une seule pièce, recouvrant et cachant entièrement les fruits, s'ouvrant quelquefois régulièrement, pour les laisser s'échapper, à l'époque de leur maturité, comme dans le châtaignier, le hêtre, etc.

Quand l'*involucre* entoure une seule fleur, qu'il en est très-rapproché, et semblable au calice, on l'appelle *calicule* ou calice extérieur, comme dans la mauve, la guimauve; les fleurs qui ont un *calicule*, sont dites *caliculées* (flores caliculati).

La *spathe* (spatha) est un involucre membraneux, renfermant exactement une ou plusieurs fleurs, qu'il recouvre entièrement avant leur épanouissement, et qui ne se montrent à l'extérieur qu'après son déroulement ou son déchirement. Par exemple, dans les narcisses les différentes espèces d'*allium*, tels que l'ognon commun, etc.

La *spathe* est *monophylle*, c'est-à-dire composée d'une seule pièce, comme dans le gouet (*arum maculatum*), composée de deux pièces, ou *diphylle* ; comme dans l'ail, l'ognon, etc.

Elle est *cuculliforme* (s. cucullata), ou roulée en cornet, dans *l'arum*.

Ruptile, c'est-à-dire se déchirant irrégulièrement pour laisser sortir les fleurs comme dans les narcisses.

Biflore ou *multiflore*, suivant qu'elle renferme deux ou un grand nombre de fleurs.

Membraneuse, quand elle est mince et demi-transparente, comme dans les narcisses, les *allium*.

Ligneuse, quand elle offre la consitance et le tissu du bois, comme dans plusieurs palmiers. Par exemple, le dattier (*phœnix dactylifera*), etc.

Petaloïde, quand elle est molle et colorée comme la corolle. Exemple (le *calla æthiopica*), etc.

Quelquefois les fleurs contenues dans une spathe sont enveloppées chacune dans une petite spathe particulière, qui porte le nom de *spathille*, comme la plupart des Iridées.

Les Graminées et les Cypéracées, qui s'éloignent tant des autres familles de plantes, par leur aspect général et la structure de leurs organes, n'ont ni calice, ni corolle proprement dits. Les parties auxquelles on avait donné ce nom diffèrent essentiellement de ces mêmes organes, dans les autres végétaux phanérogames. Ce ne sont que de véritables involucres, mais qui affectent une disposition particulière, qu'on ne retrouve dans aucuns autres végétaux ; aussi leur a-t-on donné des noms particuliers.

Ainsi on appelle *glume* (gluma) les deux écailles de forme très-variée qui sont les plus voisines des organes sexuels (Voy. pl. 6, fig. 14, *b b*). Quelquefois ces deux paillettes sont soudées en une seule, qui alors est bifide, comme dans l'*alopecurus*, le *cornucopiæ*. Toutes les autres paillettes qui sont en dehors de la *glume* constituent la *lépicène* (lepicena). Leur nombre est très-variable. Ainsi il y en a une dans l'*agrostis canina*, L.; deux dans le plus grand nombre des autres *agrostis*, le *cynodon*, etc. (Voy. pl. 6, fig. 14, *a a*). Souvent en dehors des organes sexuels, on trouve un ou deux petits corps de forme très-variable; ils portent le nom de *paléoles*, et leur ensemble constitue la *glumelle* (glumella). (Voy. pl. 6, fig. 15, *a a*.)

Lorsque, dans les Graminées, deux ou un plus grand nombre de fleurs sont réunies de manière à former une sorte de petit épi nommé *épiet* (spicula) ou *lodicule*, leur enveloppe commune reçoit également le nom de *lépicène*; elle peut être *unipaléacée*, comme dans le *lolium*, ou *bipaléacée*, comme dans le *poa*; ou

multipaléacée, comme dans quelques espèces d'*uniola*.
Il résulte de là que chaque petite fleur en particulier est
dépourvue de *lépicène* propre, et n'est entourée que
d'une *glume* qui, dans ce cas, est toujours *bipaléacée*.
On dit alors que l'*épiet* ou la *lépicène* est biflore, triflore,
etc., suivant le nombre des fleurs qu'ils renferment.

Revenons encore à quelques considérations sur le
pédoncule.

Le *Pédoncule*, ou support particulier des fleurs,
affecte différentes modifications qu'il est utile de faire
connaître.

Ainsi, suivant sa situation, il est *radical*, quand il
part de l'aisselle d'une feuille radicale, comme dans
le pissenlit (*taraxacum dens leonis*), la primeverre
(*primula veris*).

On lui donne le nom spécial de *hampe* (scapus),
quand il part immédiatement d'un assemblage de
feuilles radicales, comme dans la jacinthe, les narcisses, etc.

Il est *caulinaire* ou *ramaire*, suivant qu'il naît de la
tige ou des rameaux; ce qui est la disposition la plus
ordinaire.

Il est *pétiolaire* quand il fait corps, dans une partie
de sa longueur, avec le pétiole.

Epiphylle, lorsqu'au lieu de naître sur la tige ou les
rameaux, il prend origine sur la surface même des
feuilles; tel est celui du petit houx (*ruscus aculeatus*).

Axillaire, lorsqu'il naît sur la tige ou les rameaux
dans l'aisselle des feuilles.

Extraxillaire ou *latéral*, quand il prend naissance

sur les parties latérales du point d'insertion de la feuille, comme dans les Solanées.

Terminal, quand il termine le sommet de la tige, dont il ne paraît être que la continuation.

Le Pédoncule est *uniflore, biflore, triflore, multiflore*, suivant le nombre des fleurs qu'il supporte.

Il est quelquefois roulé en spirale ou en tire-bouchon, comme dans le *vallisneria spiralis*; le pain de pourceau (*cyclamen europæum*) offre aussi cette singulière disposition, lorsque son fruit approche de la maturité.

CHAPITRE II.

DE L'INFLORESCENCE.

On donne le nom d'*inflorescence* à la disposition générale ou à l'arrangement que les fleurs affectent sur la tige ou les autres organes qui les supportent.

Les fleurs sont dites *solitaires*, toutes les fois qu'elles naissent seule à seule, de différens points de la tige, à des distances plus ou moins grandes les unes des autres, par exemple, dans la tulipe, le rosier à cent feuilles.

Elles sont *terminales*, quand elles sont solitaires et situées au sommet de la tige, comme dans le grand soleil (*helianthus annuus*).

Latérales, quand elles se développent sur les côtés des tiges ou des rameaux.

On appelle fleurs *géminées* (flores gemini) celles qui naissent deux à deux, d'un même point de la tige, comme dans le *viola biflora*.

Ternées (flores ternati), celles qui naissent trois à trois, d'un même point de la tige ; par exemple, celles du *teucrium flavum*.

Fasciculées ou en faisceau (flores fasciculati), quand elles sortent plus de trois ensemble, d'un même point de la tige ou des rameaux, comme dans le cerisier (*cerasus communis*).

Examinons les espèces d'inflorescence qui ont reçu des noms particuliers.

1° Lorsque les fleurs sont disposées sur un axe commun, simple et non ramifié, qu'elles soient sessiles ou pédonculées, que le pédoncule soit droit ou penché, elles forment *un épi* (spica, flores spicati); exemple : le cassis *(ribes nigrum)*, l'épine-vinette (*berberis vulgaris*), les orchis, etc.

la base de chaque fleur est souvent accompagnée d'une écaille ou bractée; l'épi alors est dit squammifère ou bractéolé; par exemple, dans l'*orchis militaris*.

Quelquefois les fleurs sont disposées en spirale autour du rachis, comme dans l'*ophrys æstivalis* et *autumnalis* (spiranthes. Rich.).

D'autrefois les fleurs sont très-serrées, l'épi est court et *globuleux* (spica globosa), comme dans l'*orchis globosa*, plusieurs espèces de scille, etc.

2° Si le pédoncule commun se ramifie plusieurs fois et d'une manière irrégulière, cette disposition prend

le nom de *grappe* (racemus, flores racemosi), comme
dans la vigne.

3° Quand l'axe commun est dressé, les pédoncules
irrégulièrement divisés en pédicelles portant les fleurs,
si cet assemblage a une forme à peu près pyramidale,
on lui donne le nom de *thyrse* (thyrsus, flores thyr-
soïdei). Tels sont le lilas (*syringa vulgaris*), le troëne
(*ligustrum vulgare*), le marronier d'Inde (*æsculus
hippocastanum*). Cette espèce d'inflorescence se distingue à peine de la *grappe*.

4° On dit que les fleurs sont disposées en *panicule*
(flores paniculati) quand l'axe commun se ramifie, et
que ses divisions secondaires sont très-allongées et
écartées les unes des autres. Cette espèce d'inflorescence appartient presque exclusivement aux Graminées ; telles sont, par exemple, les fleurs mâles du blé de
Turquie (*zea mays*), l'*agrostis spica venti*, la canne
(*arundo donax*), etc.

5°. Les fleurs sont disposées en *corymbe* (flores corym-
bosi) quand les pédoncules et les pédicelles partent
de points différens de la partie supérieure de la tige,
mais arrivent tous à peu près à la même hauteur,
comme on le remarque dans la mille-feuille (*achillæa millefolium*)

6° La disposition en *cyme* (flores cymosi) est celle
dans laquelle les pédoncules partent d'un même point,
les pédicelles étant inégaux, et partant de points différens, mais élevant toutes les fleurs à la même hauteur,
comme on le remarque dans le sureau noir (*sambucus
nigra*), le cornouiller (*cornus sanguinea*), etc.

7° Les fleurs sont dites en *ombelle* (flores umbellati), quand tous les pédoncules, égaux entre eux, partent d'un même point de la tige, divergent, se ramifient en pédicelles, qui partent également tous de la même hauteur, en sorte que l'ensemble des fleurs représente une surface bombée, comme un parasol étendu (*umbella*). Cette disposition se rencontre dans toute une famille très-naturelle de plantes, les Ombellifères ; telles sont la carote (*daucus carota*), la ciguë (*conium maculatum*), l'opoponax (*pastinaca opoponax*), etc.

L'ensemble des pédoncules réunis forme une ombelle ; chaque groupe de pédicelles constitue une ombellule.

Très-souvent, à la base de l'ombelle, on trouve un involucre, et à la base de chaque ombellule, un involucelle, comme dans la carote. D'autrefois l'involucre manque, et il existe des involucelles, comme dans le cerfeuil (*chærophyllum sativum*), enfin, l'involucre et les involucelles peuvent ne pas exister du tout, comme dans le *pimpinella saxifraga*, *pimpinella magna*, etc.

8° Les fleurs sont disposées en *sertule* (flores sertulati), quand les pédoncules sont simples, partant tous du même point, et arrivant à peu près à la même hauteur, comme dans le jonc fleuri (*butomus umbellatus*), la plupart des espèces du genre *allium*, les primevères, etc.

Cette espèce d'inflorescence avait été réunie à l'ombelle ; mais elle en est trop différente, pour ne pas mériter un nom particulier.

9° Les fleurs sont en *verticille* ou *verticillées* (flores verticillati), quand elles forment un anneau, autour d'un même point de la tige. Presque toutes les Labiées ont leurs fleurs disposées en verticilles. Exemple : le serpolet (*thymus serpyllum*), le petit chêne (*teucrium chamœdrys*), la *monarda coccinea*; certaines plantes d'autres familles, comme le genre *myriophyllum*, l'*hippuris vulgaris*, etc.

10° On nomme *spadice* (spadix, flores spadicei) une espèce d'inflorescence, dans laquelle le pédoncule commun est couvert de fleurs unisexuées nues, c'est-à-dire sans calice propre, ordinairement distinctes et séparées les unes des autres, comme dans l'*arum maculatum*, le *calla palustris*, etc. Quelquefois, cependant, on trouve des écailles qui entrecoupent les différentes fleurs ; mais elles ne peuvent être regardées comme des calices, puisqu'elles naissent de la substance même du pédoncule, dont elles paraissent être des appendices, et sont toujours situées au-dessous du point qui donne attache aux fleurs, comme dans certaines espèces de *poivrier*.

Le *spadice* est propre aux plantes monocotylédonées. Quelquefois il est nu, c'est-à-dire sans enveloppe, destinée à le recouvrir, comme dans les poivriers. D'autrefois il est enveloppé d'une spathe, comme dans les Aroïdes et certaines espèces de Palmiers.

11° Le *Chaton* (amentum, flores amentacei), est une disposition, dans laquelle des fleurs unisexuées sont insérées sur des écailles qui leur servent en quelque sorte de pédoncule ; telles sont les fleurs mâles du noyer (*juglans regia*), du noisettier (*corylus avellana*), les fleurs mâles et femelles des saules, etc. Cette espèce d'inflorescence se rencontre dans toute une famille de végétaux, composée d'arbres plus ou moins élevés, et que l'on a nommée *Amentacées* (1). Tels sont les saules, les peupliers, les aunes, le bouleau le charme, le chêne, le hêtre, etc.

12° On donne le nom de *capitule* (capitulum) à la disposition des fleurs, que les anciens nommaient improprement *fleurs composées*. C'est ce que l'on remarque dans les chardons, l'artichaut, la scorzonère, la scabieuse, etc. Le capitule est formé par un nombre plus ou moins considérable de petites fleurs, réunies sur un réceptacle commun, manifestement plus renflé, et plus large, que le sommet du pédoncule qui le supporte, que l'on nomme *phoranthe ;* et entourées d'un involucre particulier, qu'on désignait autrefois sous le nom de calice commun. Ainsi, par exemple, dans l'artichaut (*cinara scolymus*), les feuilles vertes dont on mange la base appartiennent à l'involucre : la partie inférieure, large et charnue, est le *phoranthe*. Les fleurs sont au centre des folioles de l'involucre. Elles sont très-petites, et entremêlées de soies roides et dressées.

Le *phoranthe* n'a pas toujours la même disposition. Quelquefois il est légèrement concave, comme dans l'artichaut ; d'autrefois très-convexe, proéminent

---

(1) La famille des Amentacées de Jussieu a été partagée, d'après les observations récentes de quelques botanistes, en plusieurs groupes ou familles très-distinctes par la structure des différentes parties de leurs fleurs et de leurs fruits, telles sont les Cupulifères, les Bétulinées, les Salicinées, les Ulmacées, etc.

et comme cylindrique, dans quelques *anthemis*, le
rudbeckia, etc.

Il est plus souvent lisse; d'autrefois, cependant,
il offre des espèces d'alvéoles, dans lesquelles la base
des petites fleurs est contenue, comme dans l'*onopordon*.
Tantôt il est nu, c'est-à-dire qu'il ne porte que les
fleurs; d'autrefois les fleurs sont accompagnées d'écailles
ou de poils plus ou moins roides et acérés.

L'involucre ne varie pas moins. Tantôt, en effet,
il est formé d'un seul rang de folioles, comme dans le
salsifix (*tragopogon*); d'autrefois ces écailles sont très-
nombreuses, imbriquées et formant plusieurs rangées,
comme dans les centaurées, les chardons, etc.

CHAPITRE III.

DE LA PRÉFLEURAISON.

On entend par le mot de *préfleuraison* (præfloratio,
æstivatio), la manière d'être des différentes parties
d'une fleur avant leur épanouissement. On voit, d'après
cette définition, que nous comprenons ici les positions
variées que les diverses parties d'une fleur affectent
dans le bouton.

Cette considération a été long-temps négligée, et
mérite cependant la plus grande attention de la part
des botanistes; car la *préfleuraison* est en général la
même dans toutes les plantes d'une même famille naturelle. Jusqu'ici on n'a étudié que la préfleuraison de

la corolle ; mais celle du calice et des organes sexuels n'est pas moins importante à connaître :

1° Les pétales ou les divisions de la corolle peuvent être *imbriqués* (petalis imbricatis, præfloratio imbricativa), quand ils se recouvrent latéralement les uns les autres, par une petite portion de leur largeur ; comme dans le genre *rosa*, les pommiers, les cerisiers, le lin, etc.

2° La corolle monopétale peut être pliée sur elle-même, à la manière des filtres de papier (*corolla plicata*, *præfloratio plicativa*) comme dans les *Convullacées*, plusieurs Solanées.

3° Les pétales, ou les divisions de la corolle monopétale, sont quelquefois rapprochés et *roulés* en *spirale* (petalis spiraliter contortis, præfloratio torsiva) comme dans les Oxalis, les Apocinées, etc.

4° Les pétales sont souvent chiffonés (*petalis corrugatis*, *præfloratio corrugativa*), c'est-à-dire pliés en tous sens, comme dans les pavots, le grenadier, les Cistes, etc.

Ces différentes modifications sont également applicables au calice.

Dans les Ombellifères, les Urticées, les étamines sont *infléchies* vers le centre de la fleur ; elles se redressent, quelquefois même se rabattent en dehors, lors de son épanouissement.

CHAPITRE IV.

DES ENVELOPPES FLORALES EN GÉNÉRALES.

Nous avons déjà vu précédemment que les enveloppes florales n'étaient point des organes essentiels de la fleur, puisque beaucoup de plantes en étaient entièrement dépourvues. Ainsi donc nous ne serons point étonnés, quand nous verrons des fleurs dans lesquelles le calice et la corolle manquent, et qui cependant sont remplacées par des fruits parfaits.

Linnæus donnait le nom général de *périanthe* (perianthium) à l'ensemble des enveloppes florales qui entourent les organes sexuels.

Le *périanthe* est *simple* ou *double*.

Quand il est simple, on lui donne le nom de *calice*, quelles que soient sa couleur, sa consistance, sa forme; comme dans la tulipe, le lys, les Thymélées, etc.

Toutes les plantes monocotylédonées n'ont jamais de *corolle;* leur *périanthe* est toujours simple; elles n'ont qu'un *calice.*

Quand le *périanthe* est double, l'enveloppe la plus intérieure, c'est-à-dire celle qui est la plus voisine des organes sexuels, prend le nom de *corolle.* On nomme *calice* l'enveloppe la plus extérieure. On a dit encore que le *calice* faisait suite à l'écorce du pédoncule, la *corolle* au corps ligneux, ou à la partie située entre la moelle et l'écorce, dans les plantes annuelles.

Telle est l'opinion généralement admise par les auteurs qui s'occupent des rapports naturels des plantes. Et en effet elle paraît, dans le plus grand nombre des cas, conforme à la nature. Mais remarquons cependant ici, à l'égard des Monocotylédons, que, dans beaucoup de circonstances, surtout quand le *périanthe* se compose de segmens séparés, on pourrait croire à l'existence de deux enveloppes autour des organes sexuels. En effet les six pièces qui forment le *périanthe* simple d'un grand nombre de Monocotylédons, sont le plus souvent disposées comme sur deux rangs; en sorte que trois paraissent plus intérieures et trois plus extérieures. Si nous ajoutons à cela que les trois intérieures sont souvent colorées et pétaloïdes, tandis que les trois externes sont vertes et semblables au *calice*, nous pourrons concevoir comment on a pu admettre dans ces plantes un *périanthe* double, c'est-à-dire une corolle et un calice. Cette disposition est surtout remarquable dans l'éphémère de Virginie (*tradescantia virginiana*); son périanthe simple est à six divisions, trois intérieures, plus grandes, minces, délicates, d'une belle couleur bleue; trois extérieures, plus petites, vertes et tout-à-fait différentes des premières. Il en est de même dans l'*alisma plantago*, la sagittaire, etc., qui ont toujours les trois divisions intérieures de leur périanthe colorées et pétaloïdes, tandis que les trois extérieures sont vertes et calyciformes.

Mais ces exceptions n'existent qu'en apparence : elles s'évanouissent devant une observation plus exacte. Car, bien que les six segmens du périanthe d'un grand nombre de Monocotylédons soient disposés sur deux rangs, cependant ils ne forment, sur le sommet du pédoncule qui les supporte, qu'un seul et même cercle, c'est-à-dire qu'ils n'ont qu'un point d'origine commun, et se continuent manifestement tous les six avec la partie la plus extérieure du pédoncule. Ils ne forment donc qu'un seul et même organe, c'est-à-dire un calice. En effet, s'ils constituaient deux enveloppes distinctes, un calice et une corolle, le point d'insertion de la corolle serait plus intérieur que celui du calice, puisqu'elle se continue avec la substance ligneuse de la tige ou la partie qui la représente, tandis que le calice est une suite de l'épiderme ou de la partie la plus extérieure du pédoncule. De tout ceci nous pouvons conclure que, dans les Monocotylédons, il n'y a jamais de corolle, mais seulement un calice, quelles que soient la coloration et la disposition des parties qui le constituent.

La vaste et intéressante familles des *Orchidées*, qui s'éloigne autant des autres plantes monocotylédonées par la forme et l'apparence extérieure de ses fleurs, que par leur organisation intérieure, nous présente également un périanthe simple à six divisions, mais qui subit des modifications particulières qu'il est important de noter ici. De ces divisions, trois sont plus intérieures, trois plus extérieures que les précédentes. Les trois externes sont fort souvent réunies ensemble, avec deux des intérieures, à la partie supérieure de la fleur, et constituent, en se rapprochant intimement les unes contre les autres, une espèce de voûte ou de casque qui recouvre et protége les organes sexuels. De là, le

calice est dit en casque (*calyx galeatus*). Des trois
divisions intérieures, l'une est moyenne et inférieure,
d'une forme, d'une couleur ordinairement différentes
de celles des deux autres. Elle a reçu le nom particulier de *labelle* (labellum). C'est cette troisième partie qui, dans un grand nombre d'espèces, offre des
formes si variées et si extraordinaires. Tantôt, en
effet, vous croiriez apercevoir une abeille-bourdon
se reposant sur la plante (*ophrys apifera*), tantôt
une araignée (*ophrys aranifera*). D'autres fois un singe
dont les extrémités sont écartées (*orchis zoophora*,
ophrys anthropophora). Dans plusieurs genres de cette
famille, le *labelle* présente à sa partie inférieure un
prolongement creux, en forme de cornet, auquel on a
donné le nom d'*éperon* (calcar). Dans ce cas il est dit
éperonné (labellum calcaratum). La présence, l'absence ou la longueur respective de l'éperon, sert de
caractère distinctif à certains genres d'Orchidées.

  Les enveloppes florales, malgré la délicatesse de leur
tissu et les couleurs variées dont elles sont fort souvent
embellies, ne sont en général que des feuilles légèrement modifiées. C'est surtout pour le calice que cette
analogie, cette identité même de structure est plus
frappante. En effet, il est des fleurs dans lesquelles les
sépales ou folioles du calice ont tant de ressemblance
avec les feuilles, qu'il est difficile de ne pas les considérer comme un seul et même organe. Cependant pour
faciliter l'établissement des caractères génériques des
plantes, les botanistes sont convenus de regarder

comme tout-à-fait distincts des organes dont la structure est identiquement la même.

Nous allons maintenant étudier séparément les deux enveloppes florales qui composent le périanthe double, c'est-à-dire le calice et la corolle.

CHAPITRE V.

DU CALICE.

Le *calice* est l'enveloppe la plus extérieure du *périanthe* double, ou ce *périanthe* lui-même, quand il est simple.

Il est facile de prouver, par l'analogie, que le *périanthe* simple est un calice et non point une corolle, comme Linnæus le nommait souvent.

En effet, un principe général, sanctionné par tous les botanistes, c'est que l'ovaire est appelé infère (*ovarium inferum*) toutes les fois qu'il fait corps, ou qu'il est soudé avec le tube du calice, par tous les points de sa périférie. Or l'ovaire est infère dans un grand nombre de Monocotylédons, qui n'ont qu'un périanthe simple, telles que dans les Iridées, les Narcisses, les Orchidées, etc. On doit donc conclure de là que cette enveloppe unique, entièrement soudée par sa base avec l'ovaire, est un véritable calice.

Le calice est *monosépale* (calyx monosepalus), toutes

les fois qu'il est d'une seule pièce, comme dans la stramoine et toutes les autres *Solanées*, dans la sauge et toutes les autres *Labiées*. (Voy. pl. 5, fig. 1, 2, 3).

Il est *polysépale* (calyx polysepalus), quand il est formé d'un nombre plus ou moins considérable de pièces distinctes, qu'on peut isoler les unes des autres, sans aucune déchirure de leur substance, et auxquelles on donne le nom de *sépales*, comme dans la giroflée, le cresson, etc.

Toutes les fois que le calice fait corps avec l'ovaire, ou, ce qui est la même chose, toutes les fois que l'ovaire est *infère*, le calice est nécessairement *monosépale*.

Le calice *monosépale* persiste presque toujours après la fécondation. Très-souvent il accompagne le fruit jusqu'à l'époque de sa maturité. Quelquefois même il prend de l'accroissement à mesure que le fruit approche de la maturité, comme on le remarque dans l'Alkekenge (*physalis alkekengi*), etc.

Le calice *polysépale* est généralement caduc; il tombe le plus souvent à l'époque de la fécondation, quelquefois même aussitôt que la fleur s'épanouit, comme dans les pavots.

On distingue dans le calice *monosépale*, le *tube* ou la partie inférieure, ordinairement allongée et rétrécie; le *limbe* ou partie supérieure, plus ou moins ouverte et étalée; la *gorge* (faux), ou la ligne qui sépare le tube du limbe.

Le *limbe* du calice *monosépale* peut être plus ou moins profondément divisé. Ainsi, il est simplement :

1° *Denté* (calix dentatus), quand il offre des dente-

lures aiguës. Il peut être *tridenté* (c. tridentatus), comme
dans la camelée (*cneorum tricoccum*); *quadridenté*
(c. quadridentatus), comme dans le troëne, le lilas,
(Voy. pl. 5, fig. 1.) *quinquédenté* (c. quinquedentatus),
dans un grand nombre de *Labiées* et de *Caryophyllées*, etc., suivant qu'il présente trois, quatre ou cinq
dents. Ces dents elles-mêmes peuvent offrir différentes
dispositions. Ainsi, elles sont égales ou inégales, dressées, étalées ou réfléchies. Ces diverses expressions
s'entendent d'elles-mêmes, et n'ont pas besoin d'être
définies plus longuement.

2° Le calice *monosépale* peut être *fendu* (c. fissus),
quand les incisions atteignent environ la moitié de la
hauteur totale du calice. De là on dit qu'il est :

Bifide (c. bifidus)(comme dans la pédiculaire des
marais (*pedicularis palustris*).

Trifide (c. trifidus).

Quadrifide (c. quadrifidus), comme dans le *rhinanthus crista galli*, etc.

Quinquéfide (c. quinquefidus), dans la jusquiame
(*hyosciamus niger*), le tabac. (Voy. pl. 5, fig. 2.)

Multifide (multifidus), etc.

3° Quand les divisions sont très-profondes, et parviennent presque jusqu'à sa base, on dit alors du
calice qu'il est :

Biparti (bipartitus), comme dans le genre *oro-
banche*.

Triparti (tripartitus), comme dans l'*anona triloba*.

Quadriparti (c. quadripartitus), dans la véronique
officinale (*veronica officinalis*).

Quinquéparti (c. quinquepartitus), dans la bourrache (*borrago officinalis*), la digitale pourprée (*digitalis purpurea*), etc.

Multiparti (c. multipartitus), etc.

Enfin par opposition à toutes ces expressions, on dit du calice qu'il est *entier* (calyx integer), quand son *limbe* ne présente ni dentelures, ni incisions, par exemple, dans beaucoup de genres d'Ombellifères.

Le calice *monosépale* peut être *régulier* ou *irrégulier*.

Il est *régulier* (c. regularis), quand toutes ses incisions sont parfaitement égales entre elles, quelles que soient d'ailleurs leur figure ou leur forme, par exemple, celui de la bourrache, de l'œillet, etc.

Il est *irrégulier*, au contraire (c. irregularis), quand les parties correspondantes n'ont point une même figure ni une grandeur égale : comme dans la capucine (*tropæolum majus*).

Quant à sa forme, le calice est *tubuleux* (c. tubulosus), quand il est étroit, très-allongé, et que son limbe n'est point étalé, comme dans la primeverre (*primula veris*), l'œillet, etc.(Voy. pl. 5, fig. 10.)

Turbiné (c. turbinatus), ayant la forme d'une poire ou d'une toupie. Par exemple, dans la bourgène.

Urcéolé (c. urceolatus, ventricosus), renflé à sa base, resserré à la gorge, le limbe étant dilaté, comme dans le genre *rosa*, la jusquiame (*hyosciamus niger*).

Enflé ou *vésiculeux* (c. inflatus, vésiculosus), quand il est mince, membraneux, dilaté comme une vessie, beaucop plus large que la base de la corolle qu'il entoure comme dans *le cucubalus behen*, le *rhinanthus crista galli*, etc.

Campanulé ou en cloche (c. campanulatus), dilaté de la base vers l'orifice, qui est très-ouvert, comme dans la fausse mélisse (*melittis melissophyllum*, la molucelle, etc.

Cupulé (cupuliformis), aplati ou légèrement concave, comme dans le citronnier (*citrus medica*).

Cylindrique (cylindricus), lorsque de sa base jusqu'à sa partie supérieure, il forme un tube dont tous les diamètres sont à peu près égaux, comme dans l'œillet (Voy. pl. 5, fig. 10).

Claviforme ou en massue (c. clavatus, claviformis), quand le tube est légèrement renflé à son sommet, comme dans le *silene armeria*.

Comprimé (c. compressus), large et aplati latéralement, comme dans la pédiculaire des marais (*pedicularis palustris*).

Prismatique (c. prismaticus), ayant des angles et des faces bien marqués, comme celui de la pulmonaire (*pulmonaria officinalis*).

Anguleux (c. angulosus), offrant un grand nombre d'angles saillans et longitudinaux.

Silloné (c. sulcatus), offrant des lignes rentrantes, longitudinales.

Bilabié (c. bilabiatus), ayant ses divisions disposées de manière à offrir une lèvre supérieure et une inférieure, écartées l'une de l'autre, par exemple dans la sauge (*salvia officinalis*), et un grand nombre d'autres *Labiées*.

Eperonné (c. calcaratus), présentant un prolongement creux à sa base, comme dans la capucine (*tropæolum majus*).

Diptère (c. dipterus), présentant deux appendices latéraux et membraneux, en forme d'ailes.

Triptère (c. tripterus), offrant trois appendices latéraux, membraneux, en forme d'ailes.

Le calice est souvent coloré assez vivement, surtout quand il n'existe pas de corolle; dans ce cas il est dit *pétaloïde* ou *corolliforme* (c. petaloïdeus, corolliformis), comme dans le bois gentil (*daphne mezereum*), les narcisses, les Orchidées, etc.

Il est important de mentionner les proportions relatives du calice et de la corolle. Ainsi, ordinairement, le calice est plus *court* que la corolle (calyx corollâ brevior). D'autres fois, il est plus *long* (calyx corollâ longior), comme dans la nielle des blés (*agrostemma githago*). Enfin il peut être *égal* à la corolle (calyx corollæ æqualis).

Le calice peut être *libre* de toute adhérence, ou bien il peut être soudé et faire corps, en tout ou en partie, avec l'ovaire; dans ce cas, le calice est dit *adhérent* (calyx ovario adhærens), et l'ovaire est nécessairement infère.

Le calice *polysépale* peut être composé d'un nombre plus ou moins considérable de *sépales;* ou pièces distinctes; ainsi il est:

Disépale (c. disepalus), quand il est formé de deux sépales, comme dans le pavot (*papaver somniferum*), la fumeterre (*fumaria officinalis*)

Trisépale (c. trisepalus), formé de trois sépales, comme dans la ficaire (*ficaria ranunculoïdes*).

Tétrasépale (c. tetrasepalus), offrant quatre sépales, comme dans le chou, la rave, le cresson et les autres Crucifères. (Voyez pl. 5, fig. 9),

Pentasépale (c. pentasepalus), quand il est composé de cinq sépales, comme celui du lin (*linum usititatissimum*), etc.

Quant aux *sépales*, leur figure ou leur forme doit être étudiée et considérée comme celles des feuilles ou des divisions du calice *monosépale ;* ainsi ils peuvent être *lancéolés*, *aigus*, *obtus*, *cordiformes*, etc.

Un calice *polysépale* peut aussi présenter différentes formes, par l'arrangement que les sépales prennent entre eux, ainsi, il est *tubulaire* (tubularis), quand les sépales sont longs, dressés, rapprochés, de manière à former un tube. Beaucoup de crucifères sont dans ce cas. (Voy. pl. 5, fig. 9.)

Il peut être *campanulaire* (campanularis).

En étoile (c. stellaris), quand il est formé de cinq sépales étalés et égaux, comme dans plusieurs Caryophyllées.

CHAPITRE VI.

DE LA COROLLE.

La *corolle* n'existe jamais que lorsqu'il y a un perianthe double. C'en est l'enveloppe la plus intérieure. Elle entoure immédiatement les organes de la reproduction ; quoique faisant suite à la partie ligneuse de la tige, son tissu est mol et délicat. Souvent peinte des plus riches couleurs, elle attire principalement les regards du vulgaire, qui ne voit des fleurs, que là où il y a de grandes et brillantes *corolles*, ou des *perianthes* colorés. Le botaniste, au contraire, ne considère cet organe que comme accessoire à l'essence de la fleur ; tandis qu'un pistil ou une étamine quelquefois à peine visibles, constituent pour lui une véritable fleur.

La *corolle* peut être *monopétale* (corolla monopetala), c'est-à-dire, formée d'une seule pièce, comme dans la digitale pourprée (*digitalis purpurea*), le liseron (*convolvulus arvensis*), la belladone (*atropa belladona*). (Voyez pl. 5, fig. 1, 2, 3, 4).

Elle peut être composée d'un nombre plus ou moins considérable de segmens isolés, qu'on nomme *pétales* (petala) ; dans ce cas, elle est appelée *polypétale* (cor. polypetala), comme dans la rose, l'œillet, le chou, la giroflée. (Voyez pl. 5, fig. 9, 10, 11).

Tout *pétale* offre à considérer, 1° l'*onglet* (unguis).

ou partie inférieure rétrécie, plus ou moins allongée, par laquelle il est attaché ; 2° la *lame* (lamina), partie élargie, de forme variée, qui surmonte l'onglet.

La figure des pétales varie singulièrement et peut être, en général, rapportée aux différentes modifications que nous avons indiquées pour les feuilles ; ainsi, il y en a qui sont *arrondis*, d'autres *allongés*, *aigus*, *obtus*, *dentés*, *entiers*, etc., etc.

De même que le calice, la corolle peut être *régulière* ou *irrégulière*.

Elle est *régulière*, toutes les fois que ses incisions et ses divisions sont égales entre elles, ou que ses parties paraissent être disposées régulièrement autour d'un axe commun. Par exemple, celle de la campanule raiponce (*campanula rapunculus*), de la giroflée jaune (*cheiranthus cheiri*). (Voyez pl. 5 , fig. 1 , 2 , 3 , 9 , etc.)

Elle est *irrégulière*, au contraire, quand ses incisions sont inégales, ou que les différentes parties qui la composent, ne paraissent pas disposées symétriquement autour d'un axe commun fictif, comme dans le muflier (*antirrhinum majus*), l'utriculaire (*utricularia vulgaris*), la capucine (*tropœolum majus*), etc. (Voyez pl. 5 , fig. 7 , 8 , 12.)

La corolle *monopétale* tombe d'une seule pièce en se fanant. Quelquefois sa base persiste, comme dans la belle-de-nuit (*nyctago hortensis*).

Dans la corolle *polypétale*, au contraire, chacun des pétales tombe isolément. Cependant il peut arriver que, dans une corolle *polypétale*, les segmens ou pétales tombent tous ensemble et réunis par leur base, comme

dans la mauve (*malva rotundifolia*); la guimauve
(*althæa officinalis*). Dans ce cas la corolle n'en est pas
moins polypétale ; mais les pétales sont réunis accidentellement à leur base, par un prolongement de la substance des filets des étamines. On pourrait citer encore
plusieurs autres exemples analogues.

On dit d'une corolle monopétale qu'elle est *éperonnée*
(c. calçarata) quand elle offre à sa base un pronlou-
gement creux, en forme de cornet, comme dans la
linaire (*linaria vulgaris*). (Voy. pl. 5, fig. 7.)

La corolle monopétale offre à considérer trois parties,
1° une inférieure, ordinairement cylindrique et tubu-
liforme, plus ou moins allongée, qu'on appelle *tube*
(tubus); 2° une partie supérieure au tube, plus ou
moins évasée, quelquefois étalée et même réfléchie ;
on la nomme *limbe* (limbus) : enfin la ligne circulaire qui sépare le tube du limbe prend le nom de
gorge (faux, palatum). Ces trois parties sont essentielles à considérer; en effet leurs formes variées, leurs
proportions relatives, fournissent au botaniste des caractères propres à distinguer certains genres de plantes.
(Voyez pl. 5 ; fig. 1, 2 etc.)

En général la corolle monopétale donne attache
aux étamines.

Nous allons maintenant passer en revue les différentes modifications que présentent la corolle monopétale
et la corolle polypétale, quand elles sont régulières ou
irrégulières.

§ I. *Corolle monopétale régulière.*

La corolle monopétale régulière offre des formes très-variées :

1° Ainsi elle est *tubulée* (tubulata) quand son tube est très-allongé , comme dans la belle-de-nuit (*nyctago hortensis*) , le lilas (*syringa vulgaris*). Voyez pl. 5. f. 1, 2.

Le tube est quelquefois *capillaire* ou *filiforme*, comme dans certaines Synantherées

2° La corolle est en *cloche* ou *campanulée* (cor. campanulata), lorsqu'elle ne présente pas de tube manifeste , mais qu'elle va en s'évasant, de la base vers la partie supérieure , comme dans la raiponse (*campanula rapunculus*), le liseron des haies (*convolvulus sepium*), le jalap (*convolvulus jalappa*) , etc. (Voyez pl. 5 , fig. 3.)

3° Elle est *infondibuliforme* ou en entonnoir (cor. infundibuliformis), quand le tube est d'abord étroit à sa partie inférieure , puis se dilate insensiblement , de manière que le limbe est campanulé. Par exemple , le tabac (*nicotiana tabacum*) , etc. (Voyez pl. 5, fig. 2).

4° On la dit *hypocratériforme* (cor. hypocratériformis) , quand son tube est long , étroit, non dilaté à sa partie supérieure , que le limbe est étalé à plat , de sorte qu'elle représente la forme d'une coupe antique, comme le lilas (*syringa vulgaris*), le jasmin (*jasminum officinale*) , etc. (Voy. pl. 5 , fig. 1).

5° La corolle est *rotacée* ou en roue (corolla rotata),

quand le tube est très-court et le limbe étalé et presque plane, comme dans la bourrache (*borrago officinalis*) et la plupart des *Solanum*.

On dit que la corolle est *étoilée* (cor. stellata), quand elle est très-petite, son tube fort court, et les divisions de son limbe fort aiguës et allongées : par exemple, dans les cailles-lait (*galium*), les aspérules (*asperula*) etc.

6° Elle est *urcéolée* (cor. urceolata), renflée comme une petite outre à sa base, rétrécie vers l'orifice, comme dans beaucoup de bruyères (*erica*), de *vaccinium*, etc. (Voy. pl. 5, fig. 4.)

7° On l'appelle *scutellée* (cor. scutellata, scutelliformis), quand elle a la forme d'une écuelle, c'est-à-dire qu'elle est étalée et légèrement concave.

§ II. *Corolle monopétale irrégulière.*

1° La corolle monopétale irrégulière est dite *bilabiée* (cor. bilabiata) quand le tube est plus ou moins allongé, la gorge ouverte et dilatée, le limbe partagé transversalement en deux divisions, l'une supérieure, l'autre inférieure, qu'on a comparées à deux lèvres écartées. Cette forme de la corolle caractérise spécialement toute une famille de plantes, l'une des plus naturelles du règne végétal. Ce sont les *Labiées* (pl. 5, fig. 8); par exemple, le thym (*thymus vulgaris*), la mélisse (*melissa officinalis*), la sauge (*salvia officinalis*), le romarin (*rosmarinus officinalis*), etc.

Ces deux *lèvres* peuvent offrir une foule de modifi-

cations, sur lesquelles reposent les caractères propres
à distinguer les genres nombreux de cette famille.
Ainsi la lèvre *supérieure* est tantôt plane, tantôt *redressée*, ou en *voûte*, ou en *fer de faulx*. Elle peut être
entière et sans incisions; *échancrée*, *bidentée*, *bilobée*,
bifide, etc.

La *lèvre inférieure* est ordinairement réfléchie,
quelquefois elle est *concave* et *plissée* sur ses bords,
comme dans le genre *nepeta*. Elle peut également être
trifide, *trilobée* ou *tripartie*.

Quelquefois la lèvre supérieure semble ne pas exister, ou du moins est si peu développée, qu'on la distingue difficilement, comme dans les genres *teucrium*
et *ajuga*.

2° On appelle corolle *personnée* (1) (corolla perso-
nata) celle dont le tube est plus ou moins allongé, la
gorge très-dilatée et clause supérieurement par le rapprochement du limbe, qui est à deux lèvres inégales,
de manière à représenter grossièrement le mufle d'un
animal, ou certains masques antiques. Telles sont
celles de l'*antirrhinum majus*, de la linaire (*linaria
vulgaris*), etc. (Voy. pl. 5, fig. 7).

Enfin on a réuni sous le nom de corolles monopétales irrégulières *anomales* toutes celles qui, par leur

---

(1) Des nuances insensibles rapprochent les corolles labiées des
personnées. Aussi est-il très-difficile de les bien caractériser. On est
obligé d'employer un caractère auxiliaire tiré de la forme et de la
structure de l'ovaire. Dans les Labiées, en effet, l'ovaire est profondément quadrilobé; il est simple au contraire dans toutes les véritables Personnées.

forme extraodinaire, l'impossibilité où l'on est de les comparer à aucune autre forme connue, s'éloignent des différens types que nous venons d'établir, et ne peuvent être rapportées à aucun d'eux. Ainsi la corolle de la digitale pourprée (*digitalis purpurea*) offre à peu près la forme d'un doigt de gant (1). La corolle de l'utriculaire (*utricularia*), de la grassette (*pinguicula*) etc. sont également des corolles irrégulières et anomales.

Dans les diverses formes de corolle monopétale *régulière* ou *irrégulière* que nous venons d'examiner, les trois parties qui composent ces corolles, c'est-à-dire le tube, le limbe et la gorge, présentent des modifications qu'il est utile d'indiquer.

Ainsi, le tube peut être :

Cylindrique (cylindricus), comme dans le lilas (*syringa vulgaris*), la belle de nuit (*nyctago hòrtensis*), etc. (Voy. pl. 5, fig. 1.)

Il peut être *long* ou *court*, relativement au calice ou au limbe.

Ventru ou *enflé* (ventricus, inflatus), soit dans sa partie inférieure, soit vers son sommet; dans ce cas il est dit :

Claviforme ou en massue (claviformis), comme dans le *spigelia marylandica*.

Enfin il peut être *lisse*, *strié*, *anguleux*, *prismatique*, etc. Nous avons déjà plusieurs fois donné la valeur de ces expressions.

____

(1) Aussi cette plante porte-t-elle le nom vulgaire de *gantelée*

La gorge (*faux*), peut être :

Clause (clausa) quand elle est entièrement fermée, comme dans le grand muflier (*antirrhinum majus*).

Ouverte et *dilatée* (aperta, patens), comme dans la
digitale pourprée, certaines Labiées, etc.

Elle peut être garnie de poils, comme dans le thym,
l'origan, etc.

Ciliée (*ciliata*) garnie de cils, comme dans la *gentiana amarella*, etc.

Couronnée par des appendices saillans de forme variée, comme dans la bourrache (*borrago officinalis*)
la consoude (*symphytum consolida*), la buglose (*an-
chusa italica*) et beaucoup d'autres Borraginées.

Enfin on dit par opposition aux expressions précédentes, qu'elle est *nue*, quand elle n'offre ni poils, ni
bosses, ni appendices.

Le *limbe*, ou la partie de la corolle qui surmonte la
gorge peut être :

Dressé (erectus), comme dans la cynoglosse (*cynoglossum officinale*).

Etalé, ouvert (patens), lorsqu'il forme un angle
droit avec le tube, comme dans le laurier-rose (*nerium oleander*).

Réfléchi ou renversé en dehors (*reflexus*), comme
celui de la douce-amère (*solanum dulcamara*), de la
canneberge (*vaccinium oxycoccus*), etc.

Le *limbe* peut être aussi plus ou moins profondément incisé. Ainsi il est quelquefois simplement *denté*
sur son bord.

Il est également *trifide*, *quadrifide*, *quinquéfide*, ou *quadriparti*, *quinquéparti*, etc., suivant la profondeur de ses incisions.

La forme de ces différentes divisions d'un limbe incisé, offre un grand nombre de variétés qui peuvent être rapportées à celles des pétales et des feuilles.

Remarquons ici, en terminant ce qui a rapport à la *corolle monopétale*, que sa forme n'est point un caractère essentiel dans la coordination des genres en familles naturelles. En effet on trouve souvent plusieurs formes réunies ensemble, dans des groupes essentiellement naturels. Ainsi, dans les Solanées, on voit réunies des corolles rotacées, comme celles des *verbascum*, des *solanum;* des corolles infondibuliformes, (le tabac); des corolles hypocratériformes, comme certains *cestrum*, et des corolles campanulées, comme dans la jusquiame, la belladonne. Nous pourrions encore faire un rapprochement semblable dans beaucoup d'autres familles tout aussi naturelles.

Corolle polypétale.

Le nombre des *pétales* varie singulièrement dans les différentes corolles *polypétales*. Ainsi il y a des corolles formées de deux pétales, comme dans la circée (*circœa lutetiana*). Dans ce cas elle est dite *dipétale* (corolla dipetala).

Tripétale (cor. tripetala), composée de trois pétales, comme celle de la camélée (*cneorum tricoccum*), etc.

Tétrapétale (cor. tetrapetala), composée de quatre pétales. Par exemple, toutes les Crucifères, tels que le cresson de fontaine (*sisymbrium nasturtium*), le raifort (*cochlearia armoracia*), la passerage (*lepidium latifolium*), etc. (Voy. pl. 5, fig. 9.)

Pentapétale (cor. pentapetala), formée de cinq pétales, comme toutes les Ombellifères, les Rosacées. Par exemple, le panais (*pastinaca sativa*), le persil (*apium petroselinum*), la ciguë (*conium maculatum*), le fraisier. (Voy. pl. 5, fig. 10, 11.)

Hexapétale (cor. hexapetala), ayant six pétales, comme l'épine-vinette (*berberis vulgaris*, etc.).

Les pétales ou segmens d'une corolle polypétale, peuvent être *onguiculés*, c'est-à-dire munis d'un *onglet* très-apparent, comme dans l'œillet, la giroflée jaune. (Voy. pl. 5, fig. 9, *a*). Ou bien ils peuvent être sessiles, c'est-à-dire sans onglet ou inonguiculés, comme dans la vigne (*vitis vinifera*), la gypsophile (*gypsophila muralis*), etc.

La longueur et la proportion de l'*onglet*, relativement au calice, mérite aussi d'être notée. En effet l'*onglet* est souvent plus *court* que le calice (unguis calyce brevior); d'autres fois, au contraire, il est plus *long* que lui et le dépasse (unguis calyce longior).

Les pétales sont souvent *dressés* (petala erecta), c'est-à-dire qu'ils suivent une direction parallèle à l'axe de la fleur, comme dans le *geum rivale*.

Ils sont quelquefois *infléchis* (petala inflexa), courbés vers le centre de la fleur, comme dans beaucoup d'Ombellifères.

Etalés (petala patentia), comme dans le fraisier (*fragaria vesca*), la benoite (*geum urbanum*), etc. (Voy. pl. 5. fig. 11).

Réfléchis (pet. reflexa), se renversant en dehors.

La figure des pétales est extrêmement variable ; ses principales modifications peuvent être rapportées à celles déjà établies précédemment pour les feuilles ou les sépales. Cependant ils offrent quelquefois des formes singulières que nous allons faire connaître.

Les pétales sont *concaves* (pet. concava), dans le tilleul (*tilia europæa*), la rûe (*ruta graveolens*), etc.

Galéiformes ou en casque (pet. galeïformia), lorsqu'ils sont voûtés, creux, et ressemblent à un casque, comme dans l'aconit (*aconitum napellus*), etc.

Cuculliformes (pet. cuculliformia), ayant la forme d'un *capuchon* ou d'un cornet de papier, comme dans l'ancolie (*aquilegia vulgaris*), le pied d'allouette (*delphinium consolida*).

Eperonnées (pet. calcarata), munis à leur base d'un éperon, comme dans la violette, le pied d'alouette, etc.

La corolle *polypétale* peut être *régulière* ou *irrégulière*, suivant que les parties qui la composent sont disposées ou non avec symétrie autour de l'axe de la fleur. Dans l'un et l'autre cas, les pétales, par leur forme, leur nombre et leur disposition respective, donnent à la corolle un aspect, une forme particulière, qui ont servi à la diviser en plusieurs groupes.

§ I. *Corolle polypétale régulière.*

La corolle *polypétale régulière* peut offrir trois modifications principales. Elle peut être :

1° *Cruciforme* (cor. cruciformis), composée de quatre pétales onguiculés, disposés en croix. Les plantes dont la corolle présente une semblable disposition, constituent un des groupes les plus naturels du règne végétal. Elles ont reçu le nom de Crucifères. Tels sont le chou, la giroflée, le cresson, etc. (Voy. pl. 5, fig. 9).

Les quatre pétales d'une corolle cruciforme ne sont pas toujours égaux et semblables entre eux; il y en a souvent plusieurs qui sont ou plus petits ou plu grands. Ainsi, dans le genre *iberis*, deux des pétales sont constamment plus grands.

2° *Rosacée* ou *roselée* (cor. rosacea), celle qui qui est composée de trois a cinq pétales, rarement d'un plus grand nombre, dont l'onglet est très-court, et qui sont étalés et disposés en rosace. Telles sont toutes les Rosacées, comme la rose simple, l'amandier, l'abricotier, le prunier, etc., la chélidoine, et des plantes d'autres familles. (Voy. pl. 5, fig. 11).

3° *Caryophyllée* (cor. caryophyllata), corolle formée de cinq pétales dont les onglets sont fort allongés, et cachés par le calice, qui est très-long et dressé, comme dans l'œillet (*dianthus*), les *silene*, les *cucubalus*, etc. (Voy. pl. 5, fig. 10.)

§ II. *Corolle polypétale irrégulière.*

1° *Papilionacée* (cor. papilionacea). Cette corolle est composée de cinq pétales très-irréguliers, qui ont chacun une forme particulière ; ce qui leur a fait donner des noms propres. De ces cinq pétales, l'un est supérieur, deux latéraux, et deux inférieurs. Le supérieur porte le nom d'*étendard* ou de *pavillon* (vexillum) (Voy. pl. 5, fig. 11, *a*) : il est ordinairement redressé, d'une figure très-variée et recouvre les quatre autres avant l'épanouissement de la fleur. Les deux inférieurs, le plus souvent réunis et soudés l'un à l'autre par leur bord inférieur, forment la *carène* (carina), (fig. 11, *c*). Les deux latéraux constituent les *ailes* (alæ) (fig. 11, *b b.*)

C'est par la ressemblance que l'on a cru trouver à cette fleur avec un papillon dont les ailes sont étalées, qu'on lui a donné le nom de *Papilionacée.*

La corolle vraiment *papilionacée* appartient exclusivement à la vaste famille des Légumineuses : tels sont les pois (*pisum*), les haricots (*phaseolus*), l'acacia (*robinia pseudo-acacia*), les astragales, etc.

2° On nomme corolle *anomale* (cor. anomala), celle qui est formée de pétales irréguliers, qu'on ne peut rapporter à la corolle papilionacée. Telles sont celles des aconits, des pieds d'allouette, de la violette, de la balsamine, de la capucine, etc.

La position des pétales ou des divisions de la corolle monopétale, relativement aux sépales ou aux divisions du calice monosépale, présente les deux modifications suivantes :

Les pétales peuvent être *opposés* aux divisions du calice, c'est-à-dire placés de manière à se correspondre par leurs faces, comme dans l'épine-vinette (*berberis vulgaris*), l'*epimedium alpinum*, etc.

Ils peuvent être *alternes* avec les divisions du calice, c'est-à-dire qu'ils correspondent aux incisions du calice, et non à ses divisions. Cette disposition est bien plus fréquente que la précédente, qui est très-rare. Les pétales sont alternes aux sépales, dans les Crucifères, etc., etc.

La grandeur relative de la corolle et du calice, mérite également d'être bien observée; car on peut souvent en tirer de fort bons caractères distinctifs.

Suivant sa durée, la corolle est fugace ou *caduque* (caduca, fugax), quand elle tombe aussitôt qu'elle s'épanouit, comme dans le *papaver argemone*, plusieurs cistes, etc.

Décidue (c. decidua), tombant après la fécondation. La plupart des corolles sont dans ce cas.

Marcescente (c. marcescens), persistant après la fécondation, et se fanant dans la fleur avant de s'en détacher, comme dans les Bruyères, et certaines Cucurbitacées.

La corolle est ordinairement la partie la plus brillante de la fleur. La délicatesse de son tissu, l'éclat et la fraîcheur de ses couleurs, le parfum suave qu'elle exhale souvent, en font une des plus agréables productions de la nature. Ses usages, de même que ceux du calice, paraissent être de protéger les organes sexuels avant leur parfait développement, et de favo-

riser, à l'époque de la fécondation, l'action mutuelle
que deux organes exercent l'un sur l'autre.

CHAPITRE VII.

DES ORGANES SEXUELS.

La découverte des organes sexuels dans les plantes,
ne remonte point à une époque très-éloignée. Jusqu'au
seizième siècle, on n'avait vu, dans les fleurs qui cou-
vrent les végétaux, qu'un simple ornement dont la
nature s'était plu à les parer. Camerarius et Grew à
cette époque, démontrèrent, par l'expérience, l'utilité
des différentes parties de la fleur dans la production de
la graine, l'entretien et la succession des espèces. Ils
firent voir que le *pistil*, qui occupe le centre de la
fleur, devait être comparé, pour sa structure et surtout
ses usages, aux organes générateurs de la femelle dans
les animaux. En effet nous y trouvons également les
rudimens imparfaits de l'embryon (*ovules*); une cavité destinée à les contenir et à les protéger pendant
leur développement (*ovaire*); un organe particulier
propre à recevoir l'impression fécondante du mâle
(*stigmate*); un autre organe encore qui transmet cette
impression jusqu'aux embyrons (*style*). Ils prouvèrent
également que l'*étamine* devait être assimilée aux organes qui font l'apanage du mâle dans les animaux. En
effet elle contient dans une cavité spéciale (*anthère*),
une substance particulière, dont les usages sont de
féconder les ovules (*pollen*).

Dès lors il fut prouvé que les plantes, de même que les animaux, sont pourvues d'organes sexuels, destinés à leur reproduction. L'organe sexuel mâle est constitué par l'*étamine;* le *pistil* forme l'organe sexuel femelle.

Presque toujours dans les végétaux, les deux organes de la reproduction sont réunis dans une même fleur, ce qui constitue l'hermaphroditisme, et la fleur est dite *hermaphrodite*. D'autrefois, au contraire, on n'y rencontre qu'un seul des deux organes sexuels, et la fleur est dite *unisexuée*.

La fleur *unisexuée* peut être *mâle* ou *femelle* suivant qu'elle renferme des étamines ou un pistil.

Les fleurs *mâles* et les fleurs *femelles* sont quelquefois réunies sur la même plante ; c'est ce qui constitue les végétaux *monoïques*. Le châtaignier (*castane a vesca*), le coudrier (*corylus avellana*), sont de ce nombre.

D'autrefois au contraire les fleurs mâles et les fleurs femelles se trouvent séparées les unes des autres sur des pieds différens ; les plantes qui présentent une semblable disposition sont appelées *dioïques*. Telles sont la mercuriale (*mercurialis annua*), le murier à papier (*Broussonetia papyrifera*), le dattier (*phœnix dactylifera*).

Enfin, quelquefois on trouve mêlées ensemble sur le même pied, ou sur des pieds différens, des fleurs mâles, des fleurs femelles, et des fleurs hermaphrodites ; c'est aux végétaux, qui offrent ce mélange irrégulier des trois sortes de fleurs qu'on a donné le nom de *polygames*. Telles sont la pariétaire (*parietaria officinalis*), la croisette (*valantia cruciata*), etc.

Ces trois divisions fondées sur la séparation, la réunion ou le mélange des sexes, ont servi de base a Linnæus, pour établir les trois dernières classes des plantes phanérogames de son système.

CHAPITRE VIII.

DE L'ÉTAMINE OU ORGANE SEXUEL MALE.

L'étamine dans les végétaux remplit absolument les mêmes usages que les organes mâles dans les animaux, c'est-à-dire qu'elle renferme la substance qui opère la fécondation des germes.

L'*étamine* est ordinairement composée de trois parties ; savoir : 1º l'*anthère* (anthera), espèce de petit sac membraneux dont la cavité intérieure est double, c'est-à-dire formée de deux loges soudées ensemble ; 2º du *pollen* (pollen), substance ordinairement composée de petits grains vesiculeux, qui contiennent le fluide vraiment fécondant ; 3º l'anthère est souvent portée sur un appendice filifome, auquel on donne le nom de *filet* (filamentum).

Telles sont les trois parties qui composent ordinairement l'étamine. Mais remarquons ici que deux seulement lui sont nécessaires ; ce sont l'anthère et le pollen. Le filet en effet n'est qu'une partie accessoire de l'étamine ; aussi manque-t-il souvent, c'est-à-dire que l'anthère est immédiatement attachée au corps sur lequel elle est insérée, sans le secours d'un filet. Dans ce cas l'étamine est appelée *sessile* (stamen sessile), comme dans beaucoup de Thymélées.

L'essence et la perfection de l'étamine résident donc dans la présence de l'*anthère*, mais une condition indispensable pour que cet organe soit apte à remplir les fonctions que la nature lui a confiées, c'est qu'il faut que non-seulement l'*anthère* contienne du *pollen*, mais encore qu'elle s'ouvre, pour que cette substance soit en contact avec l'air atmosphérique ; car, sans cette circonstance, on conçoit que la fécondation ne pourrait pas avoir lieu.

Le nombre des étamines varie singulièrement dans les différentes plantes. C'est même d'après cette considération du nombre des organes sexuels mâles, que peut contenir chaque fleur, que Linnæus a établi les premières classes de son système.

Ainsi il y a des fleurs qui ne renferment qu'une seule étamine ; on leur donne le nom de fleurs *monandres* (flores monandri). Tels sont l'*hippuris vulgaris* , la valériane rouge (*contranthus ruber*), le *blitum virgatum*, etc.

On les appelle fleurs *diandres* (flores diandri), quand elles contiennent deux étamines. Par exemple, le lilas (*syringa vulgaris*), le troëne (*ligustrum vulgare*), la véronique officinale (*veronica officinalis*), la sauge (*salvia officinalis*) etc.

Fleurs *Triandres* (flores triandri) : la plupart des Graminées, des Cypéracées, des Iridées, etc.

Fleurs *Tétrandres* (flores tetrandri), le caille-lait

(*galium verum*), la garance (*rubia tinctorum*), la plupart des *Labiées*, des *Antirrhinées*, des *Dipsacées*, etc.

Fleurs *pentandres* (flores pentandri), le bouillon blanc (*verbascum thapsus*), et la plupart des Solanées ; la cynoglosse (*cynoglossum officinale*), et la plupart des Borraginées ; la carotte (*daucus carotta*), et toutes les Ombellifères, etc.

Fleurs *hexandres* (flores hexandri) ; le lis (*lilium candidum*), la tulipe (*tulipa gesneriana*), et la plupart des Liliacées, des Asphodèles, le riz (*oryza sativa*).

Fleurs *heptandres* (flores heptandri), le marronnier d'Inde (*œsculus hippocastanum*).

Fleurs *octandres* (flores octandri), celles des bruyères des *vaccinium*, des *daphne*, des *polygonum*, etc.

Fleurs *ennéandres* (flores enneandri), comme celles du jonc fleuri (*butomus umbellatus*).

Fleurs *décandres* (flores decandri), dix étamines, comme dans l'œillet, la saponaire (*saponaria officinalis*), et la plus grande partie des Caryophyllées ; la rue (*ruta graveolens*), la pyrole (*pyrola rotundifolia*), les saxifrages, etc.

Passé dix, le nombre des étamines n'est plus fixe dans les fleurs ; ainsi, on dit qu'elles sont :

Dodécandres (flores dodecandri), quand elles contiennent de douze à vingt étamines, comme dans la gaude (*reseda luteola*) l'aigremoine (*agrimonia eupatoria*).

Polyandres (flores polyandri), quand elles contiennent plus de vingt étamines, comme le pavot (*papaver somniferum*), les renoncules, etc.

Les étamines peuvent être toutes *égales* entre elles, comme dans le lis, la tulipe, etc.

Elles peuvent être *inégales*, c'est-à-dire les unes plus grandes, les autres plus petites dans la même fleur.

Tantôt cette disproportion se fait avec symétrie, tantôt elle a lieu sans aucune espèce d'ordre. Dans les *geranium*, les *oxalis*, il y a dix étamines, cinq grandes et cinq plus petites, disposées alternativement, en sorte qu'une grande se trouve entre deux petites, et réciproquement.

Quand une fleur renferme quatre étamines, que deux sont constamment plus courtes que les deux autres, ces étamines prennent le nom de *didynames* (stamina didynama) : la plupart des Labiées, le marrube (*marrubium vulgare*), le thym, etc. ; la plupart des Antirrhinées, comme la linaire (*linaria vulgaris*), le grand mufle de veau (*antirrhinum majus*), ont les étamines *didynames*.

Lorsqu'au contraire elles sont au nombre de six dans une fleur, que quatre d'entre elles sont plus grandes que les deux autres, elles sont appelées *tetradynames* (stamina tetradynama). Cette disposition existe dans toute la famille des Crucifères, comme dans le cochléaria (*cochlearia officinalis*), le radis (*brassica napus*), etc.

La situation des étamines, relativement aux divisions de la corolle et du calice, mérite aussi d'être soigneusement observée. Ordinairement chaque étamine répond aux incisions de la corolle, c'est-à-dire que les étamines sont *alternes* avec les divisions de la corolle ou les pétales, lorsqu'elles sont en nombre égal à ces divisions, comme dans la bourrache et les autres Borraginées.

Quelquefois cependant chaque étamine, au lieu de correspondre aux incisions, est située vis-à-vis chaque division ou chaque pétale; dans ce cas les étamines sont dites *opposées* aux pétales, comme on l'observe dans la primeverre, la vigne, etc.

Quand le nombre des étamines est double de celui des divisions de la corolle, la moitié des ces étamines sont alternes, l'autre moitié opposées aux divisions de la corolle.

Les étamines sont, dans le plus grand nombre des cas, opposées aux sépales ou aux divisions du calice excepté dans les cas rares où elles sont opposées aux pétales.

Dans le lis, la tulipe, les six étamines sont opposées aux six segmens du périanthe simple.

Quelquefois les étamines sont plus courtes que la corolle ou le calice, de manière qu'elles ne sont pas saillantes à l'extérieur; on les nomme alors *incluses* (stamina inclusa), comme dans la primeverre, les narcisses, les daphnés, etc.

On les nomme, au contraire, *exertes* (stamina exerta), lorsqu'elles dépassent la hauteur de la corolle ou du calice, comme dans le jasminoïde (*lycium europæum*), les menthes, le plantain, etc.

Suivant leur direction les étamines sont :

Dressées (stam. erecta), comme dans la tulipe, le lis, le tabac (*nicotiana tabacum*), etc.

Infléchies (stam. inflexa), quand elles sont pliées en arc, et que leur sommet se courbe vers le centre de la fleur, comme dans les sauges, la fraxinelle (*dictamnus fraxinella*).

Réfléchies (stam. reflexa), quand elles sont recourbées en dehors, comme dans la pariétaire (*parietaria officinalis*), le murier à papier (*Broussonetia papyrifera*), etc.

Etalées (stam. patentia), lorsqu'elles s'étendent horizontalement, comme dans le lierre (*hedera helix*).

Pendantes (stam. pendentia), quand leur filet est très-grêle et trop faible pour soutenir l'anthère, comme dans la plupart des Graminées.

Ascendantes (stam. ascendentia), quand elles se portent toutes vers la partie supérieure de la fleur, comme dans la sauge.

Déclinées ou *décombantes* (stam. declinata, decumbentia), quand elles se portent toutes vers la partie inférieure de la fleur, comme dans le marronnier d'Inde (*æsculus hippocastanum*), la fraxinelle.

Les étamines sont quelquefois réunies par leurs filets ou par leurs anthères ; d'autres fois elles sont réunies et comme confondues avec le pistil : nous parlerons de ces diverses modifications, en traitant du filet et de l'anthère considérés en particulier.

Dans certaines fleurs on voit un nombre déterminé d'étamines avorter constamment. Le plus souvent, les étamines manquant sont remplacés par des appendices de forme très-variée, auxquels on donne le nom de *staminodes* (staminodia), comme dans l'éphémère de

Virginie (*tradescantia virginiana*), la plupart des Orchidées, etc.

Une seule étamine avorte constamment dans l'*antirrhinum*), et beaucoup de Personnées; deux dans la
sauge, le *lycopus*, le romarin, etc., et toutes les Labiées diandres, ainsi que dans toutes les Orchidées, à
l'exception du *Cypripedium*; trois dans le *bignonia*, la
gratiole; cinq, dans l'*erodium*, etc.

§ I. *Du Filet.*

Le *filet*, comme nous l'avons vu déjà, n'est point
une partie essentielle et indispensable de l'étamine,
puisqu'assez souvent il manque entièrement.

Le plus généralement sa forme correspond à son
nom, c'est-à-dire qu'il est allongé, étroit et filiforme,

Il est *applati* (fil. planum, compressum), dans l'*allium fragrans*, le pervenche, etc.

Cunéaire (fil. cuneiforme), ayant la forme d'un
coin, dans le *thalictrum petaloïdeum.*

Subulé (fil. subulatum), ou en forme d'alène, quand
il est allongé et va en s'amincissant vers le sommet,
comme dans la tulipe, etc.

Capillaire (fil. capillare), quand il est grêle comme
un cheveu. Par exemple, dans le blé, l'orge et la plupart des Graminées.

Il est *pétaloïde* (fil. petaloïdeum), quand il est large,
mince et coloré, à la manière des pétales, comme dans
le *nymphœa alba*, les Amomées, etc.

Quelquefois il est *dilaté* à sa base, comme dans l'*ornithogalum pyrenaicum.*

D'autres fois il est comme *vouté* (fil. basi fornicatum), comme dans l'asphodèle , les campanules , etc.

Le sommet du filet est ordinairement *aigu* , comme dans la tulipe, le lis , etc.

D'autrefois il est *obtus* et même renflé en tête ou *capitulé*, comme dans le *cephalotus* , etc.

C'est dans le plus grand nombre des cas , au sommet du filet, que s'attache l'anthère. Cependant il arrive quelquefois qu'il se prolonge au - dessus du point d'insertion de cet ogane ; dans ce cas il est dit : *proéminent* (fil. prominens) , comme dans le *paris quadrifolia*, etc

Les étamines sont, le plus souvent, libres de toute adhérence, et isolées les unes des autres. Mais il arrive quelquefois qu'elles sont réunies par leurs filets, en un ou plusieurs corps que nous désignerons avec M. Mirbel, sous le nom d'*androphore* (androphorium).

Quand tous les filets sont réunis ensemble en un seul androphore, les étamines prennent le nom de *monadelphes* (stamina monadelpha) , comme dans la mauve, la guimauve , etc. (Voy. pl. 6 fig. 10.)

Dans ce cas l'androphore forme un tube plus ou moins complet. Quelquefois cependant l'union des filets n'a lieu que par leur base, en sorte qu'ils sont libres dans la plus grande partie de leur étendue, comme dans le *geranium*, l'*erodium*.

D'autres fois ils sont soudés jusqu'à la moitié de leur hauteur, comme dans plusieurs *oxalis* (pl. 6, fig. 10.)

Enfin ils sont soudés en tube à peu près complet, dans la plupart des Malvacées. A sa partie supérieure, l'*androphore* tubuleux se divise en autant de petits filets courts et distincts qu'il y a d'anthères.

Lorsque toutes les étamines sont réunies en deux androphores, c'est-à-dire que leurs filets se soudent en deux corps distincts, on les nomme *diadelphes* (stamina diadelpha). Par exemple, la fumeterre (*fumaria officinalis*), les haricots, les acacias, etc., et la plus grande partie des Légumineuses. (Voy. pl. 6, fig. 11.)

Quand les filets sont réunis en trois ou en un nombre plus considérable d'androphores, les étamines sont dites alors *polyadelphes* (stamina polyadelpha). Il y a trois androphores dans l'*hypericum ægyptiacum*, cinq et un plus grand nombre dans les *melaleuca*.

La nature et la structure organique du filet des étamines paraissent être entièrement analogues à celles de la corolle. En effet l'on voit très-souvent ces deux organes se changer l'un dans l'autre. Ainsi, par exemple, dans le nénuphar (*nymphæa alba*), on aperçoit successivement les filets staminaux, à partir du centre vers la circonférence de la fleur, devenir de plus en plus larges et s'amincir; l'anthère, au contraire, diminuer et finir par disparaître entièrement, quand les filets se sont tout-à-fait changés en pétales. C'est cette dégradation insensible des filets des étamines en pétales, qui a fait penser à quelques botanistes que la corolle et les segmens qui la composent, n'étaient que des étamines avortées, dont les filets avaient acquis un développement extraordinaire.

Cette opinion, que nous ne voulons ni admettre, ni

rejeter entièrement, semble encore trouver un appui dans la formation des fleurs nommées *doubles* et *pleines*. La rose en effet dans son état primitif et sauvage, n'a que cinq pétales, mais un nombre très-considérable d'étamines. Dans nos jardins, par les soins du cultivateur, nous voyons les étamines de la rose se changer en pétales, et la fleur devenir stérile. Ici la transformation des étamines en pétales est manifeste, et paraît confirmer l'opinion des botanistes qui regardent la corolle comme de véritables étamines avortées.

§ II. *De l'Anthère.*

L'*anthère* (anthera) est cette partie essentielle de l'étamine qui renferme le pollen, ou poussière fécondante, avant l'acte de la fécondation. Le plus généralement elle est formée par deux petites poches membraneuses, adossées immédiatement l'une à l'autre par un de leurs côtés (Voy. pl. 6, fig. 6, 7, 8), ou réunies par un corps intermédiaire particulier, auquel on a donné le nom de *connectif*. (Pl. 6, fig. 9...a).

Chacun de ces petits sacs membraneux, nommés *loges* de l'anthère, est partagé intérieurement en deux parties par une cloison longitudinale, et s'ouvrent à l'époque de la fécondation, pour laisser sortir le pollen.

Les anthères sont donc le plus communément *biloculaires* (antheræ biloculares), c'est-a-dire formées de deux loges, comme dans le lis, la jacinthe, etc.

Quelquefois elles ne sont formées que d'une seule loge; dans ce cas elles sont dites *uniloculaires* (an-

theræ uniloculares), comme dans les Conifères, les Épa-
cridées, etc.

Plus rarement encore l'anthère est composée de
quatre loges, et est nommée *quadriloculaire*, (anthera quadrilocularis), comme dans le *butomus umbellatus*, etc.

Chaque loge d'une anthère offre ordinairement sur
l'une de ses faces un sillon longitudinal, par lequel
elle s'ouvre, dans le plus grand nombre des cas. La
partie de l'anthère, du côté de laquelle sont les sillons, porte le nom de *face* proprement dite; la partie
opposée à celle-ci, et par laquelle l'anthère s'attache
au filet, est nommée le *dos* de l'anthère.

L'anthère est communément fixée au sommet du filet
staminal. Cette insertion, qui fournit de très-bons caractères, peut se faire de trois manières différentes :

1° L'anthère peut être attachée au sommet du filet
par sa base même, comme dans l'Iris, le glayeul, etc.
Elle porte le nom de *basifixe* (anthera basifixa).

2° Elle peut être fixée par la partie moyenne de son
dos, comme dans le lis. Dans ce cas elle a été appelée
médifixe (anthera medifixa).

3° Assez souvent elle est attachée par son sommet;
dans ce cas elle est mobile et vacillante. On l'appelle
alors *apicifixe* (anthera apicifixa).

Lorsque la face des anthères est tournée vers le
centre de la fleur, elles sont dites *introrses* (antheræ
introrsæ), comme cela a lieu dans la plupart des
plantes.

On les appelle, au contraire *extorses*, (antheræ extrorsæ), quand leur face regarde la circonférence de la fleur, comme, par exemple, dans les Iridées, le concombre, etc. Cette disposition est plus rare que la précédente.

La forme des anthères présente un grand nombre de variétés. Ainsi, on dit qu'elles sont :

Sphéroïdales (anth. spheroïdales, subglobosæ), quand elles se rapprochent de la forme ronde ; comme celles de la mercuriale (*mercurialis annua*).

Didymes (anth. didymæ), offrant deux lobes sphéroïdaux, réunis par un point de leur circonférence, comme dans l'épinard *(spinacia oleracea)*, les euphorbes, etc.

Ovoïdales (anth. ovoïdeæ). Cette forme est une des plus fréquentes.

Oblongues (anth. oblongæ), comme dans le lys (*lilium candidum*), etc.

Linéaires (anth. lineares), quand elles sont trés-allongées et très-étroites, comme celles des campanules, des *magnolia*, etc.

Sagittées (anth. sagittatæ), ou en fer de flèche : par exemple, celles du laurier-rose *(nerium oleader)*, du safran (*crocus sativus*), etc.

Cordiformes (anth. cordiformes), comme dans le basilic *(ocymum basilicum*), etc.

Réniformes (anth. reniformes), ou en forme de rein ; dans la digitale pourprée (*digitalis purpurea*), un grand nombre de *mimosa*, etc.

Tétragones (anth. tetragonæ) ayant la forme d'un prisme à quatre faces, comme celles de la tulipe (*tulipa gessneriana*).

'A son sommet, l'anthère peut être terminée de différentes manières ; ainsi elle est :

Aiguë (anth. apice acuta) dans la bourrache (*borrago officinalis*).

Bifide (anth. bifida), fendue à son sommet (ou à
sa base) en deux lobes étroits et écartés, comme dans
un grand nombre de Graminées.

Bicorne (anth. bicornis), terminée à son sommet par
deux cornes allongées ; comme dans l'airelle myrtille
(*vaccinium myrtillus*), la pyrole (*pyrola rotundifolia*).

Appendiculée (anth. appendiculata) , couronnée
d'appendices, dont la forme est très-variable , comme
dans l'aunée (*inula helenium*) ; le laurier-rose (*nerium
oleander*).

Les deux loges qui composent une anthère *biloculaire*, peuvent être soudées l'une à l'autre de différentes
manières.

1° Elles peuvent être réunies immédiatement l'une à
l'autre sans le secours d'aucun autre corps intermédiaire,
comme dans les Graminées. (Voy. pl. 6, fig .6 , 7 , 8).

Quand les deux loges sont réunies immédiatement,
elles peuvent offrir deux modifications différentes. En
effet, tantôt leur union a lieu par l'un de leurs côtés,
de manière que les deux sillons se trouvent encore
sur la même face et comme parallèles ; les loges sont
dites alors *apposées* (loculis appositis), comme dans
le lis, etc.

D'autres fois, au contraire, elles sont soudées par
la face opposée à leur sillon, en sorte que les deux
sillons se trouvent situés de chaque côté de l'anthère ;

16

les deux loges sont alors appelées *opposées* (loculis oppositis).

Mais cette disposition est moins fréquente que la première.

2° Elles peuvent être réunies médiatement par la partie supérieure du filet qui se prolonge entre elles, comme dans un grand nombre de Renoncules.

3° Enfin, elles peuvent être éloignées plus ou moins l'une de l'autre par un corps intermédiaire, manifestement distinct du sommet du filet; c'est à ce corps qu'on a donné le nom de *connectif* (connectivum), parce qu'il sert de moyen d'union entre les deux loges. (Voy. pl. 6, fig. 9, *a.*).

Le *connectif* n'est quelquefois apparent qu'au dos de l'anthère ; alors il est appelé *dorsal* comme on l'observe dans le lis, etc.

D'autrefois, il est apparent sur les deux faces de l'anthère, dont il écarte assez manifestement les deux loges, comme dans le *melissa grandiflora*, l'éphémère de Virginie, etc. (Pl. 6, fig. 9.)

Enfin, quelquefois le connectif est tellement grand, tellement développé, que ce n'est que par analogie qu'on le reconnaît; dans ce cas, il a reçu le nom de *connectif distractile*. Ainsi, par exemple, dans la sauge, ce connectif est sous forme d'un long filament recourbé, posé transversalement sur le sommet du filet ; à l'une de ses extrémités, on voit une des loges de l'anthère, remplie de pollen ; à l'autre extrémité se trouve la seconde loge, mais presque constamment avortée et à l'état rudimentaire.

Cette singulière conformation se retrouve également dans les Mélastomes, et plusieurs espèces de Labiées, et de Scrophularinées.

Chacune des loges d'une anthère, peut s'ouvrir de différentes manières, dans les divers genres de plantes, et les caractères tirés de cette déhiscence servent, dans quelque cas, à distinguer certains genres.

Le plus souvent, cette déhiscence a lieu par la suture du sillon longitudinal qui règne sur la surface de chaque loge ; dans ce cas, on dit que les loges sont : *longitudinaliter dehiscentes*, comme dans le lis , la tulipe et un grand nombre d'autres plantes.

La déhiscence peut avoir lieu par des *pores* ou des fentes situées dans différens points.

Ainsi, dans les *Erica* , les *Solanum* , etc. , chaque loge s'ouvre par un petit trou placé à son sommet (*locul. apice dehiscentes.*) (Voy. pl. 6 , fig. 7 , *a* , *a*).

Dans la *pyrole*, ce trou est placé à la partie inférieure (*locul. basi dehiscentes.*)

D'autres fois, ce sont des espèces de petites valvules, qui se soulèvent de la partie inférieure vers la supérieure , comme dans les lauriers , l'épine-vinette, l'*epimedium alpinum* , etc. (Voy. pl. 6 , fig. 8.)

Nous venons d'examiner jusqu'ici les anthères, libres de toute adhérence ; mais, aussi bien que les filets staminaux, elles peuvent se rapprocher et se souder entre elles, de manière à former une sorte de tube. Cette disposition remarquable se rencontre dans toute la vaste famille des Synanthérées, auxquelles on donnait autrefois le nom de plantes à *fleurs composées* ;

telles sont les chardons, les artichaux, les soucis, etc.
Linnæus a donné le nom de *syngénésie* à la classe de son
système dans laquelle sont réunies toutes les plantes à
anthères soudées latéralement, qu'il désignait aussi sous
le nom de *syngénèses*. (Voy. pl. 6, fig. 13.)

Il existe un grand nombre de plantes, dans lesquelles
les étamines, au lieu d'être libres, ou simplement
réunies ensemble par leurs filets ou leurs anthères,
font corps avec le pistil, c'est-à-dire qu'elles sont intimement soudées avec le style et le stigmate. C'est à
ces plantes qu'on a donné le nom de *gynandres*. (Voy.
pl. 6 , fig. 14.)

La coalescence des étamines n'a jamais lieu avec
l'ovaire. Ce ne sont que les filets et le style qui s'unissent, en sorte que les anthères et le stigmate sont portés
par un support commun, avec lequel ils se confondent.
C'est ce que l'on observe dans les Aristoloches, les Orchidées , les Zingibéracées , etc.

Dans les Orchidées, on donne le nom de *gynostème*
(gynostemium) au support commun du stigmate et
des anthères.

§ III. *Du Pollen*.

Le *pollen* est la substance qui sert à la fécondation.
Il se présente ordinairement sous l'apparence d'une
poussière très-fine , composée de petits grains d'une
extrême ténuité.

Examinés à une forte loupe, ces grains offrent des
formes très-variées. Tantôt, en effet, ils sont sphéroïdaux, comme dans la mauve, l'*hibiscus*, beaucoup de

Synanthérées ; allongés, comme dans les Ombellfères ;
polyèdres, comme dans le salsifix, etc.

Ces molécules polliniques paraissent être des espèces
de petites utricules, dans l'intérieur desquelles est contenu un fluide particulier de la nature des huiles volatiles. Quand on projette un grain de pollen sur l'eau, et
qu'on l'examine avec attention, on le voit se renfler
insensiblement, et finir par se rompre. Au moment où
il se déchire, il en sort une certaine quantité de matière fluide, qui se répand à la surface de l'eau, et y
forme une espèce de petit nuage azuré. C'est à cette
liqueur que l'on attribue généralement la propriété
fécondante du pollen.

Mais le pollen n'offre pas toujours cette apparence
pulvérulente. Au lieu d'être sous forme de petits grains
isolés, il est quelquefois en masses solides plus ou moins
considérables. Ainsi, dans un grand nombre de genres
de la famille des Apocinées, tels que les *asclepias*, les
periploca, etc., et surtout dans la famille des Orchidées,
le pollen présente des modifications très-remarquables.

Dans plusieurs genres de ces deux familles, tout
le pollen contenu dans une loge est réuni en un corps
qui a la même forme que la loge dans l'intérieur de
laquelle il est contenu. On donne à ce pollen ainsi
réuni, le nom de *masse pollinique* (massa pollinica).
Quand ces masses sont partagées en plusieurs autres
masses plus petites, on appelle ces dernières *des mas-
settes* (massulæ). Les masses polliniques des Orchidées
sont tantôt formées de grains solides réunis ensemble
par une sorte de réseau élastique ; on les appelle alors

masses sectiles (massæ sectiles), comme dans les genres *orchis*, *ophrys*. D'autres fois, elles sont tout-à-fait *granuleuses* (massæ granulosæ); telles sont celles des genres *epipactis*, *loroglossum*, etc. Enfin, elles sont quelquefois d'une substance solide et compacte (massæ solidæ), comme dans les genres *corallorhiza*, *malaxis*. Ces trois formes ne se trouvent jamais réunies ni confondues dans un même genre.

Le pollen, projeté sur des charbons ardens, brûle, s'enflamme avec rapidité. Dans beaucoup de plantes il répand une odeur qui a l'analogie la plus frappante avec la substance à laquelle on le compare dans les animaux, comme on l'observe très-bien dans le châtaignier, l'épine-vinette, etc.

CHAPITRE IX.

DU PISTIL OU ORGANE SEXUEL FEMELLE.

Le *pistil*, comme nous l'avons déjà vu précédemment, est l'organe sexuel femelle dans les végétaux. Il occupe presque constamment le centre de la fleur, et se compose de trois parties, savoir : 1° de l'*ovaire*, 2° du *style*, 3° du *stigmate*.

Ordinairement on ne rencontre qu'un seul *pistil* dans une fleur, comme dans le lis, la jacinthe, le pavot, etc.

D'autres fois, il y en a plusieurs dans la même fleur comme dans la rose, les Renoncules, etc.

Le pistil ou les pistils, lorsqu'il y en a plusieurs, sont

souvent attachés à un prolongement particulier du réceptacle, auquel on donne le nom de *gynophore.*

Il ne faut pas confondre le *gynophore* avec le *podogyne*, amincissement de la base de l'ovaire qui élève un peu le pistil au-dessus du fond de la fleur. Le *gynophore* en effet n'appartient pas essentiellement au pistil; il reste au fond de la fleur, quand celui-ci vient à s'en détacher. Le *podogyne*, au contraire, qui fait partie du pistil, l'accompagne dans toutes les époques de son développement. Il y a un *gynophore* dans le fraisier, le framboisier, et un *podogyne* dans le caprier, le pavot, etc.

Lorsqu'il y a plusieurs pistils dans une fleur, il n'est pas rare de voir le *gynophore* devenir épais et charnu : c'est ce qu'on observe d'une manière très-manifeste dans le framboisier et surtout le fraisier. La partie de la fraise, qui est pulpeuse, sucrée, et que nous mangeons, n'est qu'un *gynophore* très-développé : les petits grains brillans qui la recouvrent, sont autant de pistils. Il est facile de reconnaître la nature de ces différentes parties et d'en suivre les développemens successifs dans la fleur.

La *base* du pistil est toujours représentée par le point au moyen duquel il s'attache au réceptacle.

Le sommet, au contraire, correspond toujours au point où les styles ou bien le stigmate sont insérés sur l'ovaire. Comme quelquefois cette insertion a lieu latéralement, on conçoit que le *sommet organique* de l'ovaire ne répond pas toujours à son *sommet géométrique.* Ce dernier, en effet, est le point le plus élevé

par lequel passe une ligne qui traverse l'ovaire dans
sa partie centrale.

§ I. *De l'ovaire.*

L'ovaire (ovarium) occupe presque toujours la partie inférieure du pistil. Son caractère essentiel est de
présenter, quand on le coupe longitudinalement ou en
travers, une ou plusieurs cavités, nommées *loges*, dans
lesquelles sont contenus les rudimens des graines ou
les *ovules*. C'est dans l'intérieur de l'ovaire que les
ovules acquièrent tout leur développement, et se changent en *graines*. Cet organe peut donc être considéré,
sous le rapport de ses fonctions, comme l'analogue de
l'ovaire et de l'utérus, dans les animaux.

La forme la plus générale et la plus habituelle de
l'ovaire, est d'être ovoïde ; cependant il est plus ou
moins comprimé et allongé dans certaines familles
de plantes, comme dans les Crucifères, les Légumineuses, etc.

L'ovaire est le plus souvent *libre* au fond de la fleur ;
c'est-à-dire que sa base correspond au point du réceptacle, où s'insèrent également les étamines et les enveloppes florales, comme on le voit dans la jacinthe,
le lis, la tulipe, etc. (Voy. pl. 6, fig. 1, 3.)

Mais quelquefois on ne rencontre pas l'ovaire dans
le fond de la fleur, il est placé entièrement au-dessous
du point d'insertion des autres parties ; c'est-à-dire
que, faisant corps par tous les points de sa périfério
avec le tube du calice, son sommet seul se trouve libre

au fond de la fleur. Dans ce cas, l'ovaire a été appelé *infère* (ovarium inferum), pour le distinguer de celui où étant libre, il porte le nom d'ovaire *supère* (ovarium superum), les Iris, les Narcisses, les Myrtes, les groseillers, etc., ont un ovaire infère. (Voy. pl. 6, fig. 4.)

Lors donc qu'au fond d'une fleur on ne trouvera pas l'ovaire, mais que le centre en sera occupé par un style et un stigmate, on devra examiner si au-dessous du fond de cette fleur, on ne voit pas un renflement particulier, distinct du sommet du pédoncule. Si ce renflement, coupé en travers, offre une ou plusieurs cavités, contenant des ovules, on sera dans la certitude qu'il existe un ovaire infère.

La position de l'ovaire, *infère* ou *supère*, fournit les caractères les plus précieux, pour le grouppement des genres en familles naturelles.

Toutes les fois que l'ovaire est infère, le calice est nécessairement *monosépale*, puisque son tube est intimement uni avec la périférie de l'ovaire.

Quelquefois l'ovaire n'est pas entièrement infère, c'est-à-dire qu'il est libre, par son tiers, sa moitié ou ses deux tiers supérieurs. Le genre Saxifrage offre ces différentes nuances.

Mais il est une position de l'ovaire, qui, presque toujours confondue avec l'ovaire infère, mérite cependant d'en être distinguée. C'est dans le cas où plusieurs pistils réunis dans une fleur sont attachés à la paroi interne d'un calice très-resserré à sa partie supérieure, en sorte qu'au premier coup-d'œil il représente [un ovaire infère. Ces ovaires reçoivent [alors le nom de *pariétaux* (ovaria parietalia), comme dans la rose, et un grand nombre d'autres Rosacées. (Voy. pl. 6, fig. 2.)

L'ovaire *infère* étant celui qui fait corps par tous les points de sa périférie avec le tube du calice, il découle de là une loi générale, à laquelle on n'a point fait attention : c'est que la position infère de l'ovaire exclut nécessairement la multiplicité des pistils dans la même fleur. En effet, dans le cas d'ovaires pariétaux, on voit qu'ils ne touchent au calice que par un seul point : il est de toute impossibilité que cet organe en enveloppe plusieurs par toute leur périférie. Il suit donc de là que ces ovaires ne sont pas infères, mais seulement pariétaux, puisqu'ils ne font pas corps par tous les points de leur périférie avec le tube du calice. Cette modification mérite d'être signalée.

L'ovaire est *sessile* au fond de la fleur (ovarium sessile), quand il n'est élevé sur aucun support particulier, comme dans le lis, la jacinthe, etc. (Voy. pl. 6, fig. 1 et 3.)

Il peut être *stipité* (ovarium stipitatum), quand il est porté sur un gynophore très-allongé, comme dans le caprier (*capparis spinosa*).

Coupé transversalement, l'ovaire offre souvent une seule cavité intérieure, ou *loge* contenant les *ovules*. Il est dit alors *uniloculaire* (ovarium uniloculare), comme celui de l'amandier, du cerisier, de l'œillet, etc.

On l'appelle *biloculaire* (ovarium biloculare), quand il est composé de deux loges; par exemple, dans le lilas, la linaire, la digitale, etc.

Triloculaire (ovarium triloculare); tel est celui du lis, de l'iris, de la tulipe, etc. (Voy. pl. 6, fig. 5.)

Quadriloculaire (ovarium quadriloculare), comme dans le *sagina procumbens*.

Quinquéloculaire (ovarium quinqueloculare), comme dans le lierre (*hedera helix*).

Multiloculaire (ovarium multiloculare), quand il présente un grand nombre de loges : Ex. le nénuphar.

Mais chaque loge peut contenir un nombre d'*ovules* plus ou moins considérable. Ainsi, il y a des loges qui ne renferment jamais qu'un seul ovule : on les appelle *uniovulées* (loculo uniovulato), comme dans les Graminées, les Synanthérées, les Labiées, les Ombellifères, etc.

D'autres fois, chaque loge contient deux ovules, c'est-à-dire qu'elle est *biovulée* (loculo biovulato). Dans le cas où chaque loge d'un ovaire renferme deux ovules seulement, il est très-important d'étudier leur position respective. Tantôt en effet, les deux ovules naissent d'un même point et à la même hauteur; dans ce cas, ils sont dits *apposés* (ovulis appositis), comme dans les Euphorbiacées. D'autres fois, au contraire, ils naissent l'un au-dessus de l'autre, on les appelle alors *surposés* (ovulis superpositis), comme dans le *tamus communis*.

On dit au contraire qu'ils sont *alternes* (ovulis alternis), lorsque les points d'attache des ovules ne sont pas sur le même plan, quoique les ovules se touchent latéralement : par exemple, dans le pommier, le poirier, etc.

Nous reviendrons plus en détail sur les différentes positions des ovules entre eux, et relativement à l'ovaire, en parlant de la graine.

Quelquefois enfin, chaque loge d'un ovaire renferme un nombre très-considérable d'ovules, comme dans le tabac, le pavot, etc.; mais ces ovules peuvent être disposés de diverses manières. Ils sont assez souvent superposés régulièrement les uns au-dessus des autres, sur une ligne longitudinale, comme dans l'aristoloche (*aristolochia sypho*). On les appelle *unisériés* (ovulis uniseriatis). D'autres fois, ils sont disposés sur deux lignes longitudinales : ils sont *bisériés*, comme dans les Iris, le lis, la tulipe, etc.

Quelquefois ils sont épars et sans ordre, comme dans le nénuphar, (*nymphœa alba*). D'autrefois, ils sont *conglobés*, ou réunis et serrés les uns contre les autres, de manière à former un globe, comme dans un grand nombre de Caryophyllées.

Les ovules fécondés deviennent des graines; mais il arrive fréquemment qu'un certain nombre d'ovules avortent constamment dans le fruit. Quelquefois même plusieurs cloisons se détruisent et disparaissent. Il est donc essentiel de rechercher dans l'ovaire la véritable structure du fruit. C'est par ce moyen seul qu'on peut rapprocher les uns des autres dans la série des ordres naturels, certains genres qui, au premier coup d'œil, s'éloignent beaucoup par la structure de leurs fruits, et la disposition de leurs graines.

§ II. *Du Style.*

Le *style* (stylus) est ce prolongement filiforme du sommet de l'ovaire, qui supporte le stigmate. (Voy. pl. 6, fig. 1, 3.) Quelquefois il manque entièrement ; et alors le stigmate est *sessile*, comme dans le pavot, la tulipe, etc.

L'ovaire peut être surmonté d'un seul style, comme dans le lis, les Légumineuses ; de deux styles, comme dans les Ombellifères ; de trois styles, comme dans la viorne (*viburnum lantana*), le sureau (*sambucus nigra*), etc. Il y a quatre styles sur l'ovaire, dans le *parnassia ;* cinq dans le *statice*, le lin, etc.

Dans d'autres cas, au contraire, il n'y a qu'un seul style pour plusieurs ovaires, comme dans les Apocynées, etc.

Presque toujours le style occupe la partie la plus élevée, c'est-à-dire le sommet géométrique de l'ovaire comme dans les Crucifères, les Liliacées, etc. On l'appelle alors *style terminal* (stylus terminalis).

On le nomme *latéral* (stylus lateralis), quand il naît des parties latérales de l'ovaire, comme dans la plupart des Rosacées, le *daphne*, etc. Il indique alors le sommet organique de l'ovaire, qui, dans ce cas, est différent du sommet géométrique.

Dans quelques circonstances beaucoup plus rares, le style paraît naître de la base de l'ovaire. On lui a donné le nom de style basilaire (*stylus basilaris*), comme dans l'alchimille (*alchimilla vulgaris*), l'arbre à pain (*artocarpus incisa*).

Quelquefois encore, le style, au lieu de naître sur

l'ovaire, semble partir du réceptacle, comme dans les Labiées, certaines Borraginées, etc.

Le style peut être *inclus* (stylus inclusus), c'est-à-dire renfermé dans la fleur, de manière à n'être pas visible à l'extérieur, comme dans le lilas, (*syringa vulgaris*), le jasmin (*jasminum officinale*), etc.

Il peut être *saillant* (stylus exsertus), comme dans la valérianne rouge (*centranthus ruber*).

Les formes du style ne sont pas moins nombreuses que celles des autres organes que nous avons étudiés jusqu'ici. En effet, quoique le plus généralement il soit grêle et filiforme, cependant il offre, dans certains végétaux, une apparence tout-à-fait différente. Ainsi, il est trigone (*stylus trigonus*) dans l'*ornithogalum luteum*, le *lilium bulbiferum*, etc.

Il est *claviforme*, ou en massue (stylus claviformis) dans le *leucoium æstivum*.

Il est *creux* (stylus fistulosus) dans le lis (*lilium candidum*).

Pétaloïde (stylus petaloïdeus) large, mince, membraneux, coloré à la manière des pétates, dans les Iris, etc., etc.

Suivant sa direction, relativement à l'ovaire, il est *vertical* dans le lis.

Ascendant (stylus ascendens), formant un arc dont la convexité est tournée vers le haut de la fleur, comme dans la sauge et plusieurs autres Labiées.

Décliné (stylus declinatus) (1) , lorsqu'il s'abaisse

---

(1) Assez souvent les étamines et le pistil sont *déclinés* dans la

vers la partie inférieure de la fleur, comme dans le dictame blanc (*dictamnus albus*), certaines Labiées et Légumineuses.

Le style peut être *simple* (stylus simplex), et sans aucune division, comme dans la pervenche, le lis.

Il est *bifide* dans le groseiller rouge (*ribes rubrum*), *trifide*, dans le glayeul (*gladiolus communis*); *quinquéfide*, dans l'*hibiscus*; *multifide*, comme dans la mauve, suivant qu'il est fendu en deux, trois, cinq, ou un grand nombre de divisions peu profondes.

Si, au contraire, ces divisions sont très-profondes, et atteignent jusqu'au-dessous de son milieu, il est dit alors *biparti*, comme dans le groseiller à maquereau (*ribes grossularia*) Voy. pl. 6, fig. 4.), *triparti*, *quinquéparti*, *multiparti*, etc., suivant le nombre de ses divisions.

Le style est quelquefois comme articulé avec le sommet de l'ovaire, en sorte qu'il tombe après la fécondation; on lui donne le nom de *caduc* (stylus caducus) : dans ce cas, il n'en reste aucune trace sur l'ovaire, comme dans la cerise, la prune, etc. D'autres fois, au contraire, il est *persistant* (stylus peristens), quand il survit à la fécondation : ainsi, dans les Crucifères, le buis, les Anémones, les Clématites, le style persiste et fait partie du fruit.'

Enfin, quelquefois non-seulement il persiste; mais il prend encore de l'accroissement après la féconda-

---

même fleur : on dit alors que les organes sexuels sont *déclinés* (genitalia declinata), comme dans la fraxinelle.

tion, comme dans les Pulsatiles, les Clématites, la bénoîte, etc.

§ III. *Du stigmate.*

Le *stigmate* (stigma) est cette partie du pistil, ordinairement glandulaire, placée au sommet de l'ovaire ou du style, qui est destinée à recevoir l'impression de la substance fécondante. Sa surface est en général inégale et plus ou moins visqueuse.

Le nombre des *stigmates* est déterminé par celui des styles ou des divisions du style. En effet, il y a toujours autant de stigmates que de styles distincts ou de divisions manifestes au style.

Le stigmate est *sessile*, c'est-à-dire immédiatement attaché au sommet de l'ovaire, quand le style manque, comme dans le pavot, la tulipe.

Il n'y a qu'un seul stigmate dans les Crucifères, les Légumineuses, les Primulacées, etc.

Il y en a *deux* dans les Ombellifères et un grand nombre de Graminées.

On en trouve *trois* dans les Iridées, le *silene*, la rhubarbe, les *Rumex*, etc.

Il y en a *cinq* dans le lin; *six* et même un nombre plus considérable dans beaucoup d'autres plantes, telle que la mauve.

Le *stigmate* est le plus souvent *terminal* (stigma terminale), c'est-à-dire situé au sommet du style ou de l'ovaire, comme dans le lis, le pavot, etc. (Voy. pl. 6, fig. 1, 3).

Il est *latéral*, (stigma laterale), quand il occupe les

côtés du style ou de l'ovaire, quand le style n'existe pas, comme dans les Renonculacées, le platane, etc.

Selon la *substance* qui le constitue, il est *charnu* (**stigma** carnosum), quand il est épais, ferme et succulent, comme celui du lis.

Glandulaire (stigma glandulare), quand il est évidemment formé de petites glandes plus ou moins rapprochées.

Membraneux (stigm. membranaceum), quand il est aplati et mince.

Pétaloïde, quand il est mince, membraneux et coloré à la manière des pétales, comme dans les Iris, etc.

Suivant *sa forme*, le stigmate peut être *globuleux* ou *capité* (globosum, capitatum), arrondi en forme de petite tête : la primevère (*primula veris*), la belladone (*atropa belladona*), la belle - de - nuit (*nyctago hortensis*).

Hémisphérique (stigma hemisphericum), présentant la forme d'une demi-sphère, comme dans la jusquiame jaune (*hyosciamus aureus*).

Discoïde(stigma discoïdeum) aplati, large et en forme de bouclier, comme dans le pavot, le coquelicot, etc.

Claviforme ou en massue (stigm. clavatum), dans le *jasione montana*, etc.

Capillaire ou filiforme (stigm. capillare, filiforme), grèle et très-allongé, comme dans le maïs ou blé de Turquie.

Linéaire (stigma lineare), étroit et allongé, comme dans les campanules et beaucoup de Caryophyllées.

Trigone (stigma trigonum), ayant la forme d'un

risme à trois faces, comme dans la tulipe sauvage (*tulipa sylvestris*).

Trilobé (trilobum), formé de trois lobes arrondis, comme dans le lis. (Voy. pl. 6, fig. 1.)

Étoilé (stigm. stellatum), plane et découpé en lobes à la manière d'une étoile, comme dans les Ericinées, la pyrole, etc.

Ombiliqué (stigma umbilicatum), offrant dans son centre une dépression plus ou moins profonde, comme dans le lis, la *viola rothomagensis*, etc.

Sémiluné ou en croissant (stigma semilunatum), comme dans la fumeterre jaune (*corydalis lutea*).

De même que le style, le stigmate peut être *simple* et *indivis*, comme dans la bourrache (*borrago offici-nalis*), la primevère, etc.

Bifide (stigm. bifidum), partagé en deux divisions étroites, comme dans la sauge, et le plus grand nombre des Labiées, des Synanthérées, etc.

Trifide (stigma trifidum), dans la camelée (*cneorum tricoccum*), les narcisses, etc.

Quadrifide (stigm. quadrifidum), dans la dentelaire (*plumbago europæa*), etc.

Multifide (stigm. multifidum), quand le nombre de ses divisions est plus considérable.

Il est *bilamellé* (stigma bilamellatum), formé de deux lames mobiles l'une sur l'autre, dans le *mimulus*. (Voy. pl. 6, fig. 3.)

Suivant sa direction, on dit du stigmate qu'il est :

Dressé (stigma erectum), lorsqu'il est allongé et dirigé suivant l'axe de la fleur.

Oblique (stigma obliquum), quand il se dirige obliquement par rapport à l'axe de la fleur.

Tors, roulé en tire-bourre, comme dans la *nigella hispanica*, etc.

La superficie du stigmate est tantôt *glabre*, tantôt *veloutée*, comme dans le *chelidonium glaucium*, le *mimulus aurantiacus*, etc. Elle est pubescente dans le platane.

Le stigmate est *plumeux* (stigm. plumosum), quand il est filiforme et que de chaque côté il offre une rangée de poils, disposés comme les barbes d'une plume ; exemple, beaucoup de Graminées.

Pénicelliforme (stigm. penicelliforme) ou en forme de pinceau, quand les poils sont rassemblés par petites touffes ou bouquets, et constituent des espèces de houpes ou de pinceaux, comme dans les *triglochin maritimum*, etc.

Nous venons d'examiner et de faire connaître les organes de la floraison, savoir : le pistil, les étamines, et les enveloppes florales. Nous avons remarqué que l'essence de la fleur réside uniquement dans la présence des organes sexuels, et que le calice et la corolle ne doivent être considérés que comme purement accessoires, c'est-à-dire servant seulement à favoriser l'exercice des fonctions que la nature a confiées à la fleur, mais n'y concourant qu'indirectement. Aussi les voit-on manquer assez fréquemment sans que leur absence paraisse avoir aucune influence sur les phénomènes et l'action réciproque des organes sexuels.

Les enveloppes florales semblent donc avoir pour principal usage, de protéger les organes de la génération jusqu'à leur parfait accroissement, c'est-à-dire jusqu'à l'époque où ils sont propres à la *fécondation*.

Avant d'exposer les phénomènes curieux et intéressans de cette importante fonction, revenons encore à quelques considérations générales sur la fleur.

On a donné le nom d'*anthèse* à l'ensemble des phénomènes qui se manifestent au moment où toutes les parties d'une fleur ayant acquis leur entier développement, s'ouvrent, s'écartent et s'épanouissent.

Toutes les plantes ne fleurissent pas à la même époque de l'année. Il existe à cet égard des différences extrêmement remarquables, qui tiennent à la nature même de la plante, à l'influence plus ou moins vive du calorique et de la lumière, et enfin à la position géographique du végétal.

Les fleurs sont un des plus beaux ornemens de la nature. Si elles s'étaient montrées toutes dans la même saison, et à la même époque, elles eussent disparu trop tôt, et les végétaux seraient restés trop long-temps sans parure.

L'hiver même, malgré ses frimats, voit éclore des fleurs. Les *galanthus nivalis*, les *leucoium*, les helle-bores, les *daphne*, poussent et développent leurs fleurs quand la terre est encore couverte de neige. Mais ces exemples ne sont en quelque sorte que des exceptions. Le froid en effet paraît s'opposer au développement et à l'épanouissement des fleurs, tandis qu'une chaleur douce et modérée les favorise et les entretient.

Aussi voyons-nous régner en quelque sorte un printemps perpétuel, et la terre se couvrir toujours de fleurs nouvelles, dans les pays où la température se maintient toute l'année dans un terme moyen.

Dans nos climats tempérés, c'est au printemps, quand une chaleur douce et vivifiante a remplacé les rigueurs de l'hiver, qu'écartant insensiblement leurs enveloppes, les fleurs se montrent et s'épanouïssent a nos yeux. Les mois de mai et de juin, dans nos climats, sont ceux qui voient éclore le plus de fleurs.

Suivant la saison durant laquelle elles développent leurs fleurs, les plantes ont été distinguées en quatre classes, savoir en :

1° *Printanières* (plantæ vernales , vernæ), celles qui fleurissent pendant les mois de mars, avril, et mai : telles sont les violettes, les primevères, etc.

2° *Estivales* (plantæ æstivales), celles qui fleurissent depuis le mois de juin jusqu'à la fin d'août : la plupart des plantes sont dans ce cas.

3° *Automnales* (plantæ autumnales), celles qui poussent et développent leurs fleurs depuis le mois de septembre jusqu'en décembre. Tels sont beaucoup d'*Aster*, le colchique (*colchicum autumnale*, le *chrysanthemum indicum*, etc.)

4° *Hibernales* (pl. hibernales, hibernæ), toutes celles qui fleurissent depuis le milieu de décembre environ, jusqu'à la fin de février. Telles sont un grand nombre de Mousses, de Jungermanes, le *galanthus nivalis*, l'*helleborus niger*, etc.

C'est d'après la considération de l'époque à laquelle

les différentes plantes produisent leurs fleurs que Linnæus a établi son *Calendrier de Flore* (1). En effet il y a un grand nombre de végétaux dont les fleurs paraissent toujours à la même époque de l'année, et d'une manière réglée. Ainsi, sous le climat de Paris, l'héllébore noir fleurit en janvier; le coudrier, le *daphne mezereum* en février; l'amandier, le pêcher, l'abricotier, en mars; les poiriers, les tulipes, les jacinthes, en avril; le lilas, les pommiers en mai, etc.

Non-seulement les fleurs se montrent à des époques différentes de l'année, dans les divers végétaux, mais il en est encore un grand nombre qui s'ouvrent et se ferment à des heures déterminées de la journée; quelques-unes même ne s'épanouissent que pendant la nuit. De là on distingue les fleurs en *diurnes* et en *nocturnes*. Ces dernières sont bien moins nombreuses que les premières. Ainsi, la belle-de-nuit (*nyctago hortensis*) n'ouvre ses fleurs que quand le soleil s'est caché derrière l'horizon.

Certaines fleurs même ont l'habitude de s'ouvrir et de se fermer à des heures assez fixes de la journée, pour pouvoir annoncer d'après elles à quelle heure à peu près on se trouve. Linnæus, si ingénieux à saisir tous les points de vue intéressans sous lesquels on pouvait considérer les fleurs, s'est servi de ces époques bien connues de l'épanouissement de quelques espèces, pour former un tableau auquel il a donné le nom d'*Horloge*

______

(1) Voyez, à la fin de cet ouvrage, le tableau de la floraison sous le climat de Paris, d'après M. De Lamark.

de Flore (1). Les plantes en effet y sont rangées suivant l'heure à laquelle leurs fleurs s'épanouissent.

Les différens météores atmosphériques paraissent avoir une influence marquée sur la fleur de certains végétaux. Ainsi le *calendula pluvialis* ferme sa fleur quand le ciel se couvre de nuages, ou qu'un orage menace d'éclater. Le *sonchus sibiricus*, au contraire, ne s'ouvre et ne s'épanouit, que quand le temps est brumeux, et l'atmosphère chargée de nuages.

La lumière plus ou moins vive du soleil paraît être une des causes qui agissent le plus efficacement sur l'épanouissement des fleurs. En effet, son absence détermine dans les fleurs, comme dans les feuilles des plantes de la famille des Légumineuses, une sorte de sommeil. Par des expériences extrêmement ingénieuses, mon ami Bory de Saint-Vincent est parvenu à faire fleurir certaines espèces d'*oxalis*, dont les fleurs ne s'étaient jamais épanouies naturellement, en les éclairant vivement pendant la nuit, et réunissant sur elles les rayons lumineux au moyen d'une lentille.

La durée des fleurs présente encore des différences très-notables. Quelques-unes s'épanouissent le matin, et sont fanées avant la fin de la journée ; on leur a donné le nom d'*éphémères*. Tels sont la plupart des Cistes, le *tradescentia virginiana*, quelques *cactus*, etc. D'autres, au contraire, brillent du même éclat pendant plusieurs jours, et souvent même pendant plusieurs semaines.

____

(1) Voyez ce tableau à la fin de l'ouvrage.

Enfin, il est quelques fleurs dont la couleur varie aux différentes époques de leur développement. Ainsi l'*hortensia* commence par avoir des fleurs vertes ; petit à petit elles prennent une belle couleur rose, qui, avant qu'elles ne soient entièrement fanées, deviennent d'une teinte bleue, plus ou moins intense.

CHAPITRE X.

DES NECTAIRES.

Sous la dénomination générale de *nectaires* (nectaria), Linnæus a désigné non-seulement les corps glanduleux que l'on observe dans certaines fleurs, où ils sécrètent une humeur mielleuse et nectarée, mais encore toutes les parties de la fleur qui, présentant des formes irrégulières et insolites, lui semblaient ne point appartenir aux organes floraux proprement dits, c'est-à-dire ni au pistil, ni aux étamines, ni aux enveloppes florales.

On conçoit facilement combien l'extension considérable donnée à ce mot a dû jetter de vague sur sa véritable signification ; à tel point, qu'il est tout-à-fait impossible de donner une définitition rigoureuse du mot de *nectaire*, tel que Linnæus l'a entendu. Quelques exemples viendront à l'appui de notre assertion.

Toutes les fois qu'un des organes constituans de la fleur offrait quelqu'irrégularité dans sa forme, dans son développement, ou quelque altération de sa phy-sionomie habituelle, Linnæus lui donnait le nom de nectaire. On pense bien qu'il a dû décorer de ce nom une foule d'organes très-différens les uns des autres.

Ainsi dans l'ancolie Linnæus décrit cinq nectaires en forme d'éperons recourbés et pendans entre les cinq sépales; dans les *delphinium* il en existe deux qui se prolongent en pointe à leur partie postérieure et sont contenus dans l'éperon que l'on observe à la base du sépale supérieur; dans les hellebores on en trouve un grand nombre qui sont tubuleux et comme à deux lèvres. Or ces prétendus nectaires des helle-bores, des ancolies, et en général de tous les autres genres de la famille des Renonculacées, ne sont rien autre chose que les pétales.

Dans la capucine le nectaire est un éperon qui part de la base du calice; dans les Linaires ce nectaire ou éperon est un prolongement de la base de la corolle. Il en est de même dans la violette, la balsamine, etc.

Linnæus a aussi donné le nom de nectaires à des amas de glandes, placés dans différentes parties de la fleur. Aussi a-t-il confondu sous ce nom les disques, comme dans les Crucifères, les Ombellifères, les Ro-sacées, etc. Dans le lis, le nectaire est sous la forme d'un sillon glanduleux placé à la base interne des divi-sions du calice; dans les Iris c'est un bouquet de poils glanduleux qui règne sur le milieu des divisions ex-ternes du calice.

Dans les Graminées le nectaire se compose de deux petites écailles, de forme très-variée, situées d'un côté de la base de l'ovaire. Ces deux écailles ou paléoles forment la *glumelle*, organe qui n'effectue aucune sécrétion. Dans les Orchidées on a appelé nectaire la division inférieure et interne du calice, que d'autres botanistes, et Linnæus lui-même ont désignée sous le nom de labelle.

Nous pourrions encore multiplier le nombre des exemples de genres où l'on a fait mention de nectaire. Mais ceux que nous avons cités suffisent pour faire voir combien ce mot est vague et peu défini dans la langue botanique, puisqu'on l'a appliqué tour à tour à des pétales, à des calices, à des étamines, à des pistils avortés et difformes, à des disques hypogyne, périgyne et épigyne.

Si l'on voulait conserver cette expression de nectaire, nous pensons qu'il faudrait exclusivement la réserver pour les amas de glandes situés sur les différentes parties de la plante et destinés à sécréter un liquide mielleux et nectaré, en ayant soin toutefois de ne pas confondre ce corps avec les différentes espèces de disque, qui ne sont jamais des organes sécréteurs. Par ce moyen on ferait cesser le vague et la confusion que ce mot entraîne avec lui, et on le rendrait à sa véritable signification.

CHAPITRE XI.

DE LA FÉCONDATION.

La découverte de l'organe mâle et de l'organe femelle dans les végétaux a ouvert un nouveau champ à l'observation, en faisant étudier les phénomènes de l'action qu'ils exercent l'un sur l'autre. Ce n'est que depuis cette époque que l'on a bien connu le mécanisme de la fécondation. Cependant remarquons ici que les grandes vérités utiles à l'homme, ont de tout temps, été pressenties, en quelque sorte par un instinct particulier, par ceux même qui n'auraient pu en donner aucune explication. Ainsi, quoique la découverte du sexe dans les végétaux ne remonte point à plus de deux siècles, cependant de temps immémorial, les habitans de l'Arabie avaient remarqué que, pour que le dattier et le pistachier pussent fructifier, il était nécessaire qu'ils se trouvassent rapprochés des individus sur lesquels ils n'avaient jamais vu de fruits. Aussi, allaient-ils souvent chercher à de grandes distances des rameaux de fleurs mâles, pour les secouer sur les fleurs femelles, qui alors se convertissaient en fruits parfaits. Mais ils ignoraient entièrement la cause de ces phénomènes, n'ayant aucune idée de la présence des sexes dans les végétaux.

Il nous est aussi impossible de connaître le mécanisme de la fécondation dans les plantes que dans les animaux. Nous savons seulement que l'organe femelle est fécondé ; que les ovules ou rudimens des graines, renfermés dans l'intérieur de l'ovaire, deviennent aptes à se développer et à reproduire plus tard des individus parfaitement semblables, toutes les fois que le pollen, renfermé dans les loges de l'étamine, a exercé son influence sur le stigmate. Mais de quelle nature est cette influence ? comment agit-elle pour féconder les ovules ? L'état actuel de nos connaissances ne nous a pas encore fourni les moyens de pouvoir résoudre ces questions. La fécondation, comme toutes les fonctions qui dépendent de l'action vitale, est couverte d'un voile, que l'homme n'est point encore parvenu à soulever entièrement ; son mécanisme échappe à nos moyens d'investigation. Il nous est impossible de la suivre dans sa marche, et nous ne la connaissons que par les effets qu'elle produit.

Ici, comme dans ses autres ouvrages, nous avons lieu d'admirer la prévoyance de la nature et la perfection qu'elle sait donner aux instrumens qu'elle emploie. Les animaux, doués de la faculté de se mouvoir, pouvant se porter à volonté d'un lieu dans un autre, ont en général les organes de la génération séparés sur deux individus. Le mâle, à des époques déterminées, excité par un sentiment intérieur, recherche sa femelle et s'en rapproche.

Les végétaux, au contraire, privés de cette faculté locomotrice, attachés irrévocablement au lieu qui les a vu naître, devant y croître et y mourir, ont en gé-

néral les deux organes sexuels réunis, non-seulement
sur le même individu, mais le plus souvent encore
dans la même fleur. Aussi l'hermaphroditisme est-il très-
commun dans les végétaux.

Cependant il en est quelques-uns qui, au premier
coup-d'œil, sembleraient ne pas se trouver dans des
circonstances aussi favorables, et dans lesquels la fécondation paraîtrait avoir été abandonnée par la nature aux chances du hasard. On voit que je veux parler
des végétaux monoïques et dioïques. Ici en effet les
deux organes sexuels sont éloignés l'un de l'autre, et
souvent à des distances considérables. Mais admirons
encore la nature au lieu de l'accuser. Les animaux ayant
la substance fécondante liquide, l'organe mâle doit
agir directement sur l'organe femelle, pour pouvoir le
féconder. Si dans les végétaux, cette substance eût été
de même nature que dans les animaux, nul doute que
la fécondation n'eût éprouvé les plus grands obstacles
dans les plantes monoïques et dioïques. Mais chez eux
le pollen est sous forme d'une poussière, dont les molécules, légères et presque imperceptibles, sont transportées, par l'air atmosphérique et les vents, à des
distances souvent inconcevables.

Remarquons encore que le plus souvent, dans les
plantes monoïques, les fleurs mâles sont situées vers la
partie supérieure du végétal, en sorte que le pollen
en s'échappant des loges de l'anthère, tombe naturellement et par son propre poids sur les fleurs femelles,
placées au-dessous des premières.

Les fleurs hermaphrodites sont sans contredit celles

dans lesquelles toutes les circonstances accessoires sont les plus favorables à la fécondation. Les deux organes sexuels en effet se trouvent réunis dans la même fleur. Cette fonction commence nécessairement à s'opérer à l'instant où les loges de l'anthère s'ouvrent pour mettre le pollen en liberté. Il est des plantes dans lesquelles la déhiscence des anthères, et par conséquent la fécondation, s'opère avant le parfait épanouissement de la fleur. Mais dans le plus grand nombre des végétaux ce phénomène n'a lieu qu'après que les enveloppes florales se sont ouvertes et épanouies. Dans certaines fleurs hermaphrodites, la longueur ou la brièveté des étamines, par rapport au pistil, semblerait d'abord un obstacle à la fécondation. Mais, comme le remarque ingénieusement Linnæus, quand les étamines sont plus longues que le pistil, les fleurs sont en général dréssées. Elles sont au contraire renversées dans celles où les étamines sont plus courtes que le pistil. Nous n'avons pas besoin de faire remarquer combien une semblable disposition est favorable à l'acte de la fécondation. Quand les étamines sont aussi longues que les pistils, les fleurs sont indistinctement dréssées ou pendantes.

Pour favoriser l'émission du pollen et le mettre en contact avec le stigmate, les organes sexuels d'un grand nombre de plantes exécutent des mouvemens très-sensibles.

A l'époque de la fécondation, les huit ou dix étamines qui composent les fleurs de la ruë (*ruta graveolens*) se redressent alternativement vers le stigmate,

y déposent une partie de leur pollen, et se déjettent ensuite en dehors.

Les étamines du *sparmannia africana*, de l'épine-vinette, lorsqu'on les irrite avec la pointe d'une aiguille, se resserrent et se rapprochent les unes contre les autres.

Dans plusieurs genres de la famille des *Urticées*, dans la pariétaire, le murier à papier, etc., les étamines sont infléchies vers le centre de la fleur et au-dessous du stigmate. A une certaine époque, elles se redressent avec élasticité, comme autant de ressorts, et lancent leur pollen sur l'organe femelle.

Dans le genre *Kalmia*, les dix étamines sont situées horizontalement au fond de la fleur, en sorte que leurs anthères sont renfermés dans autant de petites fossettes qu'on aperçoit à la base de la corolle. Pour opérer la fécondation, chacune des étamines se courbe légèrement sur elle-même, afin de dégager son anthère de la petite fossette qui la contient. Elle se redresse alors au-dessus du pistil, et verse sur lui son pollen.

Les organes femelles de certaines plantes paraissent également doués de mouvemens qui dépendent d'une irritabilité plus développée pendant la fécondation.

Ainsi le stigmate de la tulipe et de plusieurs autres Liliacées, se gonfle et paraît plus humide à cette époque.

Les deux lames qui forment le stigmate du *mimulus* se rapprochent et se resserrent, toutes les fois qu'une petite masse de pollen ou un corps étranger quelconque vient à les toucher.

Il paraît même, d'après les observations de MM. de Lamarck et Bory Saint.-Vincent, que plusieurs plantes développent à cette époque une chaleur extrêmement manifeste; ainsi dans l'*arum italicum* et quelques autres plantes de la même famille, le spadice qui supporte les fleurs dégage une assez grande quantité de calorique pour qu'elle soit appréciable à la main qui le touche.

Un grand nombre de plantes aquatiques, tels que les *nymphœa*, les *villarsia*, les *menyanthes*, etc., ont d'abord les boutons de leurs fleurs cachés sous l'eau; petit à petit on les voit se rapprocher de sa surface, s'y montrer, s'y épanouir, et quand la fécondation s'est opérée, redescendre au-dessous de l'eau pour y mûrir leurs fruits.

Mais cependant la fécondation peut s'opérer dans les plantes entièrement submergées. Ainsi, M. Ramond a trouvé dans le fond d'un lac des Pyrénées le *ranunculus aquatilis*, recouvert de plusieurs pieds d'eau et portant cependant des fleurs et des fruits parfaitement mûrs. La fécondation s'était donc opérée au milieu du liquide. Mon ami M. Batard, auteur de la Flore de Maine-et-Loire, eut occasion de retrouver la même plante dans une circonstance analogue. Il fit la curieuse remarque que chaque fleur, ainsi submergée, contenait, entre ses membranes et avant son épanouissement, une certaine quantité d'air, et que c'était par l'intermède de ce fluide, que la fécondation avait lieu.

L'air qu'il trouva ainsi renfermé dans les enveloppes florales, encore closes, provenait évidemment de l'expiration végétale dont nous avons précédemment étudié les phénomènes.

Cette observation, dont l'exactitude a été plusieurs fois vérifiée depuis cette époque, nous explique parfaitement le mode de fécondation des plantes submergées, quand elles sont pourvues d'enveloppes florales. Mais il devient impossible d'en faire l'application aux végétaux dépourvus de calice et de corolle. Tels sont le *ruppia*, le *zostera*, le *zanichellia* et d'autres encore, dont la fécondation s'opère, bien que leurs fleurs soient entièrement plongées dans l'eau.

Mais quel est le mode d'action du pollen sur le stigmate? L'opinion la plus généralement répandue parmi les botanistes, c'est que chaque grain de pollen représente une sorte de petite vésicule remplie d'une huile volatile, que l'on regarde comme la véritable substance propre à la fécondation. Aussitôt que ces grains de pollen s'échappent des anthères, ils se fixent sur le stigmate, dont la surface est en général inégale, visqueuse ou couverte de poils. Là ils se renflent, se gonflent, s'ouvrent, la liqueur qu'ils contiennent se répand sur le stigmate, et la fécondation a lieu.

Cette explication paraît conforme à la nature, dans le plus grand nombre des cas. Mais il est d'autres circonstances dans lesquelles les phénomènes de la fécondation ne s'opèrent pas de la même manière. Dans les plantes qui vivent constamment submergées, il est évident que les grains polliniques ne viennent pas se fixer et se rompre sur le stigmate, et cependant la fécondation n'en a pas moins lieu. La surface du stigmate d'un grand nombre de plantes est extrêmement lisse, nullement visqueuse; celle du châtaignier est dure et coriace : le pollen ne peut nullement y adhérer. Dans un grand nombre d'Orchidées et d'Apocinées, le pollen, au lieu d'offrir une matière pulvérulente, composée d'une multitude innombrable de molécules fixes et légères, forme une masse entièrement solide. L'anthère s'ouvre; la masse pollinique ne change nullement de place, reste parfaitement entière, et la fécondation s'opère. Or, dans ce cas, le pollen n'a pas quitté l'intérieur de l'anthère pour aller sur le stigmate verser son fluide fécondant. Par la déhiscence de l'anthère, il s'est trouvé simplement en contact avec l'air atmosphérique; et cependant la plante a été fécondée.

De ces faits, et d'un grand nombre d'autres que nous pourrions ajouter encore ici, on peut, je crois, conclure que, pour que la fécondation s'opère dans les végétaux, il n'est pas toujours indispensable que le pollen soit en contact immédiat avec le stigmate, puisque nous voyons dans un grand nombre de plantes cette fonction avoir lieu, bien que le pollen n'ait touché en aucune manière la surface du stigmate.

Ne peut-on pas admettre, dans cette circonstance, que la fécondation a été opérée par une espèce d'émanation particulière, de volatilisation de la liqueur fécondante, renfermée dans le pollen? C'est a cet *aura pollinaris*, à ce principe volatil, émané de la substance pollinique, que l'on doit attribuer dans beaucoup de végétaux les mêmes fonctions qu'au pollen lui-même.

Il résulte de ce que nous avons dit jusqu'à présent que la fécondation dans les plantes peut s'opérer de deux manières différentes : 1° par contact immédiat entre les grains du pollen et la surface du stigmate ; 2° par une sorte d'*aura pollinaris*, ou d'une émanation particulière de la substance pollinique.

Dans les plantes monoïques et dioïques, malgré la séparation, et souvent l'éloignement des deux sexes, la fécondation n'en a pas moins lieu.

L'air, pour les plantes dioïques, est le véhicule qui se charge de transporter, souvent à de grandes distances, le pollen ou l'*aura pollinaris* qui doit les féconder. Les insectes et les papillons, en volant de fleur en fleur, servent aussi à la transmission du pollen.

Dans les plantes dioïques, on peut opérer artificiellement la fécondation. Il existait depuis long-temps au jardin botanique de Berlin un individu femelle du *chamœrops humilis* qui tous les ans fleurissait, mais ne donnait pas de fruits. Gleditsch fit venir de Carlsru, des panicules de fleurs mâles, les secoua sur les fleurs femelles, qui donnèrent des fruits parfaits. Cette expérience fut répétée plusieurs fois. Linnæus même prétend que non-seulement on peut par ce procédé féconder artificiellement une seule fleur d'une plante, mais qu'il est même possible de ne féconder qu'une seule loge d'un ovaire multiloculaire, en ne mettant le pollen en contact qu'avec une des divisions du stigmate. Mais cependant il a été prouvé que, bien que le pollen ne touchât qu'un seul des lobes d'un stigmate, toutes les loges de l'ovaire étaient également fécondées.

L'expérience a encore prouvé que la fécondation, dans les plantes dioïques, peut avoir lieu à des distances souvent fort considérables. Nous possédons un grand nombre d'exemples avérés, propres à démontrer ce fait. On cultivait déjà depuis long-temps, au Jardin des Plantes de Paris, deux pieds de pistachiers femelles qui, chaque année, se chargeaient de fleurs, mais ne produisaient jamais de fruits. Quel fut l'étonnement du célèbre Bernard de Jussieu, quand, une année, il vit ces deux arbres nouer et mûrir parfaitement leurs fruits? Dès lors il conjectura qu'il devait exister dans Paris, ou aux environs, quelqu'individu mâle portant des fleurs. Il fit des recherches à cet égard, et apprit qu'à la même époque, à la pépinière des Chartreux, près le Luxembourg, un pied de pistachier mâle avait fleuri. Dans ce cas, comme dans les précédens, est-ce le pollen ou simplement l'*aura pollinaris* qui, porté par le vent, sera venu, par-dessus les édifices d'une partie de Paris, féconder les individus femelles.

Le *vallisneria spiralis*, plante dioïque, que j'ai eu occasion d'observer abondamment dans le canal de Languedoc et les ruisseaux des environs de Beaucaire, offre un phénomène des plus admirables à l'époque de la fécondation. Cette plante est attachée au fond de l'eau et entièrement submergée. Les individus mâles et femelles naissent pêle-mêle. Les fleurs femelles portées sur des pédoncules longs d'environ deux ou trois pieds, et roulés en spirale ou tire-bouchon, se présentent à la surface de l'eau pour s'épanouir. Les fleurs mâles au contraire, sont renfermées plusieurs ensemble dans une spathe membraneuse portée sur un pédoncule très-court. Lorsque le temps de la fécondation arrive, elles font effort contre cette spathe, la déchirent, se détachent de leur support et de la plante à laquelle elles appartenaient, et viennent à la surface de l'eau s'épanouir et féconder les fleurs femelles. Bientôt celles-ci, par le retrait des spirales qui les supportent, redescendent au-dessous de l'eau, où leurs fruits parviennent à une parfaite maturité.

Mais, quelle que soit la manière dont s'est opérée la fécondation, elle annonce toujours son influence par des phénomènes visibles et apparens. La fleur, fraîche jusqu'alors, et ornée souvent des couleurs les plus vives, ne tarde point à perdre son riant coloris et son éclat passager. La corolle se fane; les pétales se dessèchent et tombent. Les étamines, ayant rempli les fonctions pour lesquelles la nature les avait créés, éprouvent la même dégradation. Le pistil reste bientôt seul au centre de la fleur. Le stigmate et le style étant devenus inutiles à la plante, tombent également. L'ovaire seul persiste, puisque c'est dans son sein que la nature a déposé, pour y croître et s'y perfectionner, les rudimens des générations futures.

C'est l'ovaire qui, par son développement, doit former le fruit. Il n'est pas rare de voir le calice persister avec cet organe, et l'accompagner jusqu'à son entière maturité. Or, il est à remarquer que cette circonstance a lieu, principalement quand le calice est *monosé-pale :* si l'ovaire est infère ou pariétal, le calice alors persiste nécessairement, puisqu'il lui est intimement uni.

Dans l'*alkekenge* (physalis alkekengi), le calice sur-vit à la fécondation, se colore en rouge, et forme une coque vésiculeuse, dans laquelle le fruit se trouve con-tenu. Dans les narcisses, les pommiers, les poiriers, en un mot, toutes les plantes à ovaire infère ou pariétal, le calice persistant forme la paroi la plus extérieure du fruit.

Peu de temps après que la fécondation a eu lieu, l'ovaire commence à s'accroître; les *ovules* qu'il ren-ferme, d'abord d'une substance aqueuse, et en quel-que sorte inorganique, acquièrent petit à petit plus de consistance; la partie qui doit constituer la graine parfaite, c'est-à-dire l'embryon, se développe succes-sivement; tous ses organes se prononcent, et bientôt l'ovaire a acquis les caractères propres à constituer un fruit.

Nous terminons ici tout ce qui a rapport à la fleur proprement dite, considérée dans son ensemble et dans les différentes parties qui la composent. Avant de passer au fruit, il nous reste à faire connaître un organe accessoire de la fleur, qui manque quelque-fois, mais qui, lorsqu'il existe, joue le plus grand rôle dans la coordination des plantes en familles naturelles. Cet organe est le *disque*. Nous nous occuperons en-suite de l'*insertion*, c'est-à-dire de la position respec-tives des diverses parties de la fleur, et principalement des organes sexuels. Ces deux sujets étant les points les plus difficiles de la botanique descriptive et fondamentale, et se rattachant aux idées les plus philosophiques de la science, leur rédaction est due à feu mon père.

CHAPITRE XII.

DU DISQUE (*Discus*). (1)

Le *Disque* est une partie interne de certaines fleurs, où, malgré sa petitesse ordinaire, elle joue un rôle important. En effet le disque est généralement constant, 1° dans son absence ou sa présence; 2° dans sa position et sa structure; 3° dans sa relation avec l'insertion. Nous allons donc le considérer sous ces trois points de vue, et prouver par-là de quelle utilité il peut être dans la coordination naturelle des plantes, et par conséquent dans leur distinction.

(1) (*Nota*. Je conseille aux personnes qui s'occupent pour la première fois de botanique, de ne pas lire d'abord les deux chapitres suivans, de n'y revenir que plus tard, quand elles se seront bien familiarisées avec toutes les autres parties de la botanique, ou de ne lire que le résumé que nous avons placé à la fin du chapitre de l'insertion.)

1° *Son absence ou sa présence.*

L'examen le plus attentif de la fleur d'une plante y ayant démontré l'absence du disque, on peut être assuré que cette plante appartient à un genre dont toutes les espèces sont dépourvues de cet organe, et que ce genre se rattache à une des familles qui en sont ordinairement privées. Le même raisonnement est applicable au cas de la présence de cet organe. Or, sa présence est indiquée, 1° par un ou plusieurs tubercules charnus, portant l'ovaire, ou saillant autour de lui; 2° par une substance charnue, épaississant la partie indivise du calice; 3° par les mêmes parties situées sur ou au-dessus de l'ovaire infère. Ceci va être éclairci et développé par le paragraphe suivant.

2° *Position et structure du Disque.*

La position du disque varie en raison de la connexion nulle, partielle ou totale de l'ovaire, avec le tube du calice.

Le disque peut offrir trois positions principales. Il peut être placé 1° sous l'ovaire, 2° sur la paroi interne du calice, et par conséquent autour de l'ovaire, 3° enfin sur le sommet de l'ovaire, ce qui n'a lieu que dans le cas où celui-ci est infère. De là les noms d'*hypogyne*, *perigyne* et *épigyne* donnés au disque.

§ 1. Le disque hypogyne, ou celui qui est placé sous l'ovaire, se présente sous quatre variétés différentes,

qui sont le *podogyne*, le *pleurogyne*, l'*épipode* et le
périphore. Étudions ces quatre modifications.

1°. Le *podogyne* (podogynium) est une saillie charnue
et solide, qui, distincte de la substance du pédoncule et
du calice, sert de support ou de pied à l'ovaire. Il offre
deux variétés remarquables : le *continu* et le *distinct*.

Le *podogyne continu* est celui qui, étant de la largeur de la base de l'ovaire, ne s'en distingue que
difficilement, et seulement par une certaine diversité
de couleur ou de tissu. Exemples : les Convolvulacées,
les Solanées, la plupart des Personnées, etc. Le
podogyne distinct se reconnaît, en ce que la différence
de sa couleur et de son tissu est très-tranchée, et que
son contour forme un anneau saillant, ou offre des
angles, des éminences, des sinuosités que l'ovaire n'a
point ; il devient encore plus distinct, lorsque sa largeur ou son épaisseur excède celle de la base de l'ovaire,
ou qu'il forme une concavité emboîtant celui-ci. Exemples : les Éricinées, les Vinifères, les Rutacées, les
Labiées, les Borraginées, etc.

2° Le *pleurogyne* (pleurogynium) consiste en un
ou plusieurs tubercules, qui, s'élevant du même lieu
que l'ovaire, le pressent latéralement. Exemple : la
pervenche, etc.

3° L'*épipode* (epipodium) ; un ou plusieurs tubercules distincts, n'ayant aucune connexion immédiate,
soit avec l'ovaire, soit avec le calice, et naissant en
dedans de celui-ci, sur le sommet du pédoncule, constituent cette sorte de disque. Exemples : les Crucifères,
les Capparidées, etc.

4° Le *Périphore* (periphorium), corps charnu, de nature très-distincte de celle de l'ovaire, élevant celui-ci au-dessus du fond du calice, et portant les pétales et les étamines adnés longitudinalement par leurs bases à sa surface externe. Exemple : les vrais Caryophyllées. Si les étamines manquent, comme dans les fleurs femelles du genre *otites ;* il ne porte alors que les pétales.

Cette sorte de disque a quelqu'affinité avec certains *podogynes.*

§ 2. Le disque périgyne, c'est-à-dire celui qui entoure l'ovaire, sera plus facilement et plus clairement caractérisé par l'exposition de ses modifications, que par une simple définition. Il est généralement formé par une substance ordinairement jaunâtre, épanchée avec adhérence et épaississement sur la partie indivise du calice. Si celui-ci est étalé, plane ou seulement concave, elle s'y étend orbiculairement, et se termine par un contour légèrement protubérant, qui la distingue du reste de la partie interne. Exemples : quelques Rosacées, plusieurs Rhamnées, entre autres le *jujubier,* etc. Lorsque le calice est tubulé, elle en revêt ordinairement tout le tube, et se termine comme ci-dessus, plus ou moins près des incisions du bord. Exemples : *herniaria* et autres Scléranthées, plusieurs Rosacées, beaucoup de Rhamnées, etc. Quelquefois aussi cette substance, à peine distincte sur la paroi du tube, s'épaissit vers la gorge de celui-ci, de manière à l'obstruer et à n'y laisser qu'un petit orifice pour le passage du style simple ou multiple. Exemples : l'*elæagnus*, les Sanguisorbées, le *rosier*, l'*aigremoine*, etc.

§ 3. Le disque épigyne ne se rencontre que lorsque l'ovaire est partiellement ou totalement infère. Comme alors il fait corps par toute sa périférie avec le tube du calice, la substance propre à former un disque est nécessairement forcée de s'élever jusqu'au point où cesse la connexion de ces deux organes, et rarement plus haut. Dans le cas d'inférité partielle, il forme une sorte de bourrelet ou une saillie quelconque, située, soit au point de jonction de l'ovaire et du calice, comme dans quelques Rubiacées, certaines *saxifrages*; soit au-dessus, plus ou moins près des incisions du limbe du calice, comme dans plusieurs Melastomées, etc. L'inférité étant totale, le disque variable dans sa forme ou sa structure, repose sur le sommet de l'ovaire. Exemples : les Rubiacées, les Ombellifères, la plupart des Onagraires, etc. : très-rarement sa substance, comme entraînée par le prolongement du tube du calice au-dessus de l'ovaire, ne se manifeste que vers l'orifice de ce tube, par une certaine protubérance pariétale. Exemple : le genre *œnothera*, et quelques autres de la même famille.

3° *Relation du Disque avec l'Insertion.*

Le disque, quel qu'il soit, détermine presque toujours, par le contour de sa base ou le terme de son adhésion au calice, le lieu de l'insertion des étamines, des pétales et de la corolle staminifère. Il peut donc être d'un grand secours pour faire reconnaître l'insertion de ces organes, après leur chute. Quelques exceptions fournies par trois ou quatre familles de plantes ne doivent point trouver place dans un ouvrage élémentaire.

Ce paragraphe recevra un plus grand développement dans l'article *insertion*.

CHAPITRE XIII.

DE L'INSERTION (*Insertio*).

Le mot *insertion*, employé seul, c'est-à-dire sans désignation de partie, ne se rapporte qu'aux organes sexuels et à la corolle. Ainsi, lorsqu'on dit que telle plante ou telle famille diffère de telle autre par l'*insertion*, on sous-entend le nom des organes.

L'*insertion* d'une étamine est l'expression du lieu de son origine ou de sa distinction d'avec la partie qui la porte. Si l'étamine naît brusquement, le point d'insertion est le même que celui d'origine; mais si une portion inférieure de l'étamine adhère à la paroi interne du calice ou de la corolle, le point d'insertion est celui où l'étamine commence à se dégager ou à se distinguer de l'organe auquel elle adhère.

On distingue l'*insertion* en *absolue* ou *propre*, et en *relative*.

La première indique la position particulière des étamines ou de la corolle, abstraction faite du pistil. On dit dans ce sens, *étamines* insérées au bas, au milieu, etc. du calice ou de la corolle.

La considération de l'insertion est nécessairement absolue dans les fleurs unisexuées. Je reviendrai sur ce sujet, après avoir traité de l'*insertion relative*.

L'*insertion relative* énonce la position des étamines, des pétales ou de la corolle staminifère, relativement à l'ovaire. On a établi depuis long-temps trois sortes d'insertion relative : l'*hypogynique*, la *périgynique* et l'*épigynique*. Étudions-les successivement dans leur application et leurs variations.

1° *Insertion hypogynique :* elle suppose toujours un ovaire libre.

Lorsque celui-ci est fixé sans podogyne ou par sa base même au fond de la fleur, et que les étamines, les pétales ou la corolle staminifère, ont leur point d'insertion en contact avec cette base, cette insertion est l'*hypogynique immédiate*. Exemples : les Cypéracées, les Tiliacées, les Cistées, les Théacées, les Oxalidées, les Jasminées, etc.

Quelques familles, telles que les Renonculacées, les Magnoliacées, les Anonacées, etc., offrent une variété remarquable de l'insertion hypogynique sans disque. Les étamines sont insérées à un axe ou à une protubérance remarquable, dont la partie supérieure devient le réceptacle commun de plusieurs pistils. Comme ce réceptacle a été nommé *polyphore*, on pourrait désigner cette insertion par l'épithète de *polyphorique*.

Une seconde variété, fort rare, de l'insertion hypogynique sans disque, est celle qui a lieu sur la
circonférence de l'ovaire même : elle a reçu la dénomination de *pleurogynique*. Exemple : le *nymphœa* et le
parnassia.

L'existence d'un podogyne ou d'un pleurogyne indique toujours une insertion *hypogynique*; mais, comme
les organes auxquels elle se rapporte sont séparés de la
base propre de l'ovaire par l'interposition d'un disque,
elle devient nécessairement *médiate*.

L'insertion hypogynique médiate peut être distinguée
en cinq variétés principales : *péridiscale, pleurodiscale,
épidiscale, épipodique, periphorique*.

L'insertion *péridiscale* est celle qui se fait immédiatement au pourtour du disque, de manière que la base
ou le point d'origine des étamines ou de la corolle
staminifère est simplement en contact avec celle du
disque; et que les pétales, s'il y en a, touchent également
celui-ci, ou bien sont contigus aux étamines qui leur
correspondent. Cette variété est très-ordinaire et la plus
commune de toutes. Exemple : presque toutes les familles Monopétalées, les Vinifères, les Citrées, les
Méliacées, les Térébintacées, etc.

Les étamines fixées, sans décurrence, à la face externe ou latérale de la substance même du disque, caractérisent l'insertion *pleurodiscale*. Elle présente deux
modifications, par rapport aux pétales qui sont attachés, tantôt au disque, comme les étamines, tantôt sous
celui-ci. On désignerait assez bien la première modification par le mot *conjonctive*, et la seconde par celui

de *disjonctive*. On peut observer l'une et l'autre dans la famille des Rutacées, et la seconde dans les Simaroubées, le *Balanites* ou *Alpinia*, etc.

Lorsque les étamines sont attachées sur l'aire supérieure ou terminale du disque, soit en dedans de son bord ou plus ou moins près du centre de son sommet portant l'ovaire, l'insertion est dite *épidiscale*.

Elle est *simple*, si la fleur est apétalée, et *hétéroclite*, si la corolle existe ; alors celle-ci, toujours polypétale, est insérée sous le disque, qui se trouve interposé de toute son épaisseur entre les pétales et les étamines. Le *réséda*, les Élæocarpées, les Acerinées, les Sapindacées, etc., peuvent être données pour exemples de cette singulière insertion.

La définition que j'ai donnée de l'*épipode* et du *périphore*, peut suffire pour faire connaître les deux sortes d'insertions qui leur correspondent, savoir l'*épipodique* et la *périphorique*.

2° *Insertion périgynique*. L'ovaire, soit simple, soit multiple, doit être complétement libre, ou simplement pariétal, c'est-à-dire fixé ou adné à la paroi interne du tube du calice. Les fleurs offrant cette insertion sont ou apétalées ou polypétalées. Elle est toujours nécessitée par la présence d'un périgyne ; mais elle peut avoir lieu sans celui-ci, et elle exclut ordinairement toute autre espèce de disque.

Les étamines insérées au calice à une distance plus ou moins notable du centre de son fond caractérisent essentiellement l'*insertion périgynique*. Elle présente plusieurs variétés, dont les principales pourraient être

désignées provisoirement par les mots : 1° *péricen-
trique*, 2° *pariétale*, 3° *péristomique*, 4° *hypersto-
mique*. La première se distingue en ce que la partie
indivise du calice étant plane ou seulement concave,
les étamines paraissent disposées autour de son centre.
Exemple : les POLYGONÉES, plusieurs ROSACÉES et
RHAMNÉES, etc. Le calice manifestement tubulé et les
étamines attachées au tube, soit près de sa base, comme
dans beaucoup de PAPILIONACÉES, soit plus haut, comme
dans la plupart des THYMÉLÉES, caractérisent la seconde variété. Quelques ROSACÉES, les SANGUISORBÉES,
certaines RHAMNÉES, ayant les étamines insérées à l'o-
rifice du tube du calice, sont des exemples de la troisième. La quatrième, ayant pour signe l'adnexion des
étamines au-dessus de l'orifice du tube, et par conséquent au limbe du calice, est fort rare. Exemple :
l'*elæagnus*.

3° *Insertion épigynique*. L'infériorité partielle ou totale
de l'ovaire est le signe essentiel de l'insertion épigynique. Sans l'admission de ce principe, il est impossible de la différencier de la périgynique, et quelquefois même de l'hypogynique. L'insertion épigynique des
étamines ou de la corolle staminifère, peut se faire de
quatre manières, qui établissent autant de variétés :
1° *commissurale*, 2° *calicale*, 3° *péristylique*, 4° *hyperstylique*. Dans la première, les étamines ou la corolle
staminifère sont fixées au point où l'ovaire, seulement
en partie infère, commence à se distinguer du calice
Exemples : le *samolus*, quelques RUBIACÉES, etc. Les
étamines et les pétales, si ceux-ci existent, insérés au

calice, plus haut que le point de jonction de celui-ci avec l'ovaire particiellement infère, donnent la deuxième variété. Exemples : la tubéreuse, l'*aletris*, quelques BRO-MÉLIACÉES, beaucoup de MÉLASTOMÉES, etc. La troisième variété a pour signe caractéristique, les étamines ou la corolle staminifère, insérées au sommet même de l'ovaire, totalement infère. On lui reconnaît trois modifications principales : 1° Le défaut de disque permet aux étamines d'être fixées immédiatement sur le sommet de l'ovaire, comme dans la plupart des MONO-COTYLÉDONÉES, etc.; 2° dans le cas où un épigyne circonscrit le sommet de l'ovaire les étamines sont nécessairement distantes du point d'origine du style, comme dans beaucoup d'ONAGRAIRES; ou bien l'épigyne, saillant sur le sommet même de l'ovaire, et environnant immédiatement la base du style ou lui servant de support, se trouve interposé entre les étamines ou la corolle staminifère et le style. Exemples : les BUCIDÉES, les RUBIACÉES, les OMBELLIFÈRES, etc.; 3° dans certaines familles, telles que les SYNANTHÉ-RÉES, les BOOPIDÉES, etc., la corolle est adnée par sa base à l'épigyne, et fait corps avec lui, en sorte que celui-ci pòrte tout à la fois le style et la corolle, et qu'il établit leur continuité avec le sommet de l'ovaire. La quatrième variété, nommée *Hyperstylique*, se rencontre dans les fleurs apétalées ou polypétalées, dont les étamines sont insérées manifestement au-dessus du sommet de l'ovaire, complétement infère, ou plus rarement loin de la base du style, sur un évasement ou une dilatation du calice. Exemples : *Heliconia*,

Narcissus, et autres genres voisins : *OEnothera, Fuchsia,*
les THÉSIACÉES, etc.

OBS. Dans quelques ouvrages, où la distribution des
plantes est fondée sur les insertions, on a admis l'insertion périgynique avec l'inférité de l'ovaire. Cette confusion de deux sortes d'insertion en une seule n'a pas
peu contribué au jugement défavorable que plusieurs
botanistes ont prononcé contre l'usage de ce moyen de
classification. Mais, heureusement pour la science, la
nature repousse ce jugement, dont les matériaux ont
été puisés dans les livres, et non pas dans la contempla-
tion de ses productions végétales. Le titre de cet ouvrage, et son impression déjà avancée, ne me permettant
pas de développer convenablement cette dernière assertion, je me bornerai à quelques remarques propres à en
faire pressentir la vérité.

La famille des MUSACÉES est une de celles où l'inser-
iion épigynique a été le plus généralement reconnue.
En effet leurs étamines sont fixées immédiatement sur
le sommet de l'ovaire, dont la substance paraît comme
continue avec celle des filets. Cependant, dans le genre
Héliconia, qui en fait partie, ces mêmes organes sont
insérés au tube du calice, notablement au - dessus du
lieu que je viens d'indiquer. Mais, dans tous les genres
de cette famille, l'ovaire est complétement infère. On
peut faire la même observation dans plusieurs autres
familles Endorhizes ou Monocotylédonées.

Parmi les Apétalées, dites périgyniques, on trouve
les THÉSIACÉES, qui sont pourvues d'un épigyne, le
plus souvent sinueux ou lobé à son contour. La subs-

tance de ce disque, en s'étendant loin du point d'origine du style, repousse l'insertion des étamines sur le calice, et la fait ainsi ressembler à la périgynique. Mais tous les genres de cette famille ont l'ovaire totalement infère.

Les ONAGRAIRES, mises au nombre des polypétalées périgyniques, récusent encore plus manifestement cette coordination. Elles ont un épigyne qui simule, tantôt un podogyne, comme dans le *circæa*, l'*epilobium*, etc.; tantôt un périgyne, comme dans le *fuchsia*, l'*œnothera*, etc. Le disque n'a donc pu motiver ici la périgynie. Pour plus de clarté, comparons entre eux trois genres seulement de cette famille. Le *jussiæa* et l'*œnothera* ont une telle ressemblance, même par leur port, que le premier ne diffère essentiellement du second qu'en ce que celui-ci a le tube du calice singulièrement prolongé au-dessus de l'ovaire, tandis que dans l'autre ce tube n'excède nullement cet organe. L'insertion des étamines et des pétales se fait, dans le premier, sur le contour du sommet de l'ovaire; et dans le second, beaucoup au-dessus de celui-ci et à l'orifice du tube prolongé. Le *circæa* a le tube du calice brusquement rétréci au-dessus de l'ovaire, et formant un prolongement analogue à celui de l'*œnothera*. Mais ce prolongement, au lieu d'être fistuleux pour le libre trajet du style, est entièrement solide; il porte sur son sommet un épigyne cylindrique, sur lequel le style est implanté, et qui a les étamines et les pétales insérés immédiatement au pourtour de sa base. Le *circæa* est donc intermédiaire entre le *jussiæa* et l'*œnothera*, et il démontre que l'insertion, au haut du tube de ce dernier, n'est qu'une modification de l'épigynique. Tous les genres de cette famille ont aussi un ovaire complétement infère.

Il résulte des observations qui précèdent : 1° que le point d'attache des étamines au calice ne suffit pas pour établir leur périgynie ; 2° que l'insertion épigynique peut offrir des modifications analogues à celles de la périgynique ; 3° que l'inférité de l'ovaire est le signe le plus clair, le plus sûr et même le seul, pour les distinguer l'une de l'autre.

L'inférité partielle de l'ovaire se rencontre seule dans quelques familles, telles que les CUNONIACÉES, les BRUNIACÉES, etc. Mais dans plusieurs, entre autres les RUBIACÉES, les MYRTÉES, etc., on la trouve unie à l'inférité totale ; et, dans ce cas, cette dernière est ordinairement celle qui domine. La famille des MÉLASTOMÉES, et peut-être quelque autre, réunit tous les degrés d'inférité. Il paraît donc convenable de ranger dans la même catégorie, sous le rapport de l'insertion, l'ovaire en partie infère, et celui qui l'est entièrement.

Je reviens maintenant à l'*insertion absolue*, observée dans les plantes à sexes diclines.

Jusqu'à présent ces plantes ont paru se soustraire à la loi des insertions relatives et si la plupart d'entre elles ont été néanmoins classées sans la heurter, ce fut moins l'insertion que d'autres considérations, qui guida les classificateurs. Comme elles ont servi de prétexte pour nier l'universalité de cette loi, et que beaucoup de genres ne lui sont pas encore soumis, il est extrêmement utile de chercher, dans les fleurs unisexuées, les signes propres à rattacher chaque insertion absolue à son analogue parmi les relatives. Je vais tracer ici une légère esquisse des observations à faire pour parvenir à ce but.

Chaque étamine des AROIDÉES est une fleur mâle, et chaque pistil une fleur femelle : comme l'une et l'autre sont fixées immédiatement au même support, et qu'elles ne sont circonscrites par aucun calice propre, l'insertion des étamines ne peut se rapporter qu'à l'hypogynique.

La fleur mâle de la *mercuriale*, privée de disque, a les étamines fixées au centre du fond du calice; de sorte que, si on y plaçait un pistil, même fort étroit, il presserait les bases des filets; leur insertion répond donc à l'hypogynique immédiate. Plusieurs genres des EUPHORBIACÉES ont des étamines monadelphes, dont la réunion ou le synème occupe le centre même du calice. Dès lors, soit qu'il y ait disque ou non, leur insertion doit aussi être censée hypogynique. Le buis porte, au centre du calice mâle, un tubercule charnu; de quelque nature que soit celui-ci, puisqu'il occupe la place du pistil, et que les étamines ont leurs bases en contact avec la sienne, leur insertion doit être aussi considérées comme hypogynique.

Les fleurs mâles des SAPINDACÉES ont un disque analogue au podogyne, et au centre duquel les étamines sont attachées; on peut donc reconnaître ici l'insertion hypogynique épidiscale. Quelques genres de cette famille et de plusieurs autres ont, dans leurs fleurs femelles, des étamines imparfaites, qui en désignent l'insertion sans le secours des fleurs mâles. Un rudiment d'ovaire ou de pistil, placé au centre de certaines fleurs mâles, est aussi un bon indicateur de l'insertion.

L'examen des fleurs mâles du genre *Ilex* fait voir que les étamines et la corolle touchent par leurs bases le contour d'un disque analogue au podogyne; ce qui démontre une insertion hypogynique, et par conséquent l'éloignement de ce genre des RHAMNÉES.

Les véritables espèces de *Rhamnus* sont dioïques : les étamines et les pétales attachés au haut du tube du calice, pourraient fournir une indication suffisante de l'insertion périgynique, variété péristomique. Mais elle est prouvée, dans les fleurs mâles, par la présence d'un rudiment de pistil au fond du calice, et dans les femelles, par l'existence d'étamines imparfaites.

Les étamines des fleurs mâles du *chanvre*, du *houblon*, etc., sont insérées à une certaine distance du fond du calice, qui est dénué de disque et de rudiment de pistil ; dès que l'insertion se fait près des incisions du calice manifestement monosépale, elle se rapporte à la périgynique.

Dans tous ces exemples, que je crois inutile de multiplier, l'ovaire est libre. Ce n'est cependant que par un long exercice dans l'analyse, qu'on peut le préjuger tel à l'inspection seule des fleurs purement mâles. Car, quoique je recherche depuis long-temps dans ces fleurs des indices certains de la liberté ou de l'infériorité de l'ovaire, je n'ai encore obtenu que des renseignemens qui me sont utiles, mais qui sont insuffisans pour établir, à cet égard, des règles générales. Il suit de là que, le plus souvent, la connaissance de la fleur mâle et celle de la femelle sont réciproquement nécessaire pour déterminer avec certitude l'insertion relative des deux sexes. Cependant, la fleur femelle à ovaire infère suffit seule pour la déclarer épigynique.

Remarque. Cet aperçu sur le *disque* et l'*insertion*, rédigé un peu à la hâte, seulement de mémoire et pour satisfaire à la demande de mon fils, est bien loin de la perfection que ce sujet, aussi difficile qu'important, méritera d'atteindre. Mais cette perfection ne saurait guère résulter que des efforts réunis de plusieurs observateurs. C'est donc pour exciter et éclairer le zèle de quelques jeunes botanistes, que j'ai cru devoir profiter de la publication de cet ouvrage, pour y placer une esquisse d'une partie trop négligée de la Botanique fondamentale.

RÉSUMÉ.

DU DISQUE.

Le disque est un corps charnu placé soit sous l'ovaire, soit sur son sommet, soit sur la paroi interne du calice.

On distingue le disque en *hypogyne*, *périgyne* et *épigyne*.

1° Le disque hypogyne porte le nom de *podogyne* lorsqu'il forme un corps charnu, distinct du réceptacle, et qui élève l'ovaire ; celui de *pleurogyne*, quand il naît sous l'ovaire et qu'il se redresse sur une de ses parties latérales. On l'appelle *épipode*, lorsqu'il est formé de plusieurs tubercules qui naissent sur le support de l'ovaire. Enfin le *périphore* est un disque hypogyne qui est soudé dans sa circonférence avec les pétales et les étamines.

2° Le disque périgyne est formé par une substance charnue plus ou moins épaisse, épanchée sur la paroi interne du calice, comme dans le cerisier, l'amandier.

3° Le disque épigyne est celui que l'on observe sur le sommet de l'ovaire quand ce dernier est infère, c'est-à-dire soudé par tous les points de sa surface externe avec le tube du calice, comme dans les Ombellifères.

DE L'INSERTION.

L'insertion des étamines se distingue en *absolue* et en *relative*. La première s'entend de la position des étamines, abstraction faite du pistil ; c'est ainsi que l'on dit : étamines insérées à la corolle, au calice, etc. La seconde fait connaître la position des étamines ou de la corolle monopétale staminifère, relativement au pistil. Ainsi l'on dit dans ce sens : étamines insérées sous l'ovaire, autour de l'ovaire ou sur l'ovaire.

On distingue trois espèces d'insertion qui portent les noms d'*hypogynique*, *périgynique* et *épigynique*.

L'insertion hypogynique est celle dans laquelle les étamines ou la corolle monopétale portant les étamines sont insérées sous l'ovaire.

L'insertion périgynique est celle qui se fait au calice. Enfin dans l'insertion épigynique, qui a lieu toutes les fois que l'ovaire est infère, les étamines sont insérées sur le sommet de l'ovaire.

La position du disque détermine en général l'insertion. Ainsi, toutes les fois qu'il y a un disque hypogyne, l'insertion est hypogynique; elle est périgynique, quand le disque est périgyne. Enfin elle est épigynique, toutes les fois qu'il y a un disque épigyne sur le sommet de l'ovaire.

SECONDE SECTION.

DU FRUIT, OU DES ORGANES DE LA FRUCTIFICATION PROPREMENT DITS.

La fécondation s'est opérée, les enveloppes florales se sont fanées et détruites, les étamines sont tombées, le stigmate et le style ont abandonné l'ovaire qui seul a reçu, par l'influence de cette fonction, une vie nouvelle qu'il doit parcourir. Cette nouvelle époque du végétal commence depuis l'instant où l'ovaire a été fécondé, et finit à celui de la dissémination des graines. On lui a donné le nom de *Fructification*.

Le *fruit* n'est donc que l'ovaire fécondé et accru. Il se compose essentiellement de deux parties ; savoir : le *péricarpe* et la *graine*.

CHAPITRE PREMIER.

DU PÉRICARPE.

Le *péricarpe* est cette partie d'un fruit mûr et parfait, formée par les parois même de l'ovaire fécondé, et contenant dans son intérieur une ou plusieurs graines. C'est lui qui détermine la forme du fruit.

Le *péricarpe* existe constamment. Mais quelquefois il est si mince ou tellement uni avec la graine, qu'on le distingue avec peine dans le fruit mûr. Dans ce cas plusieurs auteurs pensant qu'il n'existait pas, ont dit que les graines étaient *nues*, comme dans les *Labiées*, les *Ombellifères*, les *Synanthérées*, etc. Mais il est prouvé aujourd'hui qu'il n'y a pas de graines *nues*, et que le péricarpe ne manque jamais.

Le péricarpe offre ordinairement sur un des points de sa surface extérieure, le plus souvent vers sa partie la plus élevée, les restes du style ou du stigmate, lesquels indiquent le *sommet organique* du *péricarpe*, et par conséquent du *fruit*.

Le *péricarpe* est toujours formé de trois parties ; savoir : 1° d'une membrane extérieure, mince, sorte d'épiderme qui détermine sa forme et le recouvre extérieurement, on l'appelle *épicarpe* ; 2° d'une autre membrane intérieure qui revêt sa cavité séminifère, elle a reçu le nom d'*endocarpe* ; 3° entre ces deux membranes se trouve une partie parenchymateuse et charnue, qu'on appelle *sarcocarpe*. Ces trois parties réunies et soudées intimément, constituent le *péricarpe*.

Lorsque l'ovaire est *infère*, c'est-à-dire, toutes les fois qu'il est soudé avec le tube du calice, l'*épicarpe* est formé par le tube même du calice, dont le parenchyme se confond avec celui du *sarcocarpe*. Dans ce cas il est toujours facile de reconnaître l'origine de l'*épicarpe*, car à sa partie supérieure il doit offrir, à une distance variable du point d'origine du style et du stigmate, un rebord plus ou moins saillant, formé par les restes du limbe calycinal, qui s'est détruit après la fécondation.

Le *sarcocarpe* est la partie parenchymateuse dans

laquelle se trouvent réunis tous les vaisseaux du fruit. Il est extrêmement développé dans les fruits charnus, tels que les pêches, les pommes, les melons, les poti-rons, etc. En effet toute la chair de ces fruits est formée par le *sarcocarpe*.

L'*endocarpe*, ou membrane pariétale, interne du fruit, est celle qui tapisse sa cavité séminifère. Presque toujours il est mince et membraneux. Mais il arrive quelquefois qu'il est épaissi extérieurement par une portion plus ou moins grande du *sarcocarpe*. Quand cette partie du *sarcocarpe* devient dure et osseuse, elle enveloppe la graine, et constitue ce que l'on appelle une *noix* ou *noyau*, quand il n'y a qu'une seule graine dans le fruit; et des *nucules*, quand il y en a plusieurs.

Lorsque le *péricarpe* est sec et mince, il semble au premier abord que le *sarcocarpe* n'existe point. Nul doute que si l'on devait toujours entendre, par ce mot, une partie épaisse, charnue et succulente, il ne manquât fort souvent. Mais le caractère propre et dis-tinctif du *sarcocarpe* est d'être le corps vraiment vas-culaire du *péricarpe*, c'est-à-dire d'être formé par les vaisseaux qui nourrissent le fruit tout entier; or, comme le *péricarpe* en contient toujours, le *sarcocarpe* existe constamment; mais quelquefois il est réduit à une très-petite épaisseur, lorsque le fruit, étant par-venu à sa parfaite maturité, s'est déjà desséché. Ce-pendant si l'on examine le *péricape* avec attention, on verra, entre l'*épicarpe* et l'*endocarpe*, des vaisseaux rompus qui servaient à les unir l'un à l'autre, et qui sont les vestiges du *sarcocarpe*. Car, comme cette

partie est toujours abreuvée de sucs aqueux avant la
maturité du fruit, le fluide qu'elle renferme s'étant
evaporé, elle semble, au premier abord, avoir disparu
et ne plus exister.

La cavité intérieure du *péricarpe*, ou celle qui renferme les graines, peut être *simple*; dans ce cas le
péricarpe est dit *uniloculaire* (pericarpium uniloculare)
ou à une seule loge; comme par exemple dans le pavot
(*papaver somniferum*). D'autres fois il y a un nombre
plus ou moins considérable de *loges* ou cavités par-
tielles ; de là les noms de *biloculaire*, *triloculaire*, *quinquéloculaire*, *multiloculaire*, donnés au *péricarpe*, suivant qu'il présente deux, trois, cinq ou un grand
nombre de *loges* distinctes.

Les *loges* d'un *péricarpe* sont séparées les unes des
autres par autant de lames verticales qui prennent le
nom de *cloisons* (dissepimenta).

Toutes les véritables cloisons n'ont qu'une seule manière de se former : l'*endocarpe* se prolonge dans l'intérieur de la cavité péricarpienne, sous forme de deux
processus lamelleux, adossés l'un à l'autre, et sont
réunis ensemble par un prolongement ordinairement
fort mince du *sarcocarpe*. Tel est le mode de formation
de toutes les *cloisons vraies*. Celles qui ne sont pas
formées de cette manière, doivent être considérées
comme de *fausses cloisons*.

Il arrive quelquefois, dans certaines *cloisons*, que
la partie parenchymateuse du *sarcocarpe*, qui unit les
deux feuillets de l'*endocarpe*, se dessèche ; alors ces
deux lames se dessoudent et s'écartent sensiblement

l'une de l'autre, en sorte qu'elles paraissent au premier coup d'œil augmenter le nombre des loges du péricarpe. Mais on reconnaîtra facilement cette désunion, en observant que les deux feuillets de l'*endocarpe* offrent un de leurs côtés parsémé de vaisseaux rompus.

Outre leur mode d'origine et de formation, un autre caractère distinctif des *cloisons vraies*, c'est qu'elles alternent constamment avec les stigmates ou leurs divisions.

Certains fruits, au contraire, présentent de *fausses cloisons* dans leur cavité intérieure. Tels sont ceux de quelques *Crucifères*, de beaucoup de *Cucurbitacées*, du *pavot*, etc. On distinguera les *fausses cloisons* des *vraies*, 1º en ce qu'elles ne sont pas formées par une duplicature de l'*endocarpe* proprement dit; 2º parce que le plus souvent elles répondent à chaque stigmate ou à chacune de ses divisions, au lieu de leur être alternes, comme les véritables cloisons.

Les cloisons sont distinguées encore en *complètes* et en *incomplètes*. Les premiéres sont celles qui s'étendent intérieurement depuis le haut de la cavité du *péricarpe* jusqu'à sa base, sans nulle interruption. Les secondes, au contraire, ne sont pas continues de la base au sommet, en sorte que les deux loges voisines communiquent entre elles. Le *datura stramonium*, nous offre un exemple de ces deux espèces de *cloisons* réunies dans le même fruit. Si on le coupe transversalement, il offre quatre *loges* et par conséquent quatre *cloisons*. Mais de ces cloisons, deux seulement sont *complètes*; les deux autres n'atteignent pas jusqu'au sommet de la cavité intérieure du *péricarpe;* elles ne s'élèvent que jusqu'aux deux tiers de sa hauteur, et laissent communiquer ensemble, par leur partie supérieure, les deux loges qu'elles séparent inférieurement.

Pour arriver facilement à reconnaître et à dénommer avec exactitude les différentes parties qui composent le *péricarpe*, et les distinguer de celles qui appartiennent à la graine, il est très-important d'établir la juste limite entre ces deux organes. Toute graine devant recevoir sa nourriture du *péricarpe*, il suit de là nécessairement qu'elle doit communiquer avec lui par quelqu'un des points de sa surface. Ce point a été nommé *hile* ou *ombilic* par les botanistes. Le *hile* doit donc être considéré comme la limite précise entre le *péricarpe* et la *graine;* c'est-à-dire que toutes les parties qui se trouvent en dehors et au-dessus du *hile* appartiennent au *péricarpe*, et qu'au contraire on doit regarder comme faisant partie de la *graine*, toutes celles qui sont situées au-dessous du *hile*.

Les graines sont attachées au *péricarpe*, sur un corps charnu particulier, de grandeur et de forme variables, auquel on donne le nom de *trophosperme* (1). Dans le point intérieur du *péricarpe* où une graine est attachée à un *trophosperme*, l'*endocarpe* est toujours percé, parce que le *sarcocarpe*, étant la seule partie vasculaire du *péricarpe*, et pouvant seul fournir les matériaux nécessaire à la nutrition de la graine, il faut que l'*endocarpe*

---

(1) *Placenta* des auteurs.

offre une ouverture, pour laisser passer les vaisseaux qui arrivent à cet organe.

Le *trophosperme* ne porte quelquefois qu'une seule graine; d'autres fois il en porte un grand nombre. Quand sa surface offre des prolongemens manifestes, dont chacun soutient une graine, on appelle ces prolongemens *podospermes;* comme, par exemple, dans les *Légumineuses*, les *Caryophyllées*, les *Portulacées*, etc.

Le *trosphosperme*, ou le *podosperme*, s'arrête ordinairement au contour du hile de la graine. Lorsqu'ils se prolongent au delà de ce point, de manière à recouvrir la graine dans une étendue plus ou moins considérable, ce prolongement prend le nom d'*arille*.

L'*arille* n'étant qu'une expansion du *trophosperme*, appartient, non point à la graine, comme on le dit généralement, mais au *péricarpe*.

Examinons successivement les différentes parties internes du péricarpe; savoir : les *cloisons*, le *trophosperme*, l'*arille*.

§ I. *Des cloisons.*

Nous avons déjà dit précédemment qu'on a donné le nom de *cloisons* à des parties très-différentes les unes des autres; mais nous avons indiqué en même temps la manière dont les vraies cloisons sont formées. Toutes celles donc qui ne présenteront point une semblable organisation, c'est-à-dire qui ne seront pas constituées par deux feuillets saillans de l'*endocarpe*, réunis par un prolongement du *sarcocarpe*, devront être considérées comme de fausses cloisons.

Les *cloisons* sont le plus souvent *longitudinales*, en sorte qu'elles s'étendent de la base vers le sommet de la cavité péricarpienne.

Dans quelques cas très-rares, comme dans la *casse* (cassia fistula), et quelques autres Légumineuses, elles sont *transversales*.

Les *cloisons*, comme nous l'avons déjà dit, ont été distinguées encore en *complètes* et en *incomplètes*. Nous ne reviendrons point sur cette distinction, que nous avons suffisamment définie.

L'origine des *cloisons fausses* est extrêmement variable. Tantôt, en effet, elles sont formées par une saillie plus ou moins considérable du *trophosperme*, comme dans le pavot ; tantôt, au contraire, elles sont produites par les bords rentrans des *valves* du péricarpe, etc.

§ II. *Du Trophosperme.*

Le trophosperme est cette partie du *péricarpe* à laquelle les graines sont attachées. Quelquefois il offre à sa surface un nombre plus ou moins grand de petits mamelons saillans, portant chacun une seule graine, et auxquels on donne le nom de *podospermes*.

Lorsqu'un *péricarpe* est *pluriloculaire*, le *trophosperme* occupe ordinairement son centre, et alors on l'appelle *central;* dans ce cas, il est formé par la rencontre et la soudure des *cloisons*, et présente dans l'angle rentrant de chaque loge, une saillie plus ou moins considérable.

La *forme* du *trophosperme* est très-variée. Il est *sphérique* et presque *globuleux* dans beaucoup de *Primulacées*, dans l'*anagallis arvensis*, par exemple, etc.

Cylindrique, dans plusieurs *Caryophyllées*, tels que le *silene armeria*, le *cerastium arvense*, etc.

Trigone, dans le *polemonium cœruleum*.

Rayonnant (radiatum), comme dans les *Cucurbitacées*, les *Rhodoracées*, etc.

Suivant sa *consistance*, le trophosperme peut être :

Charnu; tel est celui de la *rue* (ruta graveolens), du *saxifraga granulata*. Il est quelquefois *coriace* et dur, comme dans le *pavot*.

Subéreux, ou ayant la consistance du liége, comme dans la *stramoine* (datura stramonium), le *tabac* (nicotiana tabacum), etc.

Suivant sa position, on dit qu'il est *central* ou *axillaire*, quand il occupe le centre ou l'axe du *péricarpe*. Par exemple, dans les Campanules, la digitale etc.

Pariétal, attaché aux parois des loges du *péricarpe*. Dans ce cas il est appelé *unilatéral*, quand il est attaché d'un seul côté du *péricarpe*, comme dans la plupart des *Légumineuses* et des *Apocinées*.

Bilatéral, attaché à deux des côtés de la cavité intérieure du *péricarpe*, comme dans les *Groseillers*, etc.

Le *podosperme* offre aussi des formes très-variables; quelquefois il est grêle et *filiforme*, comme dans la giroflée, le groseiller à maquereau, le frêne, etc.

Unciforme, ou en forme de crochet, dans l'*acanthus mollis*, etc.

D'autres fois, au contraire, il est plus épais et plus gros que la graine.

§ III. *De l'Arille*.

L'*arille*, avons-nous dit, appartient essentiellement au *péricarpe*, puisqu'il n'est qu'un prolongement du trophosperme. C'est donc à tort qu'un grand nombre de botanistes le considèrent comme faisant partie de la graine, sur laquelle il est simplement appliqué sans y adhérer aucunement, excepté par le contour du hile.

Peu de parties, dans les végétaux, offrent autant de variétés dans leur forme et leur nature, que l'*arille*. Aussi, est-il très-difficile d'en donner une définition rigoureuse, et qui soit applicable à tous les cas.

Dans le *muscadier* (myristica officinalis), l'*arille* forme une lame charnue, d'un rouge clair, découpée en lanières étroites et inégales : c'est cette partie qui est usitée en pharmacie, et connue sous le nom de *macis*. Le *polygala vulgaris* a un arille trilobé, peu développé, formant une sorte de petite couronne à la base de la graine. Dans le *fusain* ordinaire (evonymus europæus), et le *fusain* à larges feuilles (evonymus latifolius), l'*arille*, de couleur orangée, enveloppe et cache la graine de toutes parts ; dans le *fusain* à bois galeux (evonymus verrucosus), il forme une cupule irrégulière, ouverte supérieurement.

D'après le petit nombre d'exemples que nous venons de citer, on voit que cet organe est extrêmement variable, tant dans sa couleur que dans sa forme et sa consistance. Mais son point d'origine étant le même dans tous les cas, il sera toujours facile de le reconnaître, malgré les nombreuses formes sous lesquelles il peut se présenter.

Plusieurs parties ont été souvent prises pour des *arilles*. Ainsi, 1° la partie extérieure, manifestement charnue, du tégument propre de la graine, dans le jasmin, le *tabernemontana*, etc.; 2° l'endocarpe, comme dans le *café* (coffæa arabica), les *Rutacées*, etc.

Une loi, jusqu'à présent reconnue générale, c'est-à-dire à laquelle il ne s'est point encore présenté d'exception, c'est que l'*arille* ne se rencontre jamais dans des plantes dont la *corolle* est *monopétale*. Le *tabernemontana* semblait en quelque sorte contredire cette loi; mais mieux examiné, son prétendu *arille* n'est que la partie extérieure du tégument propre de sa graine, qui est molle et charnue.

Nous venons d'étudier les organes accessoires du péricarpe; savoir : les cloisons, les loges, le trophosperme et l'arille; revenons maintenant à d'autres considérations sur le péricarpe en général.

On distingue dans le *péricarpe* comme dans l'ovaire, 1° sa *base*, ou le point par lequel il est fixé au réceptacle ou au pédoncule; 2° son *sommet*, qui est indiqué par la place qu'occupait le style ou le stigmate sessile; 3° enfin, son *axe*. Quelquefois cet axe est matériel, et existe réellement : on lui donne le nom de *columelle*. D'autres fois, au contraire, il est fictif et rationnel, c'est-à-dire qu'il est représenté par une ligne imaginaire, dirigée de la base vers le sommet du péricarpe, qui passerait par son centre.

La *columelle* forme une sorte de petite colonne, sur laquelle s'appuyent les différentes pièces du fruit, et qui persiste au centre du péricarpe, quand celles-ci viennent à tomber : par exemple, dans les *euphorbes*, les *Ombelli-fères*, etc.

Les graines étant renfermées dans le péricarpe, il faut, pour qu'à l'époque de leur maturité elles puissent en sortir, que celui-ci s'ouvre d'une manière quelconque. On donne le nom de *déhiscence* à l'action par laquelle un péricarpe s'ouvre naturellement. Cependant, il est des péricarpes qui ne s'ouvrent pas. On leur a donné le nom d'*indéhiscens* ; tels sont ceux des *Synanthérées*, des *Labiées*, des *Graminées*, etc.

Parmi les péricarpes qui s'ouvrent naturellement à l'époque de la maturité, on distingue, 1° ceux qui se rompent en pièces irrégulières, dont le nombre et la forme sont très-variables. On les appelle *péricarpes ruptiles* ; 2° ceux qui ne s'ouvrent que par des trous pratiqués à leur partie supérieure, comme dans les *antirrhinum* ; 3° ceux qui s'ouvrent à leur sommet par des dents d'abord rapprochées, qui s'écartent les uns des autres, telles sont beaucoup de *Caryophyllées* ; 4° enfin, ceux qui se partagent en un nombre déterminé de pièces distinctes ou panneaux qu'on appelle *valves*, sont les *péricarpes* vraiment *déhiscens*. Le nombre des *valves* d'un *péricarpe* est toujours annoncé par le nombre de *sutures* longitudinales, que l'on remarque sur sa surface extérieure. Les véritables valves sont toujours en nombre égal aux loges du péricarpe. Ainsi, un fruit *déhiscent*, qui est *quadriloculaire*, sera également à quatre valves.

Mais, dans quelques fruits, chacune des valves se

partage en deux pièces, en sorte que leur nombre paraît double de celui qui devrait naturellement exister.

Un *péricarpe* est appelé *bivalve* (pericarpium bivalve), quand il se partage de lui-même en deux valves égales et régulières, comme dans le *lilas* (syringa vulgaris), les *véroniques*, etc.

Trivalve (pericarpium trivalve), celui qui s'ouvre en trois valves. Tels sont ceux de la *tulipe*, du *lys*, des *violettes*, etc.

Quadrivalve, ou à quatre valves (pericarpium quadrivalve), comme dans les *épilobes*.

Quinquévalve (pericarpium quinquevalve), celui qui s'ouvre en cinq valves.

Multivalve (pericarpium multivalve), quand il se partage en un nombre plus considérable de valves ou segmens distincts.

La déhiscence valvaire peut se faire de différentes manières, relativement à la position respective des valves avec les cloisons. De là on a distingué trois espèces de *déhiscence valvaire*.

1° Ou bien cette déhiscence se fait par le milieu des loges, c'est-à-dire entre les cloisons qui répondent alors à la partie moyenne des valves (*valvis medio septiferis*); on l'appelle *loculicide*, comme dans la plupart des Ericées.

2° D'autres fois, la déhiscence a lieu vis-à-vis les cloisons, qu'elle partage le plus souvent en deux lames. On la nomme alors *septicide*, comme, par exemple, dans les Scrophularinées, les Rhodoracées, etc.

3° Enfin, elle a reçu le nom de déhiscence *septi-*

frage, quand la rupture a lieu vers la cloison, qui reste libre et entière au moment où les valves se séparent, comme dans les *bignonia*, le *calluna* (erica vulgaris).

Le péricarpe, ou le fruit considéré dans son ensemble, est un des organes dont les formes sont les plus nombreuses et les plus variées. Ainsi, il est souvent :

Sphéroïdal et arrondi, comme dans la pêche, l'abricot, l'orange, etc.

Ové, comme celui d'un grand nombre de chênes, etc.

Lenticulaire, c'est-à-dire approchant de la forme d'une lentille, comme dans un grand nombre d'*Ombellifères*.

Prismatique, c'est-à-dire ayant la forme d'un prisme à plusieurs faces, comme dans l'*oxalis*.

Son sommet peut être *aigu* ou *obtus;* quelquefois le style persiste et forme sur le fruit une pointe plus ou moins remarquable. D'autres fois, c'est le stigmate qui acquiert un développement plus grand, comme dans la plupart des clématites, et beaucoup d'anémones, où il forme des espèces d'appendices plumeux au sommet du fruit.

Le fruit peut être couronné par les dents du calice, quand l'ovaire était infère ou pariétal, comme dans la grenade (*punica granatum*), la pomme, la poire, etc.

D'autres fois il est surmonté par une *aigrette* (pappus), petite touffe de poils soyeux, qui doit être regardée comme un véritable calice. C'est ce que l'on observe dans presque toutes les espèces de la nombreuse tribu des *Synanthérées*. On tire de la forme et de la structure de l'*aigrette* de fort bons caractères génériques.

Ainsi, cette *aigrette* peut être *sessile* (pappus sessilis), c'est-à-dire immédiatement appliquée sur le sommet de l'ovaire, sans le secours d'aucun autre corps intermédiaire, comme dans les genres *hieracium*, *sonchus*, *prenanthes*, etc. (Voy. pl. 8, fig. 12.)

Dans d'autres genres, au contraire, elle est portée sur une espèce de petit pivot ou support particulier qu'on appelle *stipes*, et l'*aigrette* est dite *stipitée* (pappus stipitatus) comme dans les genres *lactuca*, *tragopogon*, etc. (Voy. pl. 8, fig. ı3.)

Les *poils* qui composent l'*aigrette* peuvent être *simples* et non divisés; dans ce cas, l'*aigrette* est dite simplement *poilue* (pappus pilosus), comme dans le *lactuca*, le *prenanthes*. (Voy. pl. 8, fig. ı3.)

D'autres fois ils sont *plumeux*, c'est-à-dire offrant sur leurs parties latérales d'autres petits poils plus fins, plus déliés et plus courts, de manière à ressembler aux barbes d'une plume. L'*aigrette* alors est appelée *plumeuse* (pappus plumosus), comme dans les genres *leontodon*, *tragopogon*, *picris*, *cynara*, etc. (Voy. pl. 8, fig. ı2 *a*.)

Dans les *valérianes*, l'*aigrette*, qui n'est manifestement que le limbe du calice, comme au reste cela a également lieu pour les Synanthérées, est d'abord roulée en dedans de la fleur, et se montre sous la forme d'un petit bourrelet circulaire à la partie supérieure de l'ovaire; mais quelque temps après la fécondation on voit ce calice se dérouler, s'allonger et former une véritable *aigrette plumeuse*.

Le péricarpe présente encore assez souvent des es-

pèces d'appendices membraneux en forme d'*ailes*,
comme dans l'*orme*, les *érables* (pl. 8, fig. 6.). D'après
le nombre de ces appendices, il est dit : *diptère, triptère, tétraptère*, etc. Beaucoup de genres de la famille
des Sapindacées et des Acérinées offrent des exemples
de ces différentes espèces de fruits.

D'autres fois il est couvert de *poils* longs et rudes,
ressemblant à une sorte de filasse, comme dans le *lon-
tarus;* ou même il est hérissé d'épines, comme dans le
marronier d'Inde, la pomme épineuse (*datura stramonium*), etc.

L'organisation du *péricarpe* et de la *graine* étant une
des parties les plus difficiles de la botanique, afin de
bien faire concevoir les différentes parties que nous
venons de décrire dans ce chapitre, nous allons faire
l'analyse de quelques fruits très-connus, et dénommer
les différentes parties qui les composent; après quoi
nous résumerons en peu de mots les objets que nous
aurons successivement étudiés.

Prenons le fruit du *pêcher* (amygdalus persica) pour
exemple. (Vcy. pl. 8, fig. 8.)

Le *fruit* étant essentiellement composé de deux parties,
savoir : du *péricarpe* et de la *graine*, il s'agit d'abord de
ces deux parties distinguer l'une de l'autre. Nous savons
que la graine est toujours contenue dans l'intérieur du
péricarpe; cherchons donc à la trouver au centre de
cet organe. Si nous coupons une pêche en deux, nous
verrons son centre occupé par une cavité ou *loge*, renfermant une seule *graine*, rarement deux. La *graine*
une fois reconnue, tout ce qui est en dehors d'elle,

appartient au *péricarpe*. Voyons à dénommer ses différentes parties. Nous trouvons d'abord, tout-à-fait à l'extérieur, une pellicule mince, colorée, couverte d'un duvet très-court qu'on enlève facilement : c'est l'*épicarpe*. La cavité intérieure du *péricarpe* est tapissée par une autre membrane lisse, intimement unie et confondue avec la partie dure qui forme le noyau, c'est l'*endocarpe*. Toute la partie épaisse, charnue, parenchymateuse, renfermée entre cette dernière membrane et l'*épicarpe*, forme le *sarcocarpe*. Mais à laquelle de ces trois parties appartient le noyau osseux qu'on trouve à l'intérieur ? Est-ce, comme on l'a cru long-temps, un tégument propre de la graine, un *endocarpe* épais et ligneux, ou bien fait-il partie du *sarcocarpe?* Il nous sera très-facile de résoudre ces questions. En effet, examinons comment s'est formée cette partie osseuse. Si nous prenons une jeune pêche, long-temps avant l'époque de sa maturité, que nous la coupions en travers, nous n'éprouverons aucune résistance; il n'y aura point encore de noyau solide. Or, à cette époque, les trois parties du *péricarpe* sont extrêmement distinctes les unes des autres, et l'*endocarpe* est évidemment ici sous forme d'une simple membrane appliquée sur le *sarcocarpe*. Mais peu de temps après, on voit la partie du sarcocarpe la plus voisine de cette membrane intérieure, devenir successivement plus blanche, plus serrée, et passer graduellement par tous les degrés intermédiaires, avant d'acquérir la solidité osseuse qu'elle offre à l'époque de la maturité. Or, dans ce cas, quoique cette portion du *sarcocarpe* se soit intimement unie et confondue avec l'*endocarpe*, elle ne doit cependant être rapportée en aucune manière à ce dernier, mais bien au *sarcocarpe*, puisque réellement elle est formée par lui. Le noyau, ou la partie osseuse que l'on trouve au centre de la pêche, est donc formé par l'*endocarpe*, auquel s'est jointe une portion ossifiée du *sarcocarpe*. Ce que nous venons de dire de la pêche est également applicable à l'abricot, la prune, la cerise, l'amande, etc., etc.

Si nous prenons le fruit du *pois* ordinaire (pisum sativum), (pl. 8. f. 3) connu sous le nom de *gousse*, et que nous l'analysions, nous trouverons d'abord :

Que ce fruit est allongé et comprimé de manière à présenter deux bords tranchans, sur lesquels règnent deux *sutures* longitudinales ; ce qui nous indique qu'il s'ouvrira à la parfaite maturité, en deux segmens ou *valves*; c'est donc un péricarpe bivalve. Si nous le coupons longitudinalement, nous n'y verrons qu'une seule cavité intérieure, renfermant huit à dix graines, c'est-à-dire, qu'il est *uniloculaire*, *polysperme*. Les graines sont toutes fixées, du côté de la *suture* supérieure à une espèce de petit rebord épais, régnant tout le long de cette suture, et offrant un petit prolongement distinct pour chaque graine. Tout ce qui est en dehors de la graine, fait partie du *péricarpe*. Dénommons ces parties. Tout-à-fait à l'extérieur, se trouve une membrane mince, très-adhérente à la partie sous-jacente, c'est l'*épicarpe*. La cavité intérieure est tapissée par une autre membrane, un peu moins intimement adhérente, c'est l'*endocarpe*. La partie charnue, verte, vasculeuse qui

se trouve entre ces deux membranes, quoique peu
épaisse, constitue le *sarcocarpe*. Le petit bourrelet longitudinal, qui descend le long de la *suture*, et auquel
sont attachées les graines, est le *trophosperme*. Chaque
prolongement de ce corps, particulier à chaque graine,
est un *podosperme*.

En résumé, nous voyons que le péricarpe est cette
partie du fruit qui forme les parois de la cavité simple
ou multiple dans laquelle sont contenus les graines;
qu'il se compose constamment de trois parties; savoir :
1° de l'*épicarpe*, ou membrane qui le recouvre extérieurement; 2° de l'*endocarpe*, ou membrane pariétale
interne tapissant sa cavité intérieure ; 3° d'une partie
plus ou moins épaisse et charnue, quelquefois cependant mince et peu apparente, mais toujours vasculaire, que l'on nomme *sarcocarpe :* que souvent le péricarpe est partagé intérieurement par des *cloisons* en
un nombre plus ou moins considérable de *loges*, nombre d'après lequel il est appelé *biloculaire*, *quadriloculaire*, *multiloculaire*, etc. Le point de la cavité péricarpienne, auquel sont attachées les graines, offre un
renflement charnu plus ou moins développé, provenant du sarcocarpe, qui a reçu le nom de *trophosperme :*
on appelle, au contraire, *podosperme* chaque petit
mamelon du *trophosperme* portant une seule graine.
Quand le *trophosperme* ou le *podosperme* recouvre la
graine de manière à l'embrasser dans une étendue plus
ou moins grande, ce prolongement particulier porte
le nom d'*arille*.

Telles sont toutes les parties qui entrent dans la

composition du péricarpe. Étudions maintenant la graine.

CHAPITRE II.

DE LA GRAINE.

Nous venons de voir que le fruit est essentiellement formé de deux parties, le *péricarpe* et la *graine*.

La graine est cette partie d'un fruit parfait, qui se trouve contenue dans la cavité intérieure du péricarpe, et qui renferme le corps qui doit reproduire un nouveau végétal. Il n'existe pas de graines nues proprement dites, c'est-à-dire qui ne soient pas recouvertes par le péricarpe. Mais ce dernier est quelquefois si mince ou si adhérent à la graine, qu'on l'en distingue difficilement à l'époque de la maturité du fruit, parce qu'ils se sont soudés et confondus ensemble. Cependant ces deux parties étaient bien distinctes dans l'ovaire après la fécondation. De là l'impérieuse nécessité d'étudier avec soin la structure de l'ovaire, pour reconnaître celle que doit avoir le fruit.

Ainsi, dans les Graminées, les Synanthérées, le péricarpe est très-mince et collé intimement avec la graine dont il est très-difficile de le distinguer. Il en est de même encore dans beaucoup d'*Ombellifères*, etc.; tandis que si on les examine dans l'ovaire, ces deux parties sont fort distinctes l'une de l'autre.

Toute graine provient d'un ovule fécondé. Son caractère essentiel est de renfermer un corps organisé, qui, mis dans des circonstances favorables, se développe et devient un être parfaitement semblable à celui dont il a tiré son origine. Ce corps est l'*embryon*. L'essence de la graine consiste donc dans l'embryon.

C'est à tort, selon nous, que l'on a donné le nom de graines aux corpuscules reproductifs des Fougères, des Mousses, des Champignons et de toutes les autres plantes *agames*. En effet, rien dans leur intérieur ne ressemble à un embryon. Il est vrai cependant qu'ils forment en se développant un végétal semblable en tout à celui dont ils proviennent. Mais il n'y a pas que l'embryon qui soit susceptible d'un pareil développement; les bourgeons des plantes vivaces, et surtout les bulbilles qui se développent sur différentes parties des végétaux, souvent même jusque dans l'intérieur du péricarpe, à la place des graines, peuvent également donner naissance à un végétal complet. Or, personne n'a jamais été tenté, malgré cette grande analogie de fonctions, de regarder les bulbilles et les bourgeons comme de véritables graines : les corpuscules reproductifs des agames, leur étant parfaitement analogues, ne doivent pas plus qu'eux porter le nom de graines.

La graine est formée de deux parties : 1° de l'*épisperme* ou tégument propre : 2° de l'*amande*, contenue dans l'épisperme.

Nous étudierons séparément ces deux parties quand nous aurons parlé, d'une manière générale, de la direction et de la position des graines, relativement au péricarpe.

Le point de la graine, par lequel elle est fixée au péricarpe, se nomme l'ombilic ou le *hile* (hilus). Le hile est toujours marqué, sur le tégument propre, par un point ou espèce de cicatrice plus ou moins grande, qui n'occupe jamais qu'une partie de sa surface, et au moyen de laquelle les vaisseaux du *trophosperme* communiquaient avec ceux du tégument propre de la graine.

Le centre du hile représente toujours la *base* de la graine. Son sommet est indiqué par le point diamétralement opposé au hile.

Lorsqu'une graine est comprimée, celle de ses deux faces qui regarde l'axe du péricarpe porte le nom de *face* proprement dite; l'autre, qui est tournée du côté des parois du péricarpe, est appelée le dos (*dorsum*). Le *bord* de la graine est représenté par le point de jonction de la face et du dos.

Quand le *hile* est situé sur un des points du bord de la graine, elle est dite *comprimée* (semen compressum). On dit, au contraire, qu'elle est *déprimée* (semen depressum), quand le hile se trouve sur sa face ou son dos. Cette distinction est très-importante à faire.

La position des graines et surtout leur direction relativement à l'axe du péricarpe est importante à considérer, lorsque ces graines sont en nombre déterminé. Elles fournissent alors d'excellens caractères dans la coordination naturelle des plantes.

Ainsi toute graine fixée par son extrémité même au

fond du péricarpe ou d'une de ses loges, quand il est multiloculaire, et dont elle suit plus ou moins bien la direction, est dite *dressée* (semen erectum), comme dans toutes les Synanthérées, etc.

On l'appelle au contraire *renversée* (semen inversum), quand elle est attachée de la même manière au sommet de la loge du péricarpe; par exemple, dans les Dipsacées. Dans ces deux cas le trophosperme occupe la base ou le sommet de la loge.

Si, au contraire, le trophosperme étant axillaire ou pariétal, la graine dirige son sommet (ou la partie diamétralement opposée à son point d'attache) vers la partie supérieure de la loge, elle est appelée *ascendante* (semen ascendens), comme dans la pomme, la poire, etc. (Voy. pl. 8, fig. 9.)

On la dit, par opposition, *suspendue* (s. appensum), quand son sommet regarde la base de la loge, comme dans les Jasminées, beaucoup d'Apocinées, etc.

On donne à la graine, le nom de *péritrope* (s. peritropum), quand son axe rationnel, ou la ligne qui est censée passer par sa base et son sommet, est transversale, relativement aux parois du péricarpe.

§ I. *De l'Episperme.*

L'*épisperme*, ou tégument propre de la graine, est constamment simple et unique autour de l'amande. Cependant, quelquefois, comme il présente une épaisseur assez notable, et qu'il est légèrement charnu à son intérieur, sa paroi interne se détache et s'isole, en sorte qu'il paraît composé de deux tuniques, l'une extérieure, plus épaisse, quelquefois dure et solide, à laquelle Gœrtner à donné le nom de *testa;* l'autre extérieure, plus mince, que l'on nomme *tegmen*. Cette disposition se remarque très-bien dans la graine du *ricin* (ricinus communis); mais ces deux membranes ne sont pas plus distinctes l'une de l'autre que les trois parties qui composent le péricarpe.

Le *hile* est toujours situé sur l'épisperme. Il offre un aspect et une étendue variables. Quelquefois il se présente sous la forme d'un simple point, à peine visible. D'autres fois au contraire il est très-large, comme dans le marronier d'Inde, par exemple, où sa couleur blanchâtre le fait distinguer facilement de l'*épisperme*, qui est d'un brun foncé.

Vers la partie centrale du hile, quelquefois sur un de ses côtés, on voit une ouverture fort petite, à laquelle M. Turpin a donné le nom d'omphalode, et qui livre passage aux vaisseaux nourriciers qui, du *trophosperme*, s'introduisent dans le tissu de l'*épisperme*. Lorsque ce faisceau vasculaire se continue quelque temps avant de se ramifier, il forme une ligne saillante, à laquelle on a donné le nom de *vasiducte* ou de *raphé*. Le point intérieur où se termine le vasiducte porte le nom de *chalaze* ou d'ombilic interne. Le vasiducte est souvent peu apparent à l'extérieur; on ne le découvre alors que par le secours de la dissection, comme dans beaucoup d'Euphorbiacées. D'autres fois il est très-saillant et visible, comme dans les *Orangers*, où il s'allonge d'un bout à l'autre de l'*épisperme*.

Dans beaucoup de graines on trouve près du hile un organe perforé, toujours dirigé du côté du stigmate, et que les botanistes désignent avec M. Turpin sous le nom de *micropyle*. Plusieurs auteurs pensent que c'est par cette ouverture, à laquelle aboutissent les faisceaux de vaisseaux que M. Corréa de Serra a nommés *cordons pistillaires*, que le fluide fécondant est apporté au jeune embryon.

On remarque quelquefois, plus ou moins loin du *hile* de quelques graines, une sorte de corps renflé en forme de calotte, auquel Gœrtner a donné le nom d'*embryotége*, comme dans le dattier, l'asperge, la comméline, etc. Pendant la germination, ce corps se détache et livre passage à l'embryon.

L'*épisperme* est le plus souvent simplement appliqué sur l'*amande*, dont on le sépare avec facilité. Mais il arrive quelquefois qu'il contracte avec elle une adhérence si intime, qu'on ne peut l'enlever qu'en le grattant.

L'*épisperme* n'offre jamais de loges ni de cloisons à son intérieur. Sa cavité est toujours simple. Cependant, il peut, dans quelques cas rares, renfermer plusieurs embryons à la fois. Mais cette superfétation est une anomalie, une sorte de jeu de la nature, qui n'a rien de fixe ni de constant.

§ II. *De l'Amande.*

L'amande est toute la partie d'une graine mûre et parfaite, contenue dans la cavité de l'épisperme. Elle n'a aucune espèce de communication vasculaire avec lui, à moins que ces deux organes ne soient soudés et confondus; car dans ce cas il devient difficile de déterminer, s'il n'existe point quelque communication vasculaire entre eux.

L'amande tout entière peut être formée par l'*embryon*, comme dans le haricot, la lentille, la fève de marais, etc.; c'est-à-dire qu'il remplit à lui seul toute la cavité intérieure de l'épisperme. (Voy. pl. 7, fig. 3, 7.)

D'autres fois, outre l'embryon, l'amande renferme un autre corps accessoire, qu'on appelle *endosperme* (1), comme dans le ricin, le blé, etc. (Voy. pl. 7, fig. 3, *c*.)

La structure de ces deux organes est tellement différente, qu'il sera facile de les distinguer au premier coup d'œil. L'*embryon*, en effet, est un être essentiellement organisé qui, par la germination, doit s'accroître et se développer. L'*endosperme* au contraire est une masse de tissu cellulaire, quelquefois dure et comme cornée, d'autres fois charnue et molle, qui, par la germination, se fane et diminue ordinairement de volume, au lieu d'en acquérir. Ainsi donc la germination lèvera tous les doutes, pour déterminer la nature des deux corps renfermés dans l'épisperme, quand on n'y sera pas parvenu au moyen de l'analise et de la dissection.

§ III. *De l'Endosperme.*

L'endosperme est cette partie de l'amande qui forme

---

(1) *Périsperme* de Jussieu; *albumen* de Gœrtner

autour ou à côté de l'embryon, un corps accessoire, lequel n'a avec lui aucune continuité de vaisseau ou de tissu. Le plus souvent il est formé de tissu cellulaire dans les mailles duquel se trouve renfermée de la fécule amilacée, ou un mucilage épais.

Cette substance sert de nourriture au jeune embryon. Avant la germination, elle est tout-à-fait insoluble dans l'eau ; mais à cette première époque de la vie végétale, elle change de nature, devient soluble, et sert en partie à la nourriture et au développement de l'embryon.

Il est toujours assez facile de séparer l'endosperme de l'embryon, parce qu'il ne lui est aucunement adhérent.

Sa couleur est le plus souvent blanche ou blanchâtre ; il est vert dans le gui (*viscum album*).

La substance qui le forme est en général très-variable ; ainsi il est :

Sec et *farineux* dans un grand nombre de *Graminées*, le blé, l'avoine, l'orge, etc. ;

Coriace et comme *cartilagineux* dans un grand nombre d'Ombellifères ;

Oléagineux et *charnu*, c'est-à-dire épais et gras au toucher, comme dans le ricin et beaucoup d'autres Euphorbiacées ;

Corné, tenace, dur, élastique comme de la corne, dans le café et beaucoup d'autres Rubiacées, la plupart des Palmiers, etc. ;

Mince et membraneux, comme celui d'un grand nombre de Labiées, etc.

La présence ou l'absence de l'endosperme est un très-bon caractère générique, surtout dans les Monocotylédons. Cet organe doit donc jouer un grand rôle dans l'arrangement des familles naturelles des plantes.

L'endosperme peut exister dans une graine, quoique son embryon ait avorté, ou manque entièrement.

Il est toujours unique, même dans les cas où il y a plusieurs embryons réunis dans la même graine.

§ IV. *De l'Embryon.*

L'*embryon* est ce corps déjà organisé, existant dans une graine parfaite après la fécondation, et qui constitue le rudiment composé d'une nouvelle plante. C'est lui en effet qui, placé dans des circonstances favorables, va, par l'acte de la germination, devenir un végétal parfaitement semblable en tout à celui dont il tire son origine.

Quand l'embryon existe seul dans la graine, c'est-à-dire qu'il est immédiatement recouvert par l'*épisperme* ou tégument propre, on l'appelle *épispermique* (embryo epispermicus), comme dans le haricot. (Voy. pl. 7, fig. 3, 4, 5, 6.)

Si au contraire il est accompagné d'un *endosperme*, il prend le nom d'*endospermique* (embryo endospermicus), comme dans les Graminées, le ricin, etc. (Voy. pl. 7, fig. 3, 4;

L'embryon *endospermique* peut offrir des positions différentes relativement à l'*endosperme*. Ainsi quelquefois il est simplement appliqué sur un point de sa surface, et logé dans une petite fossette superficielle que celle-ci lui présente, comme dans les Graminées; il a reçu dans ce cas le nom d'*extraire* (embryo extrarius). (Voy. pl. 7, fig. 8.)

D'autres fois il est totalement renfermé dans l'intérieur de l'*endosperme* qui l'enveloppe de toutes parts; il porte alors le nom d'*intraire* (embryo intrarius), comme dans le ricin, etc. (Voy. pl. 7, fig. 3, 4.)

L'*Embryon* étant un végétal déjà formé, toutes les parties qu'il doit un jour développer y existent déjà, mais seulement à l'état rudimentaire. C'est comme nous l'avons dit, la véritable différence de l'embryon et des corpuscules reproductifs des plantes agames.

L'*Embryon* est essentiellement formé de quatre parties; savoir : 1° du *corps radiculaire*; 2° du *corps cotylédonaire*; 3° de la *gemmule*; 4° de la *tigelle*.

1° Le *corps radiculaire* ou la *Radicule* constitue une des extrémités de l'embryon. C'est lui qui, par la germination, doit donner naissance à la racine ou la former par son développement. (Voy. pl. 7, fig. 5, *a*, 7, *a*.)

Dans l'embryon à l'état de repos, c'est-à-dire avant la germination, l'extrémité radiculaire est toujours simple et indivise. Lorsqu'elle se développe, elle pousse souvent plusieurs petits mamelons qui constituent autant de filets radiculaires, comme dans les Graminées.

Si, dans quelques cas, il est difficile avant la germination de reconnaître et de distinguer la radicule, cette distinction devient aisée lorsque l'embryon commence à se développer. En effet le corps radiculaire tend continuellement à se diriger vers le centre de la terre, quels que soient les obstacles qu'on lui oppose, et se change en racine, tandis que les autres parties de l'embryon prennent une direction contraire.

Dans un certain nombre de végétaux le corps radiculaire lui-même s'allonge et se change en racine par l'effet du développement que la germination lui fait acquérir. C'est ce que l'on observe dans un grand nombre de Dicotylédons; dans le cas où la radicule est extérieure et à nu, les végétaux prennent le nom d'*Exhorizes*. Tels sont les Labiées, les Crucifères, les Borraginées, les Synanthérées, etc., et la plupart des plantes dicotylédonées. (Voy. pl. 7, fig. 5, 6, 7, *a*.)

Dans d'autres végétaux, au contraire, la radicule est recouverte et cachée entièrement par une enveloppe particulière qui se rompt à l'époque de la germination pour lui donner issue; ce corps a reçu le nom de *Coléorhize*; dans ce cas la radicule est intérieure ou *coléorhizée*, et les plantes qui offrent cette disposition ont reçu le nom de *Endorhizes*. A cette division se rapporte la plus grande partie des vrais Monocotylédons, tels que les Palmiers, les Graminées, les Liliacées, etc. (Voy. pl. 7, fig. 10.)

Enfin dans quelques cas plus rares, la radicule est soudée et fait corps avec l'endosperme: on appelle *Sy-norhizes* les plantes dans lesquelles on observe cette organisation. Tels sont les Pins, les Sapins, tous les autres Conifères, les Cycadées, etc.

Toutes les plantes phanérogames connues viennent se ranger dans ces trois divisions. Aussi peut-on substituer avec avantage ces trois grandes classes, à celles des

Monocotylédons et des Dicotylédons, sujettes à d'assez nombreuses exceptions, comme nous le ferons voir tout à l'heure.

2° Du corps *cotylédonaire*. Le corps cotylédonaire peut être simple et parfaitement indivis; dans ce cas il est formé par un seul *cotylédon*, et l'embryon est appelé *Monocotylédoné* (embryo monocotyledoneus), comme dans le riz, l'orge, l'avoine, le lys, le jonc, etc. (Voyez pl. 7, fig. 7, 8.) D'autres fois il est formé de deux corps réunis base à base, que l'on nomme *Cotylédons*, et l'embryon est dit alors *dicotylédoné* (embryo dicotyledoneus), comme dans le ricin, la fève, etc. (Voyez pl. 7, fig. 3, 5, 6.)

Toutes les plantes dont l'embryon offre un seul cotylédon portent le nom de *Monocotylédonées*; toutes celles qui ont deux cotylédons sont appelées *Dicotylédonées*.

Les cotylédons sont quelquefois au nombre de plus de deux dans le même embryon; ainsi il y en a trois dans le *cupressus pendula*; quatre dans le *pinus inops* et le *ceratophyllum demersum*; cinq dans le *pinus laricio*; six dans le cyprès chauve (*taxodium distichum*); huit dans le *pinus strobus*; enfin on en trouve quelquefois dix et même douze dans le *pinus pinea*.

On voit donc que le nombre des cotylédons n'est point le même dans tous les végétaux, et que la division en Monocotylédons et en Dicotylédons, rigoureusement observée, ne peut pas comprendre tous les végétaux connus; d'ailleurs il arrive assez souvent que les deux cotylédons se réunissent et se soudent, en sorte qu'au premier coup d'œil il est difficile de décider si un embryon est Monocotylédoné ou Dicotylédoné, comme, par exemple, on l'observe dans le marronier d'Inde.

Ce sont ces motifs qui ont engagé mon père à prendre dans un autre organe que dans les cotylédons, la base des divisions primordiales du règne végétal. La radicule nue ou contenue dans une *coléorhize*, ou enfin soudée à l'endosperme, offrant des caractères plus fixes, plus invariables, il s'en est servi pour former trois grandes classes dans les plantes embryonées ou Phanérogames, qui sont :

1° Les ENDORHIZES, ou celles dont l'extrémité radiculaire de l'embryon présente une *coléorhize*, sous laquelle sont un ou plusieurs tubercules radicellaires qui la déchirent, lors de la germination, et se changent en racines. Ce sont les véritables Monocotylédons.

2° Les EXORHIZES, ou celles dont l'extrémité radiculaire de l'embryon est nue, et devient elle-même la racine de la nouvelle plante; tels sont la plupart des Dicotylédons.

3° Les SYNORHIZES, ou plantes dans lesquelles l'extrémité radiculaire de l'embryon est intimement soudée à l'endosperme. Cette classe, moins nombreuse que les deux précédentes, renferme les Conifères, les Cycadées, qui s'éloignent des autres végétaux par des caractères si remarquables, et que le nombre de leurs cotylédons exclue également de la classe des Monocotylédonés et des Dicotylédonés.

Les cotylédons paraissent être destinés par la nature à favoriser le développement de la jeune plante, en lui fournissant les premiers matériaux de sa nutrition. En effet les cotylédons sont presque constamment très-épais et charnus, dans les plantes qui n'ont pas d'*endosperme*, tandis qu'ils sont minces et comme foliacés dans celles où cet organe existe. C'est ce que l'on peut voir facilement, en comparant l'épaisseur des cotylédons du haricot et du ricin.

A l'époque de la germination, quelquefois les cotylédons restent cachés sous la terre, sans se montrer à l'extérieur; dans ce cas ils portent le nom de cotylédons *hypogés* (cotyledones hypogei), comme dans le marronier d'Inde.

D'autres fois ils sortent hors de terre, par l'allongement du collet qui les sépare de la radicule; on leur donne alors le nom d'*épigés* (cotyled. epigei), comme dans le haricot et la plupart des Dicotylédonés. Quand les deux cotylédons sont épigés, et qu'ils s'élèvent au-dessus du sol, ils forment les deux *feuilles séminales* (folia seminalia). (Voy. pl. 7, fi. 7, *c, c.*)

3° De la *gemmule.* On donne le nom de *gemmule* (gemmula) au petit corps, simple ou composé, qui naît entre les cotylédons, ou dans la cavité même du cotylédon, quand l'embryon n'en présente qu'un. On lui donnait autrefois le nom de *plumule* (plumula). Comme cet organe n'a le plus souvent aucune ressemblance avec le corps auquel on le comparait, mais qu'au contraire il forme toujours le premier bourgeon (*gemma*) de la jeune plante qui va se développer, le nom de *gemmule* est infiniment plus convenable, et mérite d'être préféré.

La *gemmule* est le rudiment de toutes les parties qui doivent se développer à l'air extérieur. Elle est formée par plusieurs petites feuilles plissées diversement sur elles-mêmes, qui, en se développant par la germination, deviennent les *feuilles primordiales* (fol. primordialia). (Voy. pl. 7, fig. 7, *d, d.*)

Quelquefois elle est libre et visible à l'extérieur, avant la germination ; d'autres fois au contraire elle ne devient apparente que lorsque celle-ci a commencé ; enfin, dans quelques cas rares, elle est cachée sous une sorte d'enveloppe analogue, en quelque façon, à celle qui recouvre la radicule des *endorhizes*, que l'on appelle *coléoptile*, et alors la gemmule est dite *cléoptilée*. Cette coléoptile ne doit être le plus souvent considérée que comme un cotylédon mince, recouvrant la gemmule à la manière d'un étui.

4° De la *tigelle* (cauliculus). Cet organe n'existe pas toujours d'une manière bien manifeste. Il se confond, d'une part, avec la base du corps cotylédonaire, et de l'autre, avec la radicule, dont il est une sorte de prolongement. C'est par l'accroissement que la tigelle acquiert, lors de la germination, que les cotylédons sont, dans quelques plantes, soulevés hors de terre et deviennent *épigés*.

Après avoir ainsi étudié successivement les quatre parties qui composent un embryon ; savoir : 1° le corps radiculaire ; 2° le corps cotylédonaire ; 3° la gemmule ; 4° la tigelle, voyons quelles sont le différentes positions que l'embryon peut affecter relativement à la graine qui le contient, ou au péricarpe lui-même.

Nous avons déjà vu que l'embryon pouvait être endospermique ou épispermique, suivant qu'il était accompagné d'un endosperme, ou qu'il formait à lui seul la masse de l'amande ; que dans le cas où il était endospermique, il pouvait être intraire ou extraire, quand il était contenu et renfermé dans l'intérieur de l'endosperme, ou simplement appliqué sur un des points de sa surface.

C'est par le moyen de ces deux extrémités de l'embryon, que l'on peut déterminer sa direction propre et sa direction relative. L'extrémité radiculaire forme toujours la base de l'embryon. D'après cela on dit de l'embryon qu'il est :

Homotrope (emb. homotropus), quand il a la même direction que la graine, c'est-à-dire que sa radicule répond au hile, comme cela s'observe dans beaucoup de Légumineuses, de Solanées et un grand nombre de Monocotylédons. L'embryon *homotrope* peut être plus ou moins courbé. Quand il est rectiligne, on lui donne le nom de *orthotrope* (emb. orthotropus), comme dans les Rubiacées, les Synanthérées, les Ombellifères, etc.

On appelle embryon *antitrope* (emb. antitropus), celui dont la direction est opposées à celle de la graine, c'est-à-dire que son extrémité cotylédonaire correspond au hile. C'est ce que l'on peut observer dans les *Thymélées*, les *Fluviales*, le *melampyrum*, etc.

On donne le nom d'embryon *amphytrope* (emb. amphytropus) à celui qui est tellement recourbé sur

lui-même, que ses deux extrémités se trouvent rapprochées et se dirigent vers le hile, comme on le voit
dans les Caryophyllées, les Crucifères, plusieurs Atriplicées, etc.

Comme l'embryon monocotylédoné et l'embryon
dicotylédoné diffèrent beaucoup l'un de l'autre, dans
le nombre, la forme et l'arrangement des parties qui
les composent, nous allons exposer isolément les caractères propres à chacun d'eux.

§ V. *Embryon dicotylédoné.*

L'embryon dicotylédoné, ou celui dont le corps
cotylédonaire présente deux lobes bien distincts, offre
les caractères suivans : sa *radicule* est cylindrique ou
conique, nue, saillante, elle s'allonge lors de la germination et devient la véritable racine de la plante. Ses
deux *cotylédons* sont attachés à la même hauteur sur
la tigelle ; ils ont, dans beaucoup de cas, une épaisseur
d'autant plus grande, que l'endosperme est plus mince,
ou qu'il n'existe point du tout. La *gemmule* est renfermée entre les deux cotylédons qui la recouvrent et la
cachent en grand partie. La tigelle est plus ou moins
développée.

Tels sont les caractères communs aux embryons
dicotylédonés en général. Cependant quelques-uns
offrent des anomalies qui sembleraient d'abord les
éloigner de cette classe ; ainsi, quelquefois les deux cotylédons sont tellement unis et soudés ensemble, qu'ils
semblent n'en plus former qu'un seul, comme dans le

marronier d'Inde, et ordinairement le châtaignier. Mais
on remarquera que cette soudure n'est qu'accidentelle
car il arrive quelquefois qu'elle n'a pas lieu. C'est ce que
l'on observe en effet pour le marronier d'Inde, et ce
qui le fait rentrer dans l'organisation générale des embryons dicotylédonés. D'ailleurs on doit regarder comme
véritablement dicotylédoné, tout embryon dont la
base du corps cotylédonaire est fendue entièrement ou
partagée en deux, quoique lui même paraisse simple
et indivis à son sommet.

§ II. *De l'Embryon monocotylédoné.*

L'Embryon monocotylédoné est celui qui, avant la
germination, est parfaitement indivis, et ne présente
aucune fente ni incision.

Si, dans le plus grand nombre des cas, il est assez
facile de reconnaître dans l'embryon dicotylédoné les
différentes parties qui le composent, il n'en est pas
toujours de même dans l'embryon monocotylédoné, où,
fréquemment, toutes ces parties sont tellement unies
et confondues, qu'elles ne forment plus qu'une masse,
dans laquelle la germination seule peut faire distinguer
quelque chose. Aussi l'organisation de l'embryon des
monocotylédonés est-elle bien moins parfaitement
connue, que celle des végétaux à deux cotylédons.

Dans l'embryon monocotylédoné, le corps radiculaire occupe une des extrémités; il est plus ou moins
arrondi, souvent très-peu saillant; formant comme une
sorte de mamelon peu apparent. D'autres fois, au con-

traire, il est extrêmement large et aplati, et forme la masse la plus considérable de l'embryon, comme dans la plupart des Graminées. L'embryon est alors appelé *macropode* (embryo macropodus). (Voy. pl. 7, fig. 8, 9.)

La *radicule* est renfermée dans une *coléorhize* qu'elle rompt à l'époque de la germination. Cette radicule n'est pas toujours simple, comme dans les Dicotylédonés; elle est le plus souvent formée de plusieurs filets radiculaires, qui percent quelquefois, chacun isolément, la coléorhize qui les renferme, comme cela s'observe principalement dans les Graminées.

Le corps cotylédonaire est simple, et ne présente aucune incision ni fente. Sa forme est extrêmement variable. Il est toujours latéral, relativement à la masse totale de l'embryon. Le plus souvent, la *gemmule* est renfermée dans l'intérieur du cotylédon qui l'enveloppe de toutes parts, et lui forme une espèce de *coléoptile*. (Voy. pl. 7, fig. 9, *b*, 10, *b*.) Elle se compose de petites feuilles emboîtées les unes dans les autres. La plus extérieure forme ordinairement une espèce d'étui clos de toutes parts, embrassant et recouvrant les autres. M. Mirbel lui a donné le nom de *piléole*.

La *tigelle* n'existe pas le plus souvent, ou se confond intimement avec le cotylédon ou la radicule.

Telle est l'organisation la plus ordinaire des embryons monocotylédonés; mais, dans beaucoup de circonstances on trouve des modifications propres à plusieurs végétaux. C'est ainsi, par exemple, que la famille des Graminées présente quelques particularités dans la structure de son embryon. En effet il est composé,

1° d'un corps charnu, épais, discoïde en général, appliqué sur l'endosperme; ce corps a reçu le nom d'*hypoblaste* (1). Cette partie ne prend aucun accroissement par la germination. Elle peut être assimilée au corps radiculaire. (Voy. pl. 7, fig. 9.) 2° du *blaste* (pl. 7, fig. 8, *d*, *e*, *c*.), ou de la partie de l'embryon qui doit se développer. Il est appliqué sur l'*hypoblaste*, et est formé de la tigelle, de la gemmule, renfermée dans le cotylédon, constituant une sorte de gaine ou d'étui qui les enveloppe de toutes parts. L'extrémité inférieure du *blaste*, par laquelle doivent sortir un ou plusieurs tubercules radicellaires, porte le nom de *radiculode*.

Enfin on appelle *épiblaste* un appendice antérieur du blaste, qui le recouvre quelquefois en partie, et qui semble n'en être qu'un simple prolongement.

CHAPITRE III.

DE LA GERMINATION.

On donne le nom de *germination* à la série de phénomènes par lesquels passe une graine qui, parvenue

---

(1) C'est à ce corps que Gœrtner donne le nom de *vitellus*. La plupart des auteurs le regardent comme le cotylédon. Mais l'analogie se refuse à cette supposition.

Voyez le mémoire de mon père sur les embryons endorhizes; inséré dans le 17ᵉ volume des Annales du Muséum, année 1811.

à son état de maturité, et mise dans des conditions favorables, se gonfle, rompt ses enveloppes, et tend à développer les organes qu'elle renferme dans son intérieur.

Pour qu'une graine germe, il faut le concours de certaines circonstances dépendant de la graine elle-même, ou qui lui sont accessoires et étrangères, mais qui n'exercent pas moins une influence incontestable sur les phénomènes de son développement.

La graine doit être à son état de maturité : elle doit avoir été fécondée et renfermer un embryon parfait dans toutes ses parties. Il faut de plus que cette graine ne soit point trop ancienne; car elle aurait perdu par le temps sa faculté germinative. Cependant il est certaines graines qui la conservent pendant un nombre d'années considérable : ce sont principalement celles qui appartiennent à la famille des Légumineuses. Ainsi l'on est parvenu à faire germer des haricots conservés depuis soixante ans; on cite même des graines de *sensitive* qui se sont parfaitement développées cent ans environ après avoir été récoltées. Mais il faut qu'elles aient été préservées du contact de l'air, de la lumière et de l'humidité.

Les agens extérieurs indispensables à la germination sont : 1° l'eau, 2° la chaleur, 3° l'air.

1° *L'eau*, comme nous l'avons déjà vu précédemment, est indispensable à la végétation et aux phénomènes de la nutrition dans les végétaux. Ce n'est point seulement comme substance alimentaire, qu'elle agit dans ce cas; mais c'est encore par sa faculté dissolvante

et sa fluidité, qu'elle sert alors de menstrue et de véhicule aux substances vraiment alibiles du végétal.

Elle a, dans la germination, une manière d'agir parfaitement analogue. C'est elle en effet qui, en péné-
trant dans la substance de la graine, ramollit ses
enveloppes, fait gonfler l'embryon, détermine, dans la
nature même de l'endosperme ou des cotylédons, des
changemens qui les rendent souvent propres à fournir
au jeune végétal les premiers matériaux de sa nutrition.
C'est elle encore qui se charge des substances gazeuses
ou solides qui doivent servir d'alimens à la jeune plante
qui commence à croître. Elle fournit aussi à son développement par la décomposition qu'elle éprouve; ses
élémens désunis se combinent avec le carbone, et donnent naissance aux différens principes immédiats des
végétaux.

Cependant il ne faut pas que la quantité d'eau soit
trop considérable; car alors les graines éprouveraient
une sorte de macération qui détruirait leur faculté germinative, et s'opposerait à leur développement. Nous
parlons ici des graines qui appartiennent aux plantes
terrestres; car celles des végétaux aquatiques, germent
étant plongées entièrement dans l'eau. Quelques-unes
néanmoins, quoiqu'en très-petit nombre, montent à sa
surface pour y germer à l'air, et ne pourraient se développer, si elles restaient submergées.

L'eau a donc évidemment deux modes d'action dans
la germination; 1º elle ramollit l'enveloppe séminale
et favorise sa rupture; 2º elle sert de dissolvant et de
véhicule aux véritables alimens du jeune végétal.

2° La *chaleur* n'est pas moins nécessaire à la germination que l'eau. Son influence est en effet très-marquée sur tous les phénomènes de la végétation. Une graine mise dans un lieu dont la température est au-dessous de zéro, n'éprouve aucun mouvement de développement, reste inactive comme engourdie, tandis qu'une chaleur douce et tempérée accélère singulièrement la germination. Mais cependant il ne faut pas que cette chaleur dépasse certaines limites, sans quoi, loin de favoriser le développement des germes, elle les dessécherait et y détruirait le principe de la vie. Ainsi, une chaleur de 45° à 50° s'oppose à la germination, tandis que celle qui ne s'élève pas au-dessus de 25° à 30°, surtout si elle est jointe à une certaine humidité, accélère l'évolution des différentes parties de l'embryon.

3° L'*air* est aussi utile aux végétaux, pour germer et s'accroître, qu'il l'est aux animaux pour respirer et pour vivre. Une graine que l'on priverait totalement du contact de ce fluide, n'acquerrait aucune espèce de développement. Cependant Hombert dit être parvenu à faire germer quelques graines dans le vide de la machine pneumatique. Mais quoiqu'on ait, depuis lui, souvent répété cette expérience, on n'a jamais pu obtenir les mêmes résultats. L'on peut donc assurer que l'air est indispensable à la germination. M. Théodore de Saussure, dont le témoignage est d'un si haut poids dans la partie expérimentale de la physiologie des végétaux, pense que les expériences de Homberg ne doivent nullement infirmer cette vérité, et que les conclusions qu'il en a tirées, doivent être considerées comme des résultats imparfaits et peu exacts.

Des graines enfoncées trop profondément dans la terre, et soustraites ainsi à l'action de l'air atmosphérique, sont souvent restées pendant un temps fort long, sans donner aucun signe de vie. Lorsque, par une cause quelconque, elles se sont trouvées ramenées plus près de la superficie de la terre, de manière à être en contact avec l'air ambiant, leur germination s'est effectuée.

L'air n'étant point un corps simple, mais étant au contraire formé d'oxigène et d'azote, doit-il son action au mélange de ces deux gaz ? Ou bien est-ce l'un d'eux seulement qui détermine l'influence qu'il exerce sur les phénomènes de la germination ?

L'action de l'air sur les végétaux, à cette première époque de leur développement, présente les mêmes circonstances que pour la respiration dans les animaux. En effet c'est l'oxigène de l'air qui agit principalement dans l'acte de la respiration, pour donner au sang les qualités qui doivent le rendre propre au développement de tous les organes ; c'est encore cet oxigène qui aide et favorise la germination des végétaux. Des graines placées dans du gaz azote ou du gaz acide carbonique, ne peuvent se développer, et ne tardent point à y périr entièrement. Nous savons qu'il en serait de même des animaux que nous soumetterions à de semblables influences. Mais ce n'est point à l'état de pureté et d'isolement que l'oxigène a une action aussi favorable à l'évolution des germes ; car il l'accélère d'abord, mais bientôt la détruit par l'activité trop puissante qu'il lui communique. Aussi les graines, les plantes et les animaux ne peuvent-ils, ni se développer, ni respirer et vivre dans du gaz oxigène pur. Il faut qu'une autre substance mélangée avec lui, tempère sa trop grande activité, pour qu'il devienne propre à la respiration et à la végétation. On a remarqué que son mélange avec l'hydrogène ou l'azote, le rendait plus propre à remplir cette fonction ; et que les proportions les plus convenables de ce mélange étaient une partie d'oxigène pour trois parties d'azote ou d'hydrogène.

L'oxigène, absorbé pendant la germination, se combine avec l'excès de carbone que contient le jeune végétal, et forme de l'acide carbonique, qui est rejeté au dehors. C'est par cette combinaison nouvelle que les principes de l'endosperme n'étant plus les mêmes, la fécule, qui le compose, d'insoluble qu'elle était, avant cette époque, devient soluble, et souvent est en partie absorbée, pour servir de première nourriture à l'embryon.

Certaines substances paraissent avoir une influence bien manifeste, pour accélérer la germination des végétaux. C'est ce qui résulte des expériences de M. de Humboldt. Cet illustre naturaliste, à qui presque toutes les branches des connaissances humaines doivent quelques-uns de leurs progrès, et souvent la perfection où nous les voyons arrivées aujourd'hui, a démontré que les graines du cresson alénois (*lepidium sativum*) mises dans une dissolution de *chlore*, germaient en cinq ou six heures; tandis que dans l'eau pure, ces mêmes graines avaient besoin de trente-six heures pour arriver au même résultat. Certaines graines exotiques, qui jusqu'alors avaient résisté à tous les moyens employés pour les faire germer, se sont parfaitement développées dans une dissolution de cette même substance. Il a de plus fait remarquer que toutes les substances qui pouvaient ceder facilement une partie de leur oxigène à l'eau, tels que beaucoup d'oxides métalliques, les acides nitrique et sulphurique suffisamment étendus, hâtaient le développement des graines, mais produisaient en même temps l'effet que nous avons signalé pour le gaz oxigène pur, c'est-à-dire qu'ils épuisaient le jeune embryon et ne tardaient pas à le faire périr.

La terre dans laquelle on place en général les graines, pour déterminer leur germination, n'est pas une condition indispensable de leur développement, puisque tous les jours nous voyons des graines germer très-bien et avec beaucoup de rapidité, sur des éponges fines, ou d'autres corps que l'on a soin d'imbiber d'eau. Mais cependant qu'on ne croie pas que la terre soit tout-à-fait inutile à la végétation. La plante y puise par ses racines des substances qu'elle sait s'assimiler, après les avoir converties en élémens nutritifs.

La lumière loin de hâter le développement des organes de l'embryon, le ralentit d'une manière manifeste. En effet il est constant que les graines germent beaucoup plus rapidement à l'obscurité que lorsqu'elles sont exposées à la lumière du soleil.

Toutes les graines n'emploient pas un espace de

temps égal pour commencer à germer. Il y a même
à cet égard les différences les plus tranchées. Ainsi il
en est qui germent dans un temps très-court. Le cresson
alénois en deux jours ; l'épinard, le navet, les haricots
en trois jours ; la laitue en quatre jours ; les melons, les
courges en cinq jours ; la plupart des Graminées, en
une semaine. L'hyssope au bout d'un mois ; l'ognon
après cinquante ou soixante jours. D'autres emploient
un temps fort considérable, avant de donner aucun
signe de développement ; ce sont principalement celles
dont l'épisperme est très-dur, ou qui sont environnées
d'un endocarpe ligneux, comme celles du pêcher, de
l'amandier, qui ne germent qu'au bout d'un an ; les
graines du noisetier, du rosier, du cornouiller et d'autres encore, ne se développent que deux années après
avoir été mises en terre.

Après avoir passé rapidement en revue les cirons-
tances accessoires, qui déterminent ou favorisent la germination, étudions les phénomènes généraux de cette
fonction, après quoi nous donnerons quelques détails
relatifs aux particularités qu'elle présente, dans les
plantes monocotylédonées, et dans les dicotylédonées.

Le premier effet apparent de la germination est le
gonflement de la graine, et le ramollissement des enveloppes qui la recouvrent. Ces enveloppes se rompent au bout d'un temps plus ou moins long, variable
dans les différens végétaux. Cette rupture de l'épisperme
se fait quelquefois d'une manière tout-à-fait irrégulière,
comme dans les haricots, les fèves : d'autres fois, au contraire, elle présente une uniformité et une régularité qui

se reproduisent de la même manière dans tous les individus de la même espèce. C'est ce que l'on observe principalement dans les graines pourvues d'un *embryotége*,
sorte d'opercule, qui se détache de l'épisperme, pour
livrer passage à l'embryon ; comme, par exemple, dans
l'*éphémère* de virginie (tradescantia virginiana), la
comméline (commelina communis, le *dattier* (phænix
dactylifera), et plusieurs autres Monocotylédons.

L'embryon, dès le moment où il commence à se développer, prend le nom de *plantule*. On lui distingue
deux extrémités, croissant constamment en sens inverse:
l'une, formée par la gemmule, tend à se diriger vers la
région de l'air et de la lumière ; on l'appelle *caudex
ascendant*. L'autre, au contraire, s'enfonçant dans la
terre, et suivant par conséquent une direction tout-à-
fait opposée à celle de la précédente, porte le nom de
caudex descendant. Elle est formée par le corps radiculaire.

Dans le plus grand nombre des cas, c'est le caudex
descendant ou la radicule qui, la première, éprouve
les effets de la germination. On voit cette extrémité
devenir de plus en plus saillante, s'allonger et constituer la racine dans les EXHORIZES. Dans les ENDORHIZES,
au contraire, la *coléorhize*, poussée par les tubercules
radicellaires qu'elle renferme, s'allonge quelquefois, et
se prête à une détension assez considérable avant de se
rompre ; d'autres fois elle cède sur-le-champ, et laisse
sortir les tubercules radicellaires qu'elle recouvrait.

Pendant ce temps la gemmule ne reste pas inerte et
stationnaire. D'abord cachée entre les cotylédons, elle

se redresse, s'allonge, et cherche à se porter vers la superficie de la terre, quand elle y a été enfouie. S'il y a une coléoptile, elle s'allonge, se dilate; mais plus rapide dans son accroissement, la gemmule presse sur elle, la perce à sa partie supérieure et se montre à l'extérieur.

Quand le caudex ascendant commence à se développer au-dessous du point d'insertion des cotylédons, il les soulève, les porte hors de la terre. Ceux qui offrent ce phénomène sont alors appelés cotylédons *épigés* (1); ils se développent, quelquefois même s'amincissent, deviennent comme foliacés et portent alors le nom de feuilles séminales.

Si, au contraire, le caudex ascendant ne commence qu'au-dessus des cotylédons, ceux-ci restent cachés sous la terre, et loin d'acquérir aucun accroissement, ils diminuent de volume, se flétrissent et finissent par disparaître entièrement. On les nomme alors cotylédons *hypogés* (2).

Quand une fois la gemmule est parvenue à l'air libre, les folioles qui la composent se déroulent, se déploient, s'étalent, et acquièrent bientôt tous les caractères des feuilles, dont elles ne tardent point à remplir les fonctions.

Mais quels sont les usages des parties accessoires de la

---

(1) Dérivé de ἐπι sur, au dessus, et de γῆ, terre, c'est-à-dire, s'élevant au-dessus de la surface de la terre.

(2) De ὑπο au-dessous, et de γῆ, c'est-à-dire restant cachés sous la terre.

graine, c'est-à-dire de l'épisperme, et de l'endosperme?

L'épisperme ou le tégument propre de la graine a pour usage d'empêcher l'eau ou les autres matières dans lesquelles une graine est soumise à la germination, d'agir trop directement sur la substance même de l'embryon; il remplit en quelque sorte l'office d'un crible, à travers lequel ne peuvent passer que des molécules terreuses fines et très-divisées. Duhamel en effet a remarqué que les graines que l'on dépouille de leur tégument propre, se développent rarement, ou donnent naissance à des végétaux grêles et mal conformés.

L'endosperme n'est que le résidu de l'eau contenue dans la cavité de l'ovule où s'est développé l'embryon. Cette liqueur, que Malpighi a comparée à l'eau de l'amnios, quand elle n'a point été absorbée entièrement pendant la formation et l'accroissement de l'embryon, prend peu à peu de la consistance, s'épaissit et finit par former une masse solide, dans laquelle l'embryon se trouve renfermé, ou sur la surface de laquelle il est simplement appliqué. Cette masse est l'*endosperme*. C'est pour cette raison que ce corps offre toujours un aspect inorganique. Quelquefois tout le liquide renfermé dans l'intérieur de l'ovule, et qui n'a point servi à la nutrition de l'embryon, ne se solidifie pas; une partie reste encore fluide. C'est ce que l'on observe très-bien dans le fruit du cocotier, par exemple, qui renferme dans l'intérieur de son noyau une quantité plus ou moins considérable d'une sorte d'émulsion blanchâtre et douce, connue sous le nom de lait de coco.

L'origine et les premiers usages de l'endosperme nous indiquent d'avance ceux que la nature lui a confiés lors de la germination. En effet c'est lui qui fournit à la jeune plante sa première nourriture. Les changemens qu'il éprouve alors dans sa composition chimique, et la nature de ses élémens, le rendent en effet très-propre à cet usage.

Cependant l'endosperme, dans quelques végétaux, est tellement dur et compact qu'il lui faut un long espace de temps pour se ramollir et se résoudre en une substance plus ou moins fluide, qui puisse être absorbée par l'embryon. Mais ce phénomène a toujours lieu.

Si l'on prive ou isole un embryon de l'endosperme qui l'accompagne, il ne se développera aucunement. Il est donc évident que cet organe est intimement lié à son accroissement.

Les Cotylédons, dans beaucoup de circonstances, paraissent remplir des fonctions analogues à celles de l'endosperme ; aussi est-ce pour cette raison que le célèbre physicien, Charles Bonnet, les appelait les *mamelles végétales*. Si l'on retranche les deux cotylédons d'un embryon, il se flétrira et ne donnera aucun signe de développement. Si l'on n'en enlève qu'un, il pourra encore végéter, mais d'une manière faible et languissante, comme un être malade et mutilé. Mais un fait des plus remarquables, c'est que l'on peut impunément fendre et séparer en deux parties latérales un embryon dicotylédoné, celui du haricot, par exemple ; si chaque partie contient un cotylédon parfaitement entier, elle se développera aussi bien qu'un embryon

tout entier, et donnera naissance à un végétal aussi fort
et aussi vigoureux.

Enfin, comme le prouvent les expériences de MM. Desfontaines, Thouin, Labillardière et Vastel, il suffit
d'arroser les cotylédons pour voir tout l'embryon s'accroître et développer ses parties.

La grande différence de strucuture qui existe entre
les embryons monocotylédonés et les embryons pourvus
de deux cotylédons, influe d'une manière notable sur
le mode de germination qui leur est propre. Aussi
croyons-nous nécessaire d'en étudier séparément les
phénomènes afin de faire mieux connaître le mécanisme de cette fonction dans ces deux grandes classes.
Nous commencerons par des embryons exhorizes ou
dicotylédonés, parce que c'est en eux qu'il est plus
facile d'observer le développement successif des différens organes qui les composent.

§ I. *Germination des Embryons exorhizes ou dicotylé-donés.*

Dans l'embryon dicotylédoné la radicule est, en
général, conique et saillante. La tigelle est ordinairement cylindrique, la gemmule est nue et cachée entre
la base de deux cotylédons, qui sont placés face à face
et immédiatement appliqués l'un contre l'autre (1).

Telle est la disposition des parties constituantes de
l'embryon avant la germination. Voyons les change-

---

(1) Dans quelques cas fort rares, les deux cotylédons, au lieu
d'être immédiatement appliqués face à face, sont manifestement

mens qu'elles éprouvent, quand cette fonction commence à s'exécuter. Pour mieux faire entendre ce que nous allons dire, prenons pour exemple le haricot, et suivons-le dans toutes les époques de son accroissement. (Voyez planche 7, figures 1, 2, 3, 4, etc.). Nous verrons d'abord toute la masse de la graine s'impreigner d'humidité, se gonfler, l'épisperme se déchirer d'une manière irrégulière. Bientôt la radicule, qui formait un petit mamelon conique, commence à s'allonger, elle pénètre dans la terre, donne naissance à de petites ramifications latérales extrèmement déliées. Peu de temps après, la gemmule qui jusqu'alors était restée cachée entre les deux cotylédons, se redresse, se montre à l'extérieur. La tigelle s'allonge, soulève les cotylédons hors de terre, à mesure que la radicule s'y enfonce et s'y ramifie. Alors les deux cotylédons s'écartent; la gemmule est tout-à-fait libre et découverte; les petites folioles qui la composent s'étalent, s'agrandissent, deviennent vertes et commencent déjà à puiser dans le sein de l'atmosphère une partie des fluides qui doivent être employés à l'accroissement de la jeune plante.

Dès lors la germination est terminée, et commence la seconde époque de la vie du végétal.

Quand l'embryon est endospermique, c'est-à-dire lorsqu'il est accompagné d'un endosperme, les phéno-

---

écartés, et plus ou moins divergens. C'est ce que l'on observe par exemple dans les genres *Monimia* et *Ruizia* ou *Boldea* de la famille des Minimiées.

mêmes se passent de la même manière ; mais l'endosperme n'acquiert aucun accroissement ; on le voit au contraire se ramollir et disparaître insensiblement.

Quelques végétaux dicotylédonés ont un mode particulier de germination. Ainsi, par exemple, on trouve fort souvent des embryons déjà germés dans l'intérieur de certains fruits, parfaitement clos de toutes parts. C'est ce que l'on observe assez fréquemment dans les fruits du citronier, où il n'est pas rare de rencontrer plusieurs graines déjà en état de germination.

Le *Manglier* (rizophora mangle), arbre qui habite les marécages et les rivages de la mer dans les régions équinoxiales du nouveau monde, offre un genre particulier de germination qui n'est pas moins remarquable. Son embryon commence à se développer, tandis que la graine est encore contenue dans le péricarpe. La radicule presse contre le péricarpe, qu'elle use et finit par percer. Elle s'allonge a l'extérieur, quelquefois de plus d'un pied. Alors l'embryon se détache, en abandonnant le corps cotylédonaire dans la graine, il tombe, la radicule la première, s'enfonce dans la vase et continue de s'y développer.

Dans le marronier d'Inde ou hippocastane, dans le châtaignier, et quelques autres végétaux dicotylédonés, les deux cotylédons qui sont très-gros et très-épais, sont le plus souvent immédiatement soudés l'un avec l'autre. Voici alors comment s'opère la germination : la radicule en s'enfonçant dans la terre, allonge la base des deux cotylédons et dégage ainsi la gemmule, qui ne tarde point à se montrer au-dessus de la terre ; mais les deux cotylédons ne sont pas entraînés par la gemmule, ils restent *hypogés*.

§ II. *Germination des Embryons endorhizes ou mono-cotylédonés.*

Les embryons monocotylédonés éprouvent en général moins de changemens, pendant la germination que ceux des plantes dicotylédonées, à cause de l'uniformité de leur structure intérieure. En effet fort souvent ils se présentent sous l'apparence d'un corps charnu, dans lequel on distingue avec peine les organes qui le constituent. Aussi est-on obligé de soumettre à la germination les embryons endorhizes, dont on veut bien connaître la structure.

C'est ordinairement, comme dans les Dicotylédons, l'extrémité radiculaire qui se développe la première. Elle s'allonge et sa coléorhize se rompt pour laisser sortir le tubercule radicellaire qui se développe et s'enfonce dans la terre. Ordinairement plusieurs radicelles naissent des parties latérales et inférieures de la tigelle. Quand elles ont acquis un certain développement, la radicule principale se détruit et disparaît. Aussi les plantes monocotylédonées n'offrent-elles jamais de racine pivotante, comme les Dicotylédons.

Le cotylédon, qui renferme la gemmule, s'accroît toujours plus ou moins avant d'être perforé par celle-ci. C'est le plus souvent par la partie latérale du cotylédon, presque jamais par son sommet, que sort la gemmule. En effet elle est toujours plus rapprochée de l'un de ses côtés, et son sommet est constamment oblique. Lorsque la gemmule a perforé le cotylédon, celui-ci se change en une sorte de gaine qui embrasse la gemmule à sa base. (Voy. pl. 7, fig. 10, *b*, *d*.) C'est à cette graine que l'on a donné le nom de *coléoptile*.

Mais il arrive assez souvent qu'une partie du cotylédon reste engagée, soit dans l'intérieur de l'endosperme, soit dans l'épisperme, en sorte qu'il n'y a que la partie la plus voisine de la radicule qui soit entraînée au-dehors par le développement de celle-ci. (Voy. pl. 7, fig. 10, *c*.

CHAPITRE IV.

CLASSIFICATION DES DIFFÉRENTES ESPÈCES DE FRUITS.

Dans les deux chapitres précédens, nous avons étudié, avec quelques détails, les différens organes qui entrent dans la composition d'un fruit mûr et parfait. Nous avons fait voir qu'il était toujours composé de deux parties, le *péricarpe* et la *graine*.

Nous devons maintenant faire connaître les diverses modifications que peut offrir le fruit, considéré dans son ensemble, c'est-à-dire dans la réunion des différentes parties qui le constituent.

On conçoit qu'il doit exister un grand nombre d'espèces de fruits, toutes plus ou moins distinctes les unes des autres, quand on considère les variétés de forme, de structure, de consistance, le nombre variable et la position respective des graines, etc., que présentent les fruits. Aussi, leur classification est-elle un des points les plus difficiles de la Botanique. Malgré les efforts et les travaux d'un grand nombre de botanistes célèbres, qui s'en sont spécialement occupés, la classification carpologique est encore loin d'être parvenue à ce degré d'exactitude et de précision, auquel sont arrivées la plupart des autres branches de la Botanique. Quelques auteurs, en voulant réunir sous une dénomination commune, des espèces essentiellement différentes par leur forme et leur structure; d'autres, au contraire, en multipliant à l'infini le nombre des divisions, et les établissant sur des caractères trop minutieux ou trop peu constans, ont également nui aux progrès de cette partie de la carpologie. Aussi, ne ferons-nous connaître dans cet ouvrage que les espèces de fruits bien distinctes et bien caractérisées, que celles, en un mot, qui ont été consacrées par l'usage, ou adoptées par la plupart des botanistes.

Les fruits, considérés en général, ont été divisés de plusieurs manières, et ont reçu des noms particuliers. Ainsi, on appelle fruit *simple* celui qui provient d'un pistil unique, renfermé dans une fleur; tel est celui de la pêche, de la cerise, etc. On appelle, au contraire, fruit *multiple* celui qui provient de plusieurs pistils renfermés dans une même fleur; par exemple, la fraise, la framboise, celui des renoncules, des clématites, etc.; enfin, on donne le nom de fruit *composé* à celui qui résulte d'un nombre plus ou moins considérable de pistils réunis et souvent soudés ensemble, mais provenant tous de fleurs distinctes, très-rapprochées les unes des autres, comme celui du mûrier.

Suivant la nature de leur péricarpe, on a distingué les fruits en *secs* et en *charnus*. Les premiers sont ceux dont le péricarpe est mince, ou formé d'une substance généralement. peu fournie de sucs; les seconds, au contraire, ont un péricarpe épais et succulent, et leur sarcocarpe est surtout très-developpé; tels sont les melons, les pêches, les abricots, etc.

Les fruits peuvent rester parfaitement clos de toutes parts, ou s'ouvrir en un nombre plus ou moins grand de pièces nommées valves; de là la distinction des fruits *indéhiscens* et des fruits *déhiscens*. Ces derniers, quand ils sont secs, portent également le nom de fruits *capsulaires*.

Selon le nombre des graines qu'ils renferment, les fruits sont divisés en *oligospermes* et *polyspermes*. Les fruits oligospermes sont ceux qui ne contiennent qu'un nombre peu considérable de graines, nombre qui est le plus souvent exactement déterminé. De là les épithètes de monosperme, disperme, trisperme, tétrasperme, pentasperme, etc., données au fruit, pour exprimer que le nombre de ses graines est un, deux, trois, quatre, cinq, etc. Les fruits polyspermes sont tous ceux qui renferment un nombre considérable de graines, que l'on ne veut pas déterminer.

Il y a des fruits dans lesquels le péricarpe a si peu d'épaisseur, et contracte une telle adhérence avec la graine, qu'il se soude et se confond avec elle. Linnæus regardait ces fruits comme des graines nues : on leur a donné le nom de *pseudospermes*. Tels sont ceux des Graminées, des Labiées, des Synanthérées.

Il est très-important de bien connaître et de pouvoir distinguer les différentes espèces de fruits. En effet cet organe sert fort souvent de base à la disposition des plantes en famille naturelles ; et les caractères que l'on retire de son examen approfondi conduisent en général aux résultats les plus heureux dans la classification méthodique des végétaux.

Pour simplifier l'étude de la nomenclature des fruits, nous les diviserons en trois classes ; dans la première nous réunirons tous les fruits *simples*, c'est-à-dire tous ceux qui proviennent d'un seul pistil renfermé dans une fleur. Nous subdiviserons cette classe en deux sections dans l'une desquelles seront placés les fruits secs, et dans la seconde les fruits charnus. La seconde classe renfermera les fruits produits par la réunion de plusieurs pistils dans une même fleur, c'est-à-dire les fruits *multiples*. Enfin dans la troisième classe nous traiterons des fruits *composés* ou de ceux qui sont formés par plusieurs fleurs d'abord distinctes qui se sont soudées, de manière à ne constituer par la réunion qu'un même fruit.

PREMIÈRE CLASSE.

DES FRUITS SIMPLES.

SECTION PREMIÈRE.

FRUITS SECS.

§ 1. *Fruits secs et indéhiscens.*

Les fruits secs et indéhiscens sont ordinairement oligospermes, c'est-à-dire qu'ils renferment un très-petit nombre de graines. Leur péricarpe est en général assez mince, ou adhérent avec le tégument propre de la graine; ce qui a porté les anciens à les considérer comme des graines nues ou dépourvues de péricarpe. Ce sont les véritables pseudospermes.

1° La *cariopse* (cariopsis. Rich.), fruit monosperme, indéhiscent, dont le péricarpe, très-mince, est intimement confondu avec la graine, et ne peut en être distingué. Cette espèce appartient à presque toute la famille des Graminées, tels que le blé, l'orge, le riz, etc.

Sa forme est assez variable. Elle est ovoïde dans le *blé* (triticum), allongée et plus étroite dans l'*avoine* (avena); irrégulièrement sphéroïdale dans le *blé* de Turquie (zea). Elle ne contient jamais qu'une seule graine, dont l'amande est formée d'un endosperme farineux, très-considérable, et d'un embryon extraire.

2º L'*akène* (akenium. Rich.), fruit monosperme, indé-hiscent, dont le péricarpe est distinct du tégument propre de la graine ; comme dans les Synanthérées, le grand soleil (*helianthus annuus*), les chardons, etc.

Assez souvent l'akène est couronné par des soies, des paillettes, qui constituent ce que nous avons désigné par le nom d'aigrette (*pappus*). Voy. pl. 8, fig. 12, 13.

Quelquefois cette aigrette forme une simple petite couronne membraneuse, qui borde circulairement la partie supérieure du fruit (*pappus marginans*).

D'autres fois l'aigrette est plumeuse ou soyeuse, selon la nature des poils qui la composent.

3º Le *polakène* (polakenium. Rich.). On appelle ainsi un fruit simple, formé par un ovaire adhérent avec le calice, qui, à sa parfaite maturité, se sépare en deux ou un plus grand nombre de loges, que l'on peut regarder chacune comme étant un akène. De là les noms de diakène, triakène, pentakène, suivant le nombre de ces pièces. Exemple : les Ombellifères, le panais, le persil, la ciguë, les Araliacées, etc.

Dans les Ombellifères, c'est un diakène ; dans la capucine, c'est un triakène ; c'est un pentakène ou polakène proprement dit, dans les Araliacées.

4º La *samare* (samara. Gœrtner), fruit oligosperme, coriace, membraneux, très-comprimé, offrant une ou deux loges indéhiscentes, souvent prolongées latéralement en ailes ou appendices élargis. Par exemple, le fruit de l'orme (ulmus campestris), des érables, etc. (Voy. pl. 8, fig. 6).

5° Le *gland* (glans), fruit uniloculaire, indéhiscent, monosperme (par l'avortement constant de plusieurs ovules), provenant constamment d'un ovaire infère, pluriloculaire et polysperme, dont le péricarpe, uni intimement à la graine, présente toujours, à son sommet, les dents excessivement petites du limbe du calice, et est renfermé en partie, rarement en totalité, dans une sorte d'involucre écailleux ou foliacé, nommé cupule. Par exemple, le fruit des chênes, du noisetier, etc. (Voy. pl. 8, fig. 7.)

La forme des glands est en général très-variable. Il y en a d'allongés, d'autres qui sont arrondis et comme sphériques ; dans les uns, la cupule est squamacée et très-courte ; dans d'autres, elle est fort développée et recouvre presque entièrement le fruit.

6° Le *carcérule* (carcerulus. Desvaux), fruit sec, pluriloculaire, polysperme, indéhiscent ; tel est celui du tilleul.

On a appelé fruits *gynobasiques* ceux dont les loges sont tellement écartées les unes des autres, qu'elles semblent constituer autant de fruits séparés. Tel est le fruit des Labiées, qui est formé de quatre akènes réunis à leur base, sur un réceptable commun.

§ II. *Fruits secs et déhiscens.*

Les fruits secs et déhiscens sont le plus souvent polyspermes ; le nombre des valves et des loges qui les composent est très-variable. On les désigne, en général, par le nom de fruits capsulaires.

1° Le *follicule* (folliculus), fruit géminé ou solitaire par avortement, ordinairement membraneux, uniloculaire, univalve, s'ouvrant par une suture longitudinale, à laquelle s'attache intérieurement un trophosperme sutural, qui devient libre par la déhiscence du péricarpe. Rarement les graines sont attachées aux deux bords de la suture. Cette espèce de fruit est propre à la famille des Apocynées, tels qu'au *laurier rose* (nerium oleander), à l'*asclépias syriaca*, au *dompte venin* (asclepias vincetoxicum), etc. (Voy. pl. 8, fig. 11.)

2° La *silique* (siliqua), fruit sec, allongé, bivalve, dont les graines sont attachées à deux trophospermes suturaux. Elle est ordinairement séparée en deux loges, par une fausse cloison parallèle aux valves, qui n'est qu'un prolongement des trophospermes, et qui persiste souvent après la chute des valves. Ce fruit appartient aux Crucifères ; exemple : la giroflée, le choux, etc. (Voy. pl. 8, fig. 1.)

3° La *silicule* (silicula) diffère à peine de la précédente. On donne ce nom à une silique, dont la hauteur n'est pas quatre fois plus considérable que la largeur. La silicule ne contient quelquefois qu'une ou deux graines. Tels sont les fruits des *thlaspi*, des *lepidium*, des *isatis*, etc. (Voy. pl. 8, fig. 2.)

Elle appartient également aux plantes Crucifères.

4° La gousse, ou légume (*legumen*), est un fruit sec, bivalve, dont les graines sont attachées à un seul trophosperme qui suit la direction de l'une des sutures. Ce fruit appartient à toute la famille des Légumineuses, dont il forme le principal caractère : par

exemple, dans le pois, les fèves, les haricots, etc.
(Voy. pl. 8, fig. 3.)

La gousse est naturellement uniloculaire, mais quelquefois elle est partagée en deux ou un plus grand nombre de loges par des fausses cloisons. Ainsi elle est *biloculaire* dans l'astragale.

Dans les casses, la gousse est cylindracée et séparée en un nombre considérable de loges par des diaphragmes ou fausses cloisons transversales. Ce caractère appartient à tout le genre *cassia*.

Quelquefois la gousse semble être formée de pièces articulées ; on dit alors qu'elle est *lomentacée*, comme dans les genres *hyppocrepis*, *hedysarum*, etc.

D'autres fois la gousse est enflée, vésiculeuse, à parois minces et demi-transparentes, comme dans les baguenaudiers (*colutea*).

Le nombre des graines que renferme la gousse varie beaucoup. Ainsi, il y en a une seule dans le *medicago*, *lupulina*, deux dans les véritables *ervum*, etc.

Quelquefois la gousse est tout-à-fait indéhiscente, comme dans le *cassia fistula* et d'autres espèces ; mais ces variétés sont rares et ne détruisent pas les caractères propres à cette espèce de fruit.

5° La pyxide (*pyxidium*. Erh.), est un fruit capsulaire, sec, ordinairement globuleux, s'ouvrant par une scissure transversale, en deux valves hémisphériques superposées. C'est ce que l'on observe dans le pourpier, le mouron, la jusquiame, etc. Les auteurs la désignent communément par le nom de boîte à savonette (*capsula circumcissa* L.) (Voy. pl. 10, fig. 8.)

6° L'*élatéric* (elaterium. Rich), fruit souvent relevé de côtes, se partageant naturellement à sa maturité en autant de coques distinctes s'ouvrant longitudinalement, qu'il présente de loges, comme dans les Euphorbiacées. De là les expressions de tricoque, multicoque, données à ce fruit.

Ordinairement ces coques sont réunies par une columelle centrale qui persiste après leur chute.

7° La *capsule* (capsula); on donne ce nom général à tous les fruits secs et déhiscens, qui ne peuvent être rapportés à aucune des espèces précédentes. On conçoit d'après cela que les capsules doivent être extrêmement variables.

Ainsi il y a des capsules qui s'ouvrent par des pores ou ouvertures pratiquées à leur partie supérieure : telles sont celles des pavots, des *antirrhinum*. D'autres fois ces pores sont situés vers la base de la capsule. Plusieurs ne sont déhiscentes que par leur sommet, fermé par des dents rapprochées, qui s'écartent lors de la parfaite maturité. C'est ce que l'on remarque dans beaucoup de genres de la famille des Cariophyllées. (Voy. pl. 8, fig. 4.)

SECTION II.

FRUITS CHARNUS.

Les fruits charnus sont indéhiscens. Leur péricarpe est épais et pulpeux ; ils renferment un nombre de graines variable.

1° La drupe (*drupa*) est un fruit charnu qui renferme un noyau dans son intérieur. Ce noyau est formé par l'endocarpe endurci et ossifié, auquel s'est joint une partie plus ou moins épaisse du sarcocarpe, comme par exemple, dans la pêche, la prune, la cerise, etc. (Voy. pl. 8, fig. 8.)

2° La noix (*nux*) ne diffère de la drupe que par l'épaisseur moins considérable de son sarcocarpe, qui porte alors le nom de brou (*naucum*). Tel est le fruit de l'amandier (*amygdalus communis*), le fruit du noyer (*juglans regia*), que l'on désigne même par le nom de noix proprement dite.

3° Le nuculaine (*nuculanium* Rich.) est un fruit charnu, provenant d'un ovaire libre, c'est-à-dire non couronné par les lobes du calice adhérent, et renfermant dans son intérieur plusieurs petits noyaux, qui portent alors le nom de nucules (*nuculæ Rich.*). Tels sont les fruits du sureau, du lierre, des Rhamnées, du sapotilier (*achras sapota*).

4° La mélonide (*melonida* Rich.) est un fruit charnu, provenant de plusieurs ovaires pariétaux réunis et soudés avec le tube du calice, qui, souvent très-épais et charnu, se confond avec eux, comme dans la poire, la pomme, le nèfle, le rosier, etc. (1). (Voy. pl. 8, fig. 9).

---

(1) Cette espèce de fruit a jusqu'ici été fort mal définie dans les auteurs, puisqu'on la décrit comme provenant d'un ovaire infère, multiloculaire, à loges distinctes. Mais nous avons déjà démontré précédemment la grande différence qui existe entre l'ovaire vraiment infère et l'ovaire simplement pariétal. L'inférité de l'ovaire en exclut toujours la pluralité dans la même fleur. Or, dans la plu-

Dans la mélonide, la partie réellement charnue du fruit n'est pas formée par le péricarpe lui-même; elle est due à un épaisissement considérable du calice : c'est ce que l'on peut voir facilement quand on suit avec attention le développement de ce fruit.

L'endocarpe qui revêt chaque loge d'une mélonide est cartilagineux ou osseux; dans ce dernier cas il y a autant de nucules qu'il y a d'ovaires, comme dans le nèfle; ce qui fait qu'on a distingué la mélonide en deux variétés; savoir :

1° *Mélonide* à nucules; celle dont l'endocarpe est osseux, comme dans le *mespilus*, le *cratægus*.

2° *Mélonide* à pépins; celle dont l'endocarpe est simplement cartilagineux, comme dans la poire, la pomme, etc.

La mélonide appartient exclusivement à la famille des Rosacées, dans laquelle elle est associée à quelques

---

part des vraies Rosacées, il y a constamment plusieurs pistils, dont on peut suivre graduellement les différens degrés d'adhérence latérale avec la paroi interne du calice. Ainsi, par exemple, dans le genre *Rosa*, les pistils, qui sont au nombre de douze à quinze, ne tiennent aux parois du tube calycinal, que par un petit pédicule de la base de leur ovaire. Dans les genres *cratægus* et *mespilus*, les ovaires sont soudés avec le calice par tout leur côté externe. Dans les genres *pyrus*, *malus*, etc., ces ovaires sont non-seulement unis par leur côté extérieur avec le calice, mais se soudent entre eux par tous leurs autres points. Cependant il arrive quelquefois, dans certaines poires, que les ovaires restent distincts par leur côté interne, en sorte qu'on trouve au centre du fruit une cavité plus ou moins grande.

autres espèces de fruits, qui n'en sont souvent que des variétés.

5° La balaute (*balausta*), fruit pluriloculaire, polysperme, provenant toujours d'un ovaire véritablement infère et couronné par les dents du calice, comme celui du grenadier et de toutes les véritables Myrtées.

6° La péponide (*peponida*. Rich.) ; fruit charnu, indéhiscent ou ruptile, à plusieurs loges éparses dans la pulpe, renfermant chacune une graine qui est tellement soudée avec la membrane pariétale interne de chaque loge, qu'on parvient difficilement à l'en séparer. Ce fruit se remarque dans le melon, le potiron, et les autres Cucurbitacées, les Nymphéacées et les Hydrocharidées.

Il arrive quelquefois que le parenchyme charnu qui occupe le centre de la péponide se rompt et se déchire par l'accroissement rapide du péricarpe. Dans ce cas la partie centrale est occupée par une cavité irrégulière, que l'on a, mais à tort, regardée comme une véritable loge. C'est ce que l'on observe surtout dans le potiron (*pepo macrocarpus*). Mais si l'on y fait quelque attention, on verra que cette prétendue loge n'est nullement tapissée par une membrane pariétale interne, c'est-à-dire un endocarpe, ce qui démontre évidemment que cette cavité n'est qu'accidentelle et ne constitue point une véritable loge. En effet elle n'existe point dans toutes les espèces, et quand elle s'y montre, ce n'est que vers l'époque de leur maturité.

On peut voir dans la *pastèque* ou *melon d'eau*, (*cucurbita citrullus*. L.) la véritable organisation de la péponide. Dans cette espèce, en effet la partie centrale reste constamment pleine et charnue à toutes les époques de son développement. Chaque graine est renfermée dans une loge particulière, avec les parois de laquelle elle ne contracte d'autre adhérence que par son point d'attache ou son hile. Il semble, dans ce cas, que la nature, qui, dans presque toutes les autres espèces de cette famille altère et modifie plus ou moins la véritable structure de ce fruit, ait voulu, en quelque sorte, en ménager un qui pût faire connaître le type naturel et primitif des autres.

7° L'hespéridie (*hesperidium*. Desvaux), fruit charnu, dont l'enveloppe est très-épaisse, divisé intérieurement en plusieurs loges par des cloisons membraneuses, qu'on peut séparer sans aucun déchirement, comme dans l'orange, le citron, etc.

8° La baie (*bacca*). Sous ce nom général, on comprend tous les fruits charnus, dépourvus de noyau, qui ne font pas partie des espèces précédentes. Tels sont, par exemple, les fruits du raisin, les groseilles, les taumates, etc.

DEUXIÈME CLASSE.

DES FRUITS MULTIPLES (I).

Les fruits multiples sont ceux qui résultent de la réunion de plusieurs pistils renfermés dans une même fleur.

Le *syncarpe* (syncarpium. Rich.), fruit multiple, provenant de plusieurs ovaires appartenant à une même fleur, soudés et réunis ensemble, même avant la fécondation; par exemple, ceux des *magnolia*, des *anona*, etc.

Le fruit du fraisier, du framboisier, est formé d'un nombre plus ou moins considérable de véritables petites drupes, dont le sarcocarpe est très-mince, mais cependant très-manifeste dans la framboise, réunies sur un gynophore charnu, plus ou moins développé.

Plusieurs petits akènes réunis constituent le fruit des renoncules, etc.

---

(1) C'est à cette classe qu'appartient réellement la mélonide, que nous n'avons laissée dans la précédente, que pour nous conformer à l'usage généralement adopté.

TROISIÈME CLASSE.

DES FRUITS AGGRÉGÉS OU COMPOSÉS.

On donne ce nom à ceux qui sont formés d'un nombre plus ou moins considérable de petits fruits rapprochés, et souvent réunis et soudés ensemble, provenant tous de fleurs d'abord distinctes les unes des autres, mais qui ont fini par se réunir et se souder. Telles sont :

1° Le *cône* ou *strobile* (conus, strobilus), fruit composé d'un grand nombre d'utricules membraneuses, cachées dans l'aisselle de bractées très-développées, sèches et disposées en forme de cône. Tel est le fruit des pins des sapins, de l'aune, du bouleau, etc.

2° Le *sorose*. M. Mirbel donne ce nom à la réunion de plusieurs fruits soudés en un seul corps, par l'intermédiaire de leurs enveloppes florales, charnues, très-développées et entregreffées, de manière à ressembler à une baie mamelonnée. Tel est le fruit du mûrier, de l'ananas, etc.

3° Le *sycône*. Sous ce nom, M. Mirbel désigne le fruit du figuier, de *l'ambora*, et du *dorstenia*. Il est formé par un involucre monophylle, charnu à son intérieur, ayant la forme aplatie, ou ovoïde et fermée, et contenant un grand nombre de petites drupes, qui proviennent d'autant de fleurs femelles.

Dans les vingt-cinq espèces de fruits dont nous venons de donner les caractères abrégés se trouvent à-peu-près réunis tous les types auxquels on peut rapporter les nombreuses variétés que cet organe peut offrir dans les végétaux. Ce tableau est loin d'être complet. Cette partie de la Botanique exige encore de longs et de pénibles travaux, une analise soignée et scrupuleuse avant d'arriver à un état tout-à-fait satisfaisant. Notre intention n'a été ici que de présenter les espèces les mieux connues et les mieux déterminées, afin de ne point jeter du vague ni de l'obscurité sur un sujet déjà si difficile par lui-même.

Pour terminer tout ce qui a rapport aux organes de la fructification, il nous reste encore à parler de la dissémination et des différens avantages que la médecine, les arts et l'économie domestique peuvent retirer des fruits et des différentes parties qui les composent.

CHAPITRE V.

DE LA DISSÉMINATION.

Lorsqu'un fruit est parvenu à son dernier degré de maturité, il s'ouvre ; les différentes parties qui le composent se désunissent, et les graines qu'il renferme rompent bientôt les liens qui les retenaient encore dans la cavité où elles se sont accrues. On donne le nom de *dissémination* à cette action, par laquelle les graines sont naturellement dispersées à la surface de la terre, à l'époque de leur développement.

La dissémination naturelle des graines est, dans l'état sauvage des végétaux, l'agent le plus puissant de leur reproduction. En effet, si les graines contenues dans un fruit n'en sortaient point, pour être dispersées sur la terre et s'y développer, on verrait bientôt des espèces ne plus se reproduire, des races entières disparaître; et, comme tous les végétaux, ont une durée déterminée, il devrait nécessairement arriver une époque où tous auraient cessé de vivre, et où la végétation aurait pour jamais disparu de la surface du globe.

Le moment de la dissémination marque le terme de la vie des plantes annuelles. En effet, pour qu'elle ait lieu, il est nécessaire que le fruit soit parvenu à sa maturité, et qu'il se soit plus ou moins desséché. Or, ce phénomène n'arrive, dans les herbes annuelles, qu'à l'époque où la végétation s'est entièrement arrêtée chez elles. Dans les plantes ligneuses, la dissémination a toujours lieu pendant la période du repos que ces végétaux éprouvent lorsque leur liber s'est épuisé à donner naissance aux feuilles et aux organes de la fructification.

La fécondité des plantes, c'est-à-dire le nombre étonnant de germes ou de graines qu'elles produisent, n'est point une des causes les moins puissantes de leur facile reproduction et de leur étonnante multiplication. Rai a compté 32,000 graines sur un pied de pavot, et jusqu'à 360,000 sur un pied de tabac. Or, qu'on se figure la progression toujours croissante de ce nombre, seulement à la dixième génération de ces végétaux, et l'on concevra avec peine que toute la surface de la terre n'en soit point recouverte.

Mais plusieurs causes tendent à neutraliser en partie les effets de cette surprenante fécondité qui bientôt nuirait, par son excès même, à la reproduction des plantes. En effet, il s'en faut que toutes les graines soient mises par la nature dans des circonstances favorables pour se développer et croître. D'ailleurs, un grand nombre d'animaux, et l'homme lui-même, trouvant leur principale nourriture dans les fruits et les graines, en détruisent une innombrable quantité.

Plusieurs circonstances favorisent la dissémination naturelle des graines. Les unes sont inhérentes au péricarpe, les autres dépendent des graines elles-mêmes.

Ainsi, il y a des péricarpes qui s'ouvrent naturellement avec une sorte d'élasticité, au moyen de laquelle les graines qu'ils renferment sont lancées à des distances plus ou moins considérables. Les fruits du sablier par exemple (*hura crepitans*), du *dionæa muscipula*, de la fraxinelle, de la balsamine, disjoignent leurs valves rapidement et par une sorte ne ressort, en projetant leurs graines à quelque distance. Le fruit de l'*ecballium elaterium*, à l'époque de sa maturité, se détache du pédoncule qui le supportait, et, par la cicatrice de son point d'attache, lance ses graines avec une rapidité étonnante.

Il y a un grand nombre de graines qui sont minces et légères, et peuvent être facilement entraînées par les vents. D'autres sont pourvues d'appendices particuliers en forme d'ailes ou de couronnes, qui les rendent plus légères en augmentant par ce moyen leur surface. Ainsi, les érables, les ormes, un grand nombre de Conifères ont leurs fruits garnis d'ailes membraneuses, qui servent à les faire transporter par les vents à des distances considérables.

La plupart des fruits de la vaste famille des Synanthérées, sont couronnés d'aigrettes, dont les soies fines et délicates, venant à s'écarter par la dessication, leur servent en quelque sorte de parachûte pour les soutenir dans les airs. Il en est de même des valérianes.

Les vents transportent quelquefois à des distances qui paraissent inconcevables les graines de certaines plantes. L'*erigeron canadense* inonde et désole tous les champs de l'Europe. Linnæus pensait que cette plante avait été transportée d'Amérique par les vents.

Les fleuves et les eaux de la mer servent aussi à l'émigration lointaine de certains végétaux. Ainsi, l'on trouve quelquefois sur les côtes de la Norwége et de la Finlande des fruits du nouveau monde apportés par les eaux.

L'homme et les différens animaux sont encore des moyens de dissémination pour les graines ; les unes s'attachent à leurs vêtemens ou à leurs toisons, au moyen des crochets dont elles sont armées, telles que celles des graterons, des aigremoines ; les autres leur servant de nourriture, sont transportées dans les lieux qu'ils habitent, et s'y développent, lorsqu'elles y ont été abandonnées et qu'elles se trouvent dans des circonstances favorables.

Usages du Fruit et des Graines.

C'est dans les fruits et surtout dans les graines d'un grand nombre de végétaux, que sont contenues les substances alimentaires les plus riches en principes nutritifs, et souvent des médicamens doués de vertus très-énergiques. La famille des Graminées est sans contredit une de celles dans lesquelles l'homme trouve la nourriture la plus abondante, et les animaux herbivores leur pâture la plus habituelle. Qui ne connaît, en effet, l'usage général que toutes les nations civilisées de l'Europe et des autres parties du monde font du pain? Or, cet aliment par excellence n'est-il point fabriqué avec l'endosperme farineux du blé, de l'orge et d'un grand nombre d'autres Graminées? A ce seul titre, cette famille naturelle des plantes n'est-elle point pour l'homme une des plus intéressantes du règne végétal.

Les péricarpes d'un grand nombre de fruits sont des alimens aussi agréables qu'utiles. Tout le monde connaît les usages économiques auxquels on emploie un grand nombre de fruits charnus, tels que les pêches, les pommes, les melons, les fraises, les groseilles, etc.

Le péricarpe charnu de l'olivier (*olæa europæa*), fournit l'huile la plus pure et la plus estimée.

C'est avec le suc que l'on retire par expression des fruits de la vigne, soumis à la fermentation spiritueuse, que l'on fait le vin, cette boisson si utile à l'homme, quand il en sait faire un usage modéré. Plusieurs autres fruits, tels que les pommes, les poires, les sorbes, etc., fournissent encore des liqueurs fermentées, qui servent de boisson habituelle à des provinces et à des nations tout entières.

Dans l'intérieur de plusieurs péricarpes de la famille des Légumineuses, on trouve une substance acidule ou douceâtre, quelquefois nauséabonde, qui jouit de propriétés laxatives, comme on l'observe dans la casse, le tamarin, les caroubes, les follicules du séné, etc.

Les dattes, les figues, les jujubes, les raisins secs sont des substances alimentaires, remarquables par la grande quantité de principe sucré qu'elles renferment.

Les fruits du citronnier et de l'oranger contiennent de l'acide citrique presque à l'état de pureté.

Les petits nuculaines de nerprun (*rhamnus catharticus*), sont très-purgatifs.

Les graines ne sont pas moins riches, en principes nutritifs, que les péricarpes. En effet celles des plantes Céréales ou Graminées, d'un grand nombre de Légumineuses, etc, contiennent une quantité considérable de fécule amilacée, qui leur donne une qualité nutritive très-prononcée.

Les graines du lin, du coignassier, du psyllium, renferment aussi un principe mucilagineux très-abondant. Aussi sont-elles essentiellement émollientes.

Un grand nombre de graines se distinguent par un principe stimulant très-aromatique. Telles sont celles d'anis (*pimpinella anisum*), de fénouil (*anethum fœniculum*) de coriandre (*coriandrum sativum*), de carvi (*carum carvi*), qui ont reçu le nom de semences carminatives. D'autres au contraire sont appelées semences *froides*, à cause de l'action émolliente et sédative qu'elles exercent sur l'économie animale. Telles sont celles de la calebasse (*cucurbita lagenaria*), du concombre (*cucumis sativus*), du melon (*cucumis melo*) de la citrouille (*cucurbita citrullus*).

Les semences carminatives appartiennent toutes à la famille des Ombellifères. C'est la famille des Cucurbitacées qui fournit les semences froides.

Qui ne connaît l'usage habituel que font tous les peuples civilisés des graines torrefiées du café, du cacao, etc.

On retire des graines de l'amandier, du noyer, du hêtre, du ricin, du chenevis, du pavot, du colza, etc., une huile abondante qui jouit de propriétés modifiées dans chacun de ces végétaux, par son mélange avec d'autres substances.

Les graines du roucou (bixa orellana) servent à teindre en rouge brun.

Nous ne finirions pas si nous voulions énumérer ici tous les avantages que l'homme peut retirer des fruits en général ou des parties qui les composent. Mais un pareil travail nous éloignerait trop de notre objet. Nous avons seulement voulu indiquer, quoique bien incomplétement, les usages nombreux des fruits et des graines, soit dans l'économie domestique, soit dans la thérapeutique.

Ici se termine tout ce qui a rapport à la partie de la Botanique que nous avons désignée par le nom d'*Organographie*. Nous y avons donné la description de tous les organes des végétaux phanérogames, et des fonctions

qu'ils remplissent. Nous allons maintenant faire connaître les diverses méthodes de classification qui ont
été proposées pour ranger et coordonner la quantité
innombrable des plantes déjà connues et décrites par
les différens auteurs. C'est à cette partie de la Botanique
que l'on a donné le nom de *Taxonomie.*

DE LA TAXONOMIE

OU

DES MÉTHODES BOTANIQUES

EN GÉNÉRAL.

Nous avons déjà vu que sous le nom de *Taxonomie* on désigne cette partie de la botanique générale, qui a pour objet l'application des lois de la classification au règne végétal.

A l'époque où les sciences n'étaient encore qu'à leur enfance, c'est-à-dire quand un petit nombre de faits en composait tout le domaine, ceux qui se livraient à l'étude de ces sciences n'avaient besoin que de fort peu d'efforts, et seulement d'une mémoire assez heureuse, pour embrasser la connaissance parfaite, et retenir les noms de tous les êtres, à l'étude desquels ils s'étaient livrés. Aussi les premiers philosophes qui s'occupèrent de la botanique, parlent-ils des plantes sans adopter aucun ordre, aucune méthode d'arrangement. Du temps de Théophraste, par exemple, qui le premier écrivit spécialement sur les végétaux, les fonctions des organes étaient méconnues, les genres, les espèces entièrement confondus, leurs caractères distinctifs, ignorés; en un mot, quoiqu'on puisse dire que ce philosophe ait commencé à écrire sur la botanique, on peut également assurer que cette science n'existait point encore de son temps. Les caractères des plantes ne reposaient que sur des connaissances empiriques ou de simples traditions ; car le nombre en était alors si borné, qu'il était facile de les connaître toutes individuellement, sans qu'il fût nécessaire de les distinguer autrement que par un nom particulier à chacune d'elles, mais auquel ne se ratta-chait aucune idée de caractère ou de comparaison. Tel fut l'état de la botanique pendant un grand nombre de siècles où, intimement unie à la médecine, elle ne trouvait place que dans les ouvrages de ceux qui écri-vaient sur l'art de guérir.

Mais quand par des recherches mieux dirigées et des voyages lointains, le nombre des êtres dont s'occupe l'histoire naturelle devint incomparablement plus grand, on sentit la nécessité de mettre plus de préci-sion dans le nom de ces différens objets, de les distin-guer par quelques caractères, afin de pouvoir les re-connaître. Bientôt la mémoire ne put retenir seule les noms d'un si grand nombre d'êtres, pour la plupart nouveaux et inconnus jusqu'alors.

Ce fut dès cette époque que l'on commença à sentir la nécessité de disposer les objets dans un ordre quel-conque, qui pût en faciliter la recherche, en donnant les moyens d'arriver plus promptement et avec plus de sûreté, aux noms qui avaient été donnés à chacun d'eux.

Mais ces arrangemens, d'abord purement empiriques, ne doivent point être regardés comme de véritables méthodes. En effet, ils n'étaient nullement fondés sur des connaissances tirées des caractères propres à cha-

cun de ces êtres, et qui puissent servir à les distinguer
les uns les autres ; mais appuyés seulement sur quelques
circonstances extérieures, et souvent étrangères à la
nature même de l'objet. Ainsi, l'ordre alphabétique,
suivant lequel on rangea les végétaux, ne pouvait avoir
d'avantage que pour ceux qui les connaissaient déjà,
mais qui voulaient se livrer à des recherches particulières sur quelques-uns d'entre eux. Il en est de
même de l'arrangement fondé sur les propriétés économiques ou médicales des plantes, qui supposent
toujours la connaissance préalable des vertus de la plante
dont on veut trouver le nom.

On pense bien que de semblables bases ne devaient
donner lieu qu'à des classifications aussi fautives
qu'imparfaites, puisqu'elles reposaient, en général,
sur des connaissances étrangères à la nature et a l'organisation des végétaux. Elles ne pouvaient donc en
donner aucune idée satisfaisante.

L'expérience fit bientôt sentir la nécessité de tirer de
l'organisation même des plantes et des parties qui les
composent, les caractères propres à les faire connaître
et à les distinguer. Ce fut dès cette époque que la botanique devint réellement une science, car ce fut alors
que l'on commença à étudier l'organisation des végétaux pour pouvoir en tirer les caractères propres à les
faire connaître et à les distinguer.

Dès lors les méthodes furent réellement créées. Mais
comme le nombre des organes des végétaux est assez
considérable, le nombre des méthodes fut également
très-grand, parce que chaque auteur crut recon-

naître dans l'un d'eux les bases les plus solides d'une bonne classification. Ainsi, les uns fondèrent leur méthode sur la considération des racines et de toutes les modifications qu'elles peuvent offrir; les autres sur les tiges, ceux-ci sur les feuilles, tel que Sauvages; ceux-là, sur l'inflorescence; etc.

Dans le seizième siècle, Gessner, né à Zuric, fut le premier qui démontra que les caractères tirés de la fleur et du fruit étaient les plus certains et les plus importans pour arriver à une bonne classification des végétaux. Il fit de plus entrevoir qu'il existe dans les plantes, des groupes composés de plusieurs espèces réunies par des caractères communs. Cette première idée de la réunion des végétaux en genres eut la plus grande influence sur les progrès ultérieurs de la botanique.

Peu de temps après, Cæsalpin, né en 1519, à Arezzo en Toscane, donna le modèle de la première méthode botanique. En effet toutes les espèces y sont rangées d'après la considération des caractères que l'on peut tirer de la plupart des organes des végétaux, tels que leur durée, la présence ou l'absence des fleurs, la position des graines, leur adhérence avec le calice, le nombre et la situation des cotylédons, etc. L'invention d'une semblable méthode, toute imparfaite qu'elle est, doit être considérée comme le premier aperçu d'une classification naturelle.

Cependant les découvertes nouvelles allaient toujours augmentant le nombre des végétaux connus, et chaque jour les ouvrages existans devenaient de plus en plus insuffisans. Plusieurs auteurs, parmi lesquels on doit citer avec éloge les deux frères Bauhin, Rai, Magnol et Rivin, donnèrent successivement dans leurs écrits des preuves d'un mérite rare. Plusieurs d'entre eux même créèrent des méthodes nouvelles, mais qui toutes furent éclipsées par celle que Joseph Pitton de Tournefort publia vers la fin du dix-septième siècle.

Ce botaniste célèbre, l'un de ceux dont les écrits ont fait le plus d'honneur à la France, était né à Aix en Provence, le 5 juin 1656. Il fut professeur de botanique au jardin des plantes de Paris, sous le règne de Louis XIV, qui en 1700 lui donna une mission importante pour le Levant. Tournefort parcourut alors la Grèce, les bords de la Mer-Noire et les îles de l'Archipel. Il revint à Paris, et publia la relation de son voyage que l'on peut citer comme un des modèles les plus parfaits en ce genre. Avant son départ, il avait déjà fait connaître, dans son ouvrage intitulé *Institutiones rei herbariæ*, sa nouvelle méthode, dans laquelle se trouvaient décrites dix mille cent quarante-six espèces rapportées à six cent quatre-vingt-dix-huit genres.

Le mérite de Tournefort n'est pas seulement d'avoir créé une méthode ingénieuse, dans laquelle se trouvent décrites et rangées toutes les plantes connues jusqu'à lui; mais son principal titre de gloire est d'avoir, le premier, distingué d'une manière plus précise et plus rigoureuse qu'on ne l'avait fait jusqu'alors, les genres, les espèces et les variétés qui peuvent s'y rapporter.

Avant lui, en effet, la science n'était encore que

confusion et désordre; chaque espèce n'était pas nettement distinguée de celles dont elle se rapprochait. Ce fut lui qui débrouilla ce cahos, sépara les genres et les espèces par des phrases caractéristiques, et au moyen de son système ingénieux, rangea méthodiquement les plantes connues à cette époque.

Après Tournefort, parurent encore un grand nombre de botanistes qui ont joui d'une certaine réputation. Quelques-uns d'entre eux proposèrent des méthodes nouvelles, mais aucune n'avait porté la moindre atteinte à celle de Tournefort. Cette gloire semblait réservée à l'immortel Linnæus. Son système qu'il publia en 1734, eut la vogue la plus surprenante, à cause de son extrême simplicité, et de la facilité singulière qu'il offre, pour parvenir à la connaissance du nom des végétaux.

Linnæus eut de plus la gloire de réformer, ou plutôt de créer la nomenclature et la synonymie botaniques, encore si peu avancées par ses prédécesseurs. Tournefort lui en avait tracé la route, sans cependant en faire disparaître tous les obstacles. Chaque espèce en effet était encore dénommée par une phrase caractéristique, dans laquelle on ne trouvait souvent pas les caractères propres à la distinguer. Or, ces phrases étant fort longues, il était très-difficile d'en retenir un grand nombre. Linnæus donna à chaque groupe ou genre un nom propre ou générique, imitant en cela l'exemple de Tournefort; mais de plus il désigna chaque espèce de ces genres par un nom adjectif ou spécifique, ajouté à la suite du nom générique. Par ce moyen ingénieux,

il simplifia considérablement l'étude déjà fort étendue
de la botanique.

Le système sexuel de Linnæus, séduisant par son
extrême simplicité, excita une révolution subite dans la
science, et fut accueilli partout avec un enthousiasme
difficile à décrire.

Quand le premier mouvement d'admiration qu'ins-
pire toujours une grande découverte, fut un peu calmé,
on ne tarda point à s'apercevoir que ce système si ingénieux, présentait cependant quelques inconvéniens, et
n'était point à l'abri de toute espèce de reproches. En
effet, fondé uniquement sur la considération absolue
d'un seul organe, il éloignait souvent des plantes que tous
les autres caractères semblaient réunir trop étroitement,
pour que l'on pût jamais les isoler avec succès. Car déjà
l'on avait commencé à entrevoir que certains genres de
végétaux, ont entre eux tant de points de contact et de
ressemblance, que réunis par l'ensemble général de
leurs caractères, ils paraissent en quelque sorte être
tous membres d'une même famille. C'est ainsi, par
exemple, qu'on avait déjà rapproché en tribus distinctes, les Graminées, les Labiées, les Ombellifères,
les Légumineuses, les Crucifères, etc., et plusieurs
autres groupes tout aussi naturels. Or, un grand défaut
du système artificiel de Linnæus, était donc de séparer
ces plantes qui paraissaient devoir être pour toujours
réunies. Ainsi, les Graminées s'y trouvaient dispersées
dans la première, la seconde, la troisième, la sixième,
la vingt-unième et la vingt-troisième classe de son
système. Les Labiées étaient en partie dans la seconde

classe et en partie dans la quatorzième. Il en était de
même de la plupart des tribus naturelles déjà reconnues et conservées par un grand nombre de botanistes. Linnæus, obligé de suivre rigoureusement son
système, s'était ainsi vu forcé de les séparer et de les
disperser.

Une nouvelle méthode qui, en conservant les affinités déjà reconnues de certaines plantes, aurait offert
l'ensemble de leurs caractères distinctifs, eût donc été
préférable à ce système si ingénieux, mais qui péchait
par un des points les plus essentiels.

Adanson avait donné la première esquisse de cette
méthode. Bernard de Jussieu médita pendant quarante
ans afin de trouver les caractères les plus solides et les
plus constans, qui pussent lui servir de base. Il étudia
avec un soin extrême, l'affinité réciproque des diverses
espèces et des différens genres entre eux. Mais ce fut
son neveu, Antoine Laurent de Jussieu qui, rassem-
blant les riches matériaux recueillis par ses oncles, y
joignant les nombreuses observations qu'il avait lui-
même amassées, créa réellement la méthode des familles naturelles, telle que nous l'exposerons bientôt.
Ce fut dans son GENERA PLANTARUM, ouvrage marqué du
sceau du génie, et l'un des plus beaux monumens des
progrès de la Botanique, qu'il posa les fondemens d'une
méthode qui doit un jour être la seule suivie et adoptée
par tous les bons esprits. Car elle est sans contredit de
toutes les autres publiées jusqu'à ce jour, celle qui
mérite la préférence.

En effet elle n'a point pour base la considération

d'un seul organe ; mais elle étudie l'ensemble des caractères fournis par chacune des parties d'un végétal,
et rapproche les uns des autres tous ceux qui se touchent par le plus grand nombre de points de contact
et de ressemblance. C'est cette méthode qui depuis
plus de trente ans à fait faire à la botanique de si ra-
pides progrès, et l'a placée au premier rang parmi les
sciences naturelles.

Nous avons cru devoir entrer dans quelques détails
sur les méthodes en général, avant de faire l'exposition
particulière d'aucune d'elles. Il nous a semblé utile de
jeter rapidement un coup d'œil sur les principales
époques de la botanique, afin de faire mieux connaître
l'impulsion et la face nouvelle que les trois classifications de Tournefort, de Linnæus et de Jussieu ont,
chacune en particulier, données à la botanique.

En terminant ces considérations générales, nous dé-
vons faire remarquer qu'il existe deux espèces bien distinctes de classifications en histoire naturelle. Dans l'une,
en effet, on ne prend pour base que la considération d'un
seul organe. Ainsi Tournefort s'est servi de la corolle ;
Linnæus des étamines pour établir leurs principales
divisions. On a donné le nom de *système* à ces arrrange-
mens purement artificiels. On conçoit qu'un système
n'ayant uniquement pour but que de faire arriver avec
facilité au nom d'une plante, ne donne aucune idée de
son organisation. Ainsi, quand nous avons trouvé qu'une
plante est de la première classe du système de Linnæus
ou de celui de Tournefort, nous savons seulement,
dans le premier cas, qu'elle a une étamine ; dans le

second cas, que sa corolle est monopétale, régulière et campaniforme : mais ces systèmes ne nous apprennent rien touchant les autres parties qui composent la plante dont ils nous ont seulement appris le nom. Dans la seconde espèce de classification, qui a reçu le nom de *méthode* proprement dite, comme les bases de chaque classe reposent sur la somme totale de tous les caractères tirés des différentes parties du végétal, lorsque l'on est arrivé à l'une de ces classes, on connaît déjà les points les plus saillans de l'organisation de la plante dont on désire connaître le nom. Si, par exemple, au moyen de l'analise nous sommes arrivés à savoir que telle plante est, je suppose, de la quatrième classe de M. de Jussieu, cette connaissance nous apprendra également que la plante que nous étudions est une phanérogame, que son embryon n'a qu'un seul cotylédon, qu'elle n'a qu'une seule enveloppe florale, c'est-à-dire qu'un calice monosépale adhérent avec un ovaire infère, que ses étamines sont insérées sur l'ovaire, etc., etc. On voit combien l'étude de la méthode des familles naturelles donne des idées plus précises et plus philosophiques sur la structure et l'organisation des différens végétaux. Elle mérite donc à juste titre la préférence sur toutes celles qui ont été inventées jusqu'à ce jour.

Il serait aussi long qu'inutile de faire ici l'exposition de toutes les méthodes qui ont été proposées par les différens botanistes, pour grouper et coordonner en classes tous les végétaux connus. Le nombre de ces méthodes est d'ailleurs si considérable, que leur exposition ne peut être faite, même d'une manière abrégée, que dans un ouvrage spécialement destiné à cet objet. Aussi nous contenterons-nous d'exposer ici seulement les trois classifications les plus importantes, qui sont celles de Tournefort, de Linnæus et de Jussieu.

DE LA MÉTHODE DE TOURNEFORT.

LE système de Tournefort, généralement connu sous le nom de méthode de Tournefort, est basé principalement sur la considération des différentes formes de la corolle. Un reproche généralement fait à Tournefort est de n'avoir pas suivi l'exemple déjà donné par Rivin, et d'avoir encore séparé, les uns des autres, les végétaux herbacés et les végétaux à tige ligneuse. Cet inconvénient est très-grand, puisque souvent dans le même genre, on trouve réunies ces deux modifications de la tige ; et que même quelquefois, comme nous l'avons prouvé précédemment, certaines circonstances peuvent agir assez directement sur une même espèce, pour la rendre tantôt ligneuse, tantôt herbacée. C'est ce que nous avons fait remarquer pour le ricin, la belle de nuit, etc.

Ce système est composé de vingt-deux classes dont les caractères sont tirés : 1º de la consistance et de la grandeur de la tige ; 2º de la présence ou de l'absence de la corolle ; 3º de l'isolement de chaque fleur ou de leur réunion dans un involucre commun, ce qui constitue les fleurs composées ; 4° de l'intégrité de la corolle, ou de sa division en segmens isolés, c'est-à-dire de la considération de la corolle monopétale ou polypétale ; 5° de sa régularité ou de son irrégularité.

1° Sous le rapport de la consistance et de la durée de leur tige, Tournefort divise les végétaux en herbes, sous-arbrisseaux, arbrisseaux et arbres. Les herbes et les sous-arbrissaux réunis sont renfermés dans les dix-sept premières classes ; les cinq dernières classes contiennent les arbrisseaux et les arbres.

2° D'après la présence ou l'absence de la corolle, les herbes sont distinguées en pétalées et apétalées. Les quatorze premières classes des herbes renferment toutes celles qui sont pourvues d'une corolle ; les trois autres, celles qui en sont dépourvues.

3° Les herbes qui ont une corolle, ont leurs fleurs isolées et distinctes ou réunies pour constituer des fleurs composées. Les onze premières classes renferment les herbes à fleurs simples ; les trois suivantes, celles qui offrent des fleurs composées.

4° Parmi les plantes herbacées à fleurs simples, les unes ont une corolle monopétale ; dans les autres au contraire, elle est polypétale. Dans les quatre premières classes, Tournefort a réuni les plantes à corolle monopétale ; dans les cinq qui suivent, celles dont la corolle est polypétale.

5° Mais cette corolle monopétale ou polypétale peut être régulière ou irrégulière, ce qui a servi à subdiviser encore chacune de ces sections.

Les plantes à tige ligneuse avons-nous dit, sont renfermées dansles cinq dernières classes du système. Tournefort les a divisées d'après les mêmes considérations que les herbes. Ainsi elles sont apétalées ou pétalées ; leur corolle est monopétale ou polypétale, régulière ou irrégulière.

Il est important de faire remarquer que Tournefort appelait corolle, les périanthes simples et colorés, comme dans la tulipe, le lis, qui ont selon lui une corolle polypétale régulière.

Tels sont les principes qui ont dirigé Tournefort dans la formation des classes de son système ; dont nous allons présenter sommairement les caractères.

PREMIÈRE DIVISION.

HERBES.

§ I. A FLEURS SIMPLES.

Première Classe.

Corolle monopétale régulière. CAMPANIFORMES. Herbes à corolle monopétale régulière, imitant une cloche, comme dans la campanule, le liseron, etc., ou un grelot, comme dans le muguet, la bruyère, etc. (Voy. pl. 5, fig. 3, 4.)

Seconde Classe.

INFUNDIBULIFORMES. Herbes à corolle monopétale régulière, imitant la forme d'un entonnoir, comme le tabac, celle d'une coupe antique, c'est-à-dire *hypo-crateriforme*, le jasmin le lilas, ou d'une roue (*cor. rotacée*), comme la bourrache. (Voy. pl. 5. fig. 1, 2.)

Troisième Classe.

PERSONNÉES. Corolle monopétale irrégulière imitant la forme d'un mufle de veau ou d'un masque antique, comme celle des *antirrhinum*, de la linaire, etc., ou ayant le limbe plus ou moins ouvert, comme dans la digitale, la scrophulaire; les plantes de cette classe présentent toujours un ovaire simple au fond de leur calice. (Pl. 5, fig. 7.)

Quatrième Classe.

LABIÉES. Corolle monopétale irrégulière, dont le limbe est comme divisé en deux lèvres; plantes offrant un ovaire partagé en quatre lobes très-distincts, regardés comme des graines nues. Telles sont la sauge, le romarin, la bétoine, le thym, etc. (Voy. pl. 5, fig. 8.)

Cinquième Classe.

CRUCIFORMES. Corolle polypétale régulière, composée de quatre pétales disposés en croix. Le fruit est une silique ou une silicule. Exemp. : la giroflée, le choux, le thlaspi, etc. (Voy. pl. 5, fig. 9.)

Sixième Classe.

Rosacées. Corolle polypétale régulière, composée de trois à dix pétales disposés en rose, comme dans le poirier, le pommier, le rosier sauvage, la fraise, la framboise, les cistes, etc. (Voy. pl. 5, fig. 11.)

Septième Classe.

Ombellifères. Corolle polypétale régulière, composée de cinq pétales souvent inégaux, fleurs disposées en ombelle; ex. l'angélique, le panais, le fenouil, etc.

Huitième Classe.

Caryophyllées. Corolle polypétale régulière, formée de cinq pétales longuement onguiculés réunis dans un calice monosépale; limbe étalé comme dans les Rosacées; par exemple, l'œillet, la saponaire, *l'agrostemna githago*, etc. (Voy. pl. 5, fig. 10.)

Neuvième Classe.

Liliacées. Fleurs à corolle le plus souvent polypétale, composée de six ou simplement de trois pétales; quelquefois monopé-

Corolle
polypétale
régulière.

tale, à six divisions; le fruit est une capsule ou une baie triloculaire. Exemple : le lis, la tulipe, la jacinthe, etc.

Dixième Classe.

Corolle polypétale irrégulière

PAPILIONACÉES, ou Légumineuses. Corolle polypétale irrégulière, composée de cinq pétales, l'un supérieur, nommé étendard, deux latéraux, appelés les ailes, deux inférieurs quelquefois réunis et soudés, constituant la carène. Exemple : le pois, le haricot, la luzerne, etc. Le fruit est toujours une gousse. (Voy. pl. 5, fig. 12.)

Onzième Classe.

ANOMALES. Cette classe renferme toutes les plantes herbacées dont la corolle est polypétale irrégulière et non papilionacée; telles sont la violette, la capucine, etc.

§ II. A FLEURS COMPOSÉES.

Douzième Classe.

Composées.

FLOSCULEUSES. Fleurs composées de petites corolles monopétales régulières infundibuliformes, à limbe découpé en cinq divisions. On donne à chacune de ces petites fleurs le nom de fleurons. Tels sont les chardons, les artichauts, les centaurées, etc. (Voy. pl. 5, fig. 5.)

Treizième Classe.

Composées. { SEMI-FLOSCULEUSES. Fleurs composées d'un grand nombre de petites corolles monopétales irrégulières, dont le limbe est déjeté d'un côté, et auxquelles on a donné le nom de demi-fleurons. Par exemple, la laitue, le salsifis, le pissenlit, etc. (Voy. pl. 5, fig. 6.)

Quatorzième Classe.

RADIÉES. Fleurs composées de fleurons au centre et de demi-fleurons à la circonférence, comme dans le grand-soleil, la reine-marguerite, etc.

§ III. PLANTES APÉTALES.

Quinzième Classe.

Apétales. { APÉTALES ou plantes dont les fleurs n'ont point de véritable corolle, comme les Graminées, l'orge, le riz, l'avoine, le blé, etc. Dans quelque-unes, on trouve autour des organes sexuels un périanthe simple ou calice, qui souvent subsiste après la floraison et s'accroît avec le fruit, comme dans les *rumex*.

Seizième Classe.

APÉTALES sans fleurs. Plantes qui sont dépourvues d'organes sexuels et d'enveloppes florales proprement dites, mais qui ont des feuilles. Ce sont les Fougères, tels que le polypode, le ceterach, l'osmonde, etc.

Dix-septième Classe.

APÉTALES, sans fleurs ni fruits apparens, comme les Champignons, les Mousses, les Lichens, etc.

DEUXIÈME DIVISION
ARBRES

Dix-huitième Classe.

Apétales. Arbres ou arbrisseaux **APÉTALES**, c'est-à-dire dont les fleurs sont dépourvues de corolle. Ces arbres sont ou hermaphrodites, ou monoïques, comme dans le buis, beaucoup de Conifères, etc.; ou dioïques, comme le pistachier, le lentisque.

Dix-neuvième Classe.

AMENTACÉES. Arbres apétales, dont les fleurs sont disposées en chaton. Ils sont monoïques, comme le chêne, le noyer, etc. dioïques, comme les saules, etc.

Vingtième Classe.

Monopétales. Arbres à corolle monopétale régulière ou irrégulière, tels que le lilas, le sureau, le catalpa, l'arbousier, etc.

Vingt-unième Classe.

Polypétales régulières. { Arbres ou arbrisseaux à corolle polypétale *rosacée*, comme dans le pommier, le poirier, l'oranger, le cerisier, etc.

Vingt-deuxième Classe.

Polypétales irrégulières { Arbres ou arbrisseaux dont la corolle est papilionacée; comme dans l'acacia, le faux ébénier, l'arbre de Judée, etc., etc.

Telles sont les vingt-deux classes établies par Tournefort, pour disposer tous les végétaux connus. Quoiqu'au premier abord, ce système paraisse simple et d'une éxécution facile, cependant il offre, dans plus d'un cas, des difficultés qu'il n'est pas aisé de faire disparaître. En effet la forme de la corolle n'est pas toujours si bien tranchée, que l'on puisse sur-le-champ décider à quelle classe elle appartient réellement; car, où est le point juste de séparation entre une corolle hypocratériforme, et une corolle infundibuliforme; entre cette dernière et la corolle campanulée?

Le reproche le mieux fondé que l'on puisse faire à ce système, c'est la séparation des plantes herbacées des ligneuses. En effet par-là, les rapports les plus naturels sont méconnus, et les végétaux qui ont entre eux la plus grande analogie, sont souvent éloignés et rejetés à de très-grandes distances les uns des autres, à cause de cette seule différence.

Chacune de ces classes a été divisée en un nombre plus ou moins considérable de sections ou ordres, dont les caractères ont été tirés des modifications particulières que la forme de la corolle peut subir, de la consistance, de la composition et de l'origine du fruit, de la forme, de la disposition et de la composition des feuilles, etc., etc.

Enfin, chacune de ces sections renferme un nombre plus ou moins considérable de genres, auxquels sont rapportées toutes les espèces connues jusqu'à l'époque où Tournefort écrivit.

CLEF de la MÉTHODE de TOURNEFORT.

				Classes.
			Régulières...	1. CAMPANIFORMES.
		Monopétales		2. INFUNDIBULIFORMES.
			Irrégulières..	3. PERSONNÉES.
				4. LABIÉES.
	Simples....			5. CRUCIFORMES.
				6. ROSACÉES.
			Régulières...	7. OMBELLIFÈRES.
Pétalées....		Polypétales.		8. CARYOPHYLLÉES.
				9. LILIACÉES.
			Irrégulières..	10. PAPILIONACÉES.
HERBES A FLEURS.				11. ANOMALES.
				12. FLOSCULEUSES.
	Composées....................			13. SEMI-FLOSCULEUSES.
				14. RADIÉES.
				15. A ETAMINES.
Apétalées....................				16. SANS FLEURS.
				17. SANS FLEURS NI FRUITS.
Apétalées....................				18. APÉTALES PROP. DITES.
ARBRES. A FLEURS.				19. AMENTACÉES.
Pétalées..............	Monopétales.............			20. MONOPÉTALES.
	Polypétales.	Régulières...		21. ROSACÉES.
		Irrégulières..		22. PAPILIONACÉES.

DU SYSTÈME SEXUEL DE LINNÆUS.

Les bases principales du système sexuel de Linnæus reposent presqu'entièrement sur les différens caractères que l'on peut tirer des organes sexuels mâles, c'est-à-dire des étamines; de même que celui de Tournefort est fondé sur les formes diverses que peut offrir la corolle : ce système est partagé en 24 classes.

Linnæus divise d'abord tous les végétaux connus en deux grandes sections. Dans la première il range tous ceux qui ont des organes sexuels, et par conséquent des fleurs apparentes. Ce sont les phanérogames ou phénogames. La seconde section comprend les végétaux dans lesquels les organes sexuels sont cachés, ou plutôt, qui en sont totalement dépourvus ; on les nomme cryptogames. De là, deux premières grandes sections dans le règne végétal :

1°. Les phanérogames.

2°. Les cryptogames.

Mais comme le nombre des végétaux de la première section est infiniment plus considérable que celui de la seconde, les phanérogames ont été divisés en 23 classes; les cryptogames au contraire ne forment que la vingt-quatrième et dernière classe de ce système.

Parmi les plantes phanérogames, les unes ont des fleurs hermaphrodites, c'est-à-dire pourvues des deux sexes réunis ; les autres sont unisexuées.

Les vingt premières classes du système sexuel renferment les végétaux phanérogames à fleurs hermaphrodites ou monoclines ; les trois suivantes les plantes diclines ou à fleurs unisexuées.

$$3° \text{ Phanérogames} \begin{cases} \text{monoclines.} \\ \text{diclines.} \end{cases}$$

Les plantes monoclines ont les étamines libres et détachées du pistil ; ou bien ces étamines sont soudées avec lui.

$$4° \text{ Monoclines} \begin{cases} \text{à étamines libres.} \\ \text{à étamines soudées au pistil.} \end{cases}$$

Les étamines dégagées de toute espèce de soudure avec le pistil peuvent être libres et distinctes les unes des autres ; elles peuvent être réunies et soudées **entre elles.**

$$5° \text{ Etamines non soudées au pistil.} \begin{cases} \text{libres et distinctes.} \\ \text{réunies entre elles.} \end{cases}$$

Les étamines libres et distinctes sont égales ou inégales entre elles.

Celles qui sont libres et égales sont en nombre déterminé ou indéterminé.

$$6° \text{ Etamines libres et égales en :} \begin{cases} \text{nombre déterminé.} \\ \text{nombre indéterminé.} \end{cases}$$

C'est par des considérations de cette nature que Linnæus est parvenu à former les bases de son système. On voit, d'après cela, qu'il est fondé, 1° sur le nombre des étamines (les treize premières classes) ; 2° sur leur proportion respective (quatorzième et quinzième); 3° sur leur réunion par les filets (seizième , dix-septième et dix-huitième); 4° sur leur soudure par les anthères (dix-neuvième); 5° sur leur soudure avec le pistil (vingtième) ; 6° sur la séparation des sexes (vingt-unième, vingt-deuxième, vingt-troisième); 7° enfin sur l'absence des organes sexuels (la vingt-quatrième et dernière).

Nous allons successivement étudier les caractères de ces différentes classes, qui chacune ont reçu des noms particuliers.

1°. *Étamines en nombre déterminé et égales entre elles.*

1re. Classe. MONANDRIE. Elle renferme toutes les plantes dont les fleurs n'ont qu'une seule étamine : l'*hippuris vulgaris*, le *blitum*, le *canna indica*, etc.

2e. Classe. DIANDRIE. Deux étamines : le jasmin, le lilas, les véroniques, la sauge, le romarin, etc.

3e. Classe. TRIANDRIE. Trois étamines : la plupart des Graminées, les iris, etc.

4e. Classe. TÉTRANDRIE. Quatre étamines : la garance, le caille-lait, les asperules, les scabieuses, etc.

5e. Classe. PENTANDRIE. Cinq étamines : les Borraginées, telles que la bourrache, la pulmonaire ; les Solanées, telles que la douce-amère, la belladone, la pomme de terre, l'alkékenge, etc. ; les Rubiacées exotiques, tels que les *cinchona*, les *psychotria*, etc. ; les Ombellifères, tels que le panais, la ciguë, l'opoponax, le coriandre, etc.

6e. Classe. HEXANDRIE. Six étamines. Telles sont la

plupart des Liliacées, le lis, la tulipe, la jacinthe ; beaucoup d'Asparaginées, comme l'asperge, le muguet, etc. ; le riz.

7e. Classe. HEPTANDRIE. Sept étamines. Cette classe est très-peu nombreuse : on y trouve le marronier d'Inde, le *saururus*, etc.

8e. Classe. OCTANDRIE. Huit étamines : les *rumex*, les *polygonum*, les bruyères.

9e. Classe. ENNÉANDRIE. Neuf étamines. A cette classe se rapportent les différentes espéces de laurier, de rhubarbe ; le *butomus umbellatus*, etc.

10e. Classe. DÉCANDRIE. Dix étamines. Nous trouvons ici presque toutes les Caryophyllées, telles que l'œillet, les *lychnis*, les *silene* ; la rue, le *phytolacca decandra*, etc.

2°. *Etamines en nombre non rigoureusement déterminé.*

11e. Classe. DODÉCANDRIE. De onze à vingt étamines. Exemples : l'*azarum europæum*, le réséda, l'aigremoine, le *sempervivum tectorum*, etc.

12e. Classe. ICOSANDRIE. Plus de vingt étamines insérées sur le calice. Ici se rapportent toutes les vraies Rosacées ; le prunier, l'amandier, le rosier, le fraisier, etc. ; les myrtes, les grenadiers, le syringa, etc.

13e. Classe. POLYANDRIE. De vingt à cent étamines, insérées sous l'ovaire. Dans cette classe sont réunies les véritables Renonculacées, telles que les anémones, les clématites, les renoncules, les hellébores, etc. ; la plupart des Papavéracées, tels que le coquelicot, le pavot, la chélidoine, etc.

3°. *Proportion des étamines entre elles.*

14e. Classe. DIDYNAMIE. Quatre étamines, dont deux constamment plus petites, et deux plus longues, toutes inserées sur une corolle monopétale irrégulière. Cette classe renfermé les Labiées et les Personnées de Tournefort ; telles sont le thym , la lavande, la bugle, la bétoine, les *antirrhinum* , la digitale, la scrophulaire, le catalpa, etc.

15e. Classe. TÉTRADYNAMIE. Six étamines, dont deux constamment plus petites que les quatre autres. Corolle polypétale ; fruit, une silique ou une silicule. Cette classe correspond parfaitement aux Crucifères de Tournefort.

4° *Soudure des étamines par leurs filets.*

16e Classe. MONADELPHIE. Etamines en nombre variable , réunies et soudées ensemble en seul corps par leurs filets. Exemple : la mauve, la guimauve, etc.

17e Classe. DIADELPHIE. Etamines en nombre variable, soudées par leurs filets en deux corps distincts. Tels sont la fumeterre, le polygala, et la plupart des Légumineuses; comme l'acacia, le cytise, la réglisse, le mélilot, etc.

18e Classe. POLYADELPHIE. Etamines réunies par leurs filets en trois ou un plus grand nombre de fais-

ceaux. Par exemple, les *hypericum*, l'oranger, les *melaleuca*, etc., etc.

5o *Soudure des étamines réunies par les anthères.*

19ᵉ Classe. SYNGÉNÉSIE. Cinq étamines réunies et
soudées par les anthères; fleurs ordinairement composées, rarement simples. Cette classe renferme les Flosculeuses, les Sémi-flosculeuses et les Radiées de Tournefort; elle contient aussi certaines autres plantes,
telles que les *lobelia*, les violettes, etc.

6º *Soudure du pistil et des étamines.*

20ᵉ Classe. GYNANDRIE. Etamines soudées en un
seul corps avec le pistil; telles sont toutes les Orchidées, l'aristoloche, etc.

7º *Fleurs unisexuées.*

21ᵉ Classe MONOECIE. Fleurs mâles et fleurs femelles
distinctes, mais réunies sur le même individu. Exemple:
le chêne, le buis, le maïs, la sagittaire, le ricin, etc.

22ᵉ Classe. DIOECIE. Fleurs mâles et fleurs femelles
existant sur deux individus séparés : la mercuriale, le
dattier, le guy, les saules, le pistachier, etc.

23ᵉ Classe. POLYGAMIE. Fleurs hermaphrodites, fleurs
mâles et fleurs femelles réunies sur un même individu
ou sur des pieds différens. Par exemple : le frêne, la
pariétaire, la croisette, le micoucoulier, etc.

8° *Fleurs invisibles.*

24e Classe. **Cryptogamie.** Plantes dont les fleurs sont invisibles ou très-peu distinctes. Cette classe renferme les Fougères, tels que le polypode, l'osmonde, etc., les Mousses, les Lichens, les *Equisetum,* les Algues, les Champignons, etc., etc.

Nous venons d'exposer en peu de mots les caractères propres à chacune des vingt-quatre classes établies par Linnæus dans le règne végétal. On voit que la marche de ce système est simple et facile à suivre. En effet il semble au premier abord qu'il ne faille que savoir compter le nombre des étamines d'une fleur, pour connaître à quelle classe elle appartient. Mais cependant nous ferons remarquer que dans plusieurs cas cette détermination n'est point aussi aisée qu'on le suppose d'abord, et que fort souvent on reste dans le doute, surtout lorsque la plante présente quelqu'anomalie insolite.

Occupons - nous maintenant de faire connaître les considérations d'après lesquelles ont été établis les ordres particuliers à chaque classe.

Dans les treize premières classes dont les caractères sont tirés du nombre des étamines, ceux des ordres ont été puisés dans le nombre des styles ou des stigmates distincts. Ainsi une plante de la Pentandrie, telle que le panais ou tout autre Ombellifère qui aura deux styles ou deux stigmates distincts, sera du second-ordre. Elle serait du troisième ordre, si elle en présen tait trois, etc. Voyons les noms qui ont été donnés à ces différens ordres :

1er ordre. *Monogynie*, un seul style.

2e ordre. *Digynie*, deux styles.

3e ordre. *Trigynie*, trois styles.

4e ordre. *Tétragynie*, quatre styles.

5e ordre. *Pentagynie*, cinq styles.

6e ordre. *Hexagynie*, six styles.

7e ordre. *Heptagynie*, sept styles.

8e ordre. *Décagynie*, dix styles.

9e ordre. *Polygynie*, un grand nombre de styles.

Remarquons qu'il y a des classes dans lesquelles on n'observe point cette série tout entière d'ordres. Dans la Monandrie, par exemple, on ne trouve que deux ordres, la *Monogynie*, comme dans l'*Hippuris*, et la *Digynie* comme dans le *blitum*.

Dans la Tétrandrie, il y a trois ordres, savoir : la *Monogynie*, la *Digynie* et la *Tétragynie*. Il y en a six dans la Pentandrie, etc., etc.

Dans la quatorzième classe, ou la Didynamie, Linnæus a fondé les caractères des deux ordres qu'il y a établis, d'après la structure de l'ovaire. En effet le fruit est tantôt formé de quatre petits akènes situés au fond du calice, et qu'il regardait comme quatre graines nues ; tantôt au contraire c'est une capsule qui renferme un nombre plus ou moins considérable de graines. Le premier de ces ordres porte le nom de *Gymnospermie* (graines nues); il contient toutes les véritables Labiées, telles que le Marrhube, les *Phlomis*, les *Nepeta*, les *Scutellaria*, etc.

Le second ordre, que l'on appelle *Angiospermæ* (graines enveloppées), et qui a pour caractère d'avoir un fruit capsulaire, réunit toutes les Personnées de Tournefort, tels que les *Rhinanthus*, les *Linaires*, les *Melampyrum*, les *Orobanches*, etc.

La Tétradynamie, ou la quinzième classe, offre également deux ordres, tirés de la forme du fruit, qui est une silique ou une silicule. De là on distingue la Tétradynamie en *Siliculeuse*, ou celle qui renferme les plantes dont le fruit est une silicule, tels que le pastel, le cochléaria, le thlaspi, etc., et en *siliqueuse*, c'est-à-dire celle dans laquelle sont rangés les végétaux ayant une silique pour fruit, comme la giroflée, le choux, les cressons, etc.

Les seizième, dix-septième et dix-huitième classes, c'est-à-dire, la Monadelphie, la Diadelphie et la Polyadelphie ont été établies d'après la réunion des filets staminaux en un, deux, ou un plus grand nombre de faisceaux distincts, abstraction faite du nombre des étamines qui les composent. Linnæus a dans ce cas employé les caractères tirés du nombre des étamines pour former les ordres de ces trois classes. Ainsi on dit des plantes Monadelphes, qu'elles sont triandres, tétrandres, pentandres, décandres, polyandres, suivant qu'elles renferment trois, quatre, cinq, dix ou un grand nombre d'étamines soudées et réunies par leurs filets en un seul corps. Il en est de même dans la diadelphie et la polyadelphie, c'est-à-dire que le nom des ordres est le même que celui des premières classes du système.

La Syngénésie, ou la dix-neuvième classe du système sexuel, est une de celles qui renferment le plus
grand nombre d'espèces. En effet les Synanthérées
forment à peu près la douzième partie de tous les
végétaux connus. Il était donc très-important d'y
multiplier les ordres, afin de faciliter la recherche des
différentes espèces. C'est ce que Linnæus a tâché de
faire en partageant cette classe en six ordres. Mais ici,
comme le nombre presque constant des étamines est
cinq, ce nombre n'a pu offrir assez de caractères pour
devenir la base de ces divisions ; Linnæus l'a prise dans
la structure même de chacune des petites fleurs qui
constituent les assemblages connus sous le nom de
fleurs composées. En effet par suite d'avortemens
constans on trouve avec les fleurs hermaphrodites des
fleurs mâles et des fleurs femelles, souvent même des
fleurs entièrement neutres. Linnæus, dont le génie
poétique se faisait remarquer dans tous les noms qu'il
donnait aux différentes classes et aux différens ordres
de son système, voyait dans ces réunions et ces mé-
langes de fleurs une sorte de *polygamie*. Aussi est-ce
le nom qu'il a donné à chacun des six ordres de la
syngénésie, en leur ajoutant à chacun une épithète
particulière ; voici leurs caractères.

1er Ordre. *Polygamie égale.* Toutes les fleurs sont
hermaphrodites, et par conséquent toutes également
fécondes, comme on le voit dans les chardons, les salsifis, etc.

2e Ordre. *Polygamie superflue.* Les fleurs du disque
sont hermaphrodites, celles de la circonférence sont

femelles ; mais les unes et les autres donnent de bonnes graines. Par exemple, l'armoise, l'absinthe.

3ᵉ Ordre. *Polygamie frustranée.* Les fleurs du disque sont hermaphrodites et fécondes ; celles de la circonférence sont neutres ou femelles, mais stériles par l'imperfection de leur stigmate : elles sont donc tout-à-fait inutiles ; dans l'ordre précédent elles étaient seulement superflues. Exemple, les centaurées, les *helianthus*, etc.

4ᵉ Ordre. *Polygamie nécessaire.* Les fleurs du disque sont hermaphrodites, mais stériles par un vice de conformation du stigmate ; celles de la circonférence sont femelles et fécondées par le pollen des premières ; dans ce cas elles sont donc nécessaires pour la conservation de l'espèce, comme dans le souci, etc.

5ᵉ Ordre. *Polygamie séparée.* Toutes les fleurs sont hermaphrodites, rapprochées les unes des autres, mais cependant contenues chacune dans un petit involucre particulier, comme dans l'*échinops*.

6ᵉ Ordre. *Polygamie monogamie.* Les fleurs sont toutes hermaphrodites ; mais elles sont simples et isolées les unes des autres, comme dans la violette, les *lobelia*, la balsamine, etc.

Ce dernier ordre, comme il est facile de le voir, n'a aucune affinité avec les précédens. Il n'a de commun avec eux que la réunion des étamines par les anthères.

Dans la *Gynandrie*, ou la vingtième classe du système sexuel, il y a quatre ordres qui sont tirés du nombre des étamines. Ainsi on dit : Gynandrie-monandrie, comme dans l'*orchis*, l'*ophrys* ; Gynandriediandrie, comme dans le *cypripedium* ; Gynandrie-hexandrie, comme dans l'aristoloche, etc.

La Monœcie et la Diœcie présentent en quelque sorte réunies toutes les modifications que nous avons remarquées dans les autres classes. Ainsi la Monœcie renferme des plantes monandres, triandres, décandres, polyandres, monadelphes et gynandres. Chacune de ces variétés sert à établir autant d'ordres distincts dans cette classe.

La Diœcie en renferme encore un plus grand nombre de variétés, qui toutes se rapportant déjà à quelqu'une des classes précédemment établies, sont employées comme caractères d'ordres.

La vingt-troisième classe ou la Polygamie, qui contient les plantes à fleurs hermaphrodites et à fleurs unisexuées mélangées, soit sur le même individu, soit sur deux ou trois individus distincts, a été pour cette raison divisée en trois ordres : 1° la *Monœcie*, dans laquelle le même individu porte des fleurs monoclines et des fleurs diclines ; 2° la *Diœcie*, dans laquelle on trouve sur un individu des fleurs hermaprhodites, et sur l'autre des fleurs unisexuées ; 3° enfin la *Triœcie*, dans laquelle l'espèce se compose de trois individus ; un portant des fleurs hermaphrodites ; un second, des fleurs mâles, et le troisième, des fleurs femelles.

La Cryptogamie, qui forme la vingt-quatrième et dernière classe, est partagée en quatre ordres : 1° les Fougères ; 2° les Mousses ; 3° les Algues ; 4° les Champignons. Nous en exposerons bientôt les caractères avec détail.

Après avoir fairt connaître les bases du système sexuel, nous avons donné une esquise des vingt-quatre classes et des ordres nombreux qui s'y rapportent, tels qu'ils ont été établis par Linnæus. Lorsque l'on étudie ce système, on est frappé de son extrême simplicité et de la facilité avec laquelle on arrive avec lui à la connaissance du nom d'une plante. Les classes en effet sont pour la plupart nettement tranchées et définies, surtout dans celles où les étamines sont en nombre déterminé. Non-seulement ce système contient toutes les plantes déjà connues, mais il peut encore comprendre toutes celles que l'on pourrait découvrir ; aussi a-t-il été universellement adopté à l'époque où il a paru.

Mais il faut avouer, cependant, qu'il présente plus d'un inconvénient grave. En effet il n'est pas toujours aisé de déterminer si une plante appartient positivement à certaines classes. Ainsi, par exemple, la rue (*ruta graveolens*), a presque toutes ses fleurs munies de huit étamines ; une seule au centre de chaque assemblage de fleurs en présente dix. L'élève, dans ce cas, éprouverait quelque embarras et serait tenté de placer cette plante dans la huitième classe du système, c'est-à-dire dans l'*Octandrie*. Cependant Linnæus la range dans la *Décandrie*, parce qu'il regarde la fleur à dix étamines comme étant la plus parfaite.

La Dodécandrie n'est pas non plus caractérisée assez rigoureusement. On y place toutes les plantes qui ont de douze à vingt étamines. Mais l'aigremoine, que l'on y range, a souvent plus de vingt étamines.

Certaines Labiées ou Personnées qui appartiennent

à la didynamie, ont leurs quatre étamines égales entre elles, et souvent l'irrégularité de la corolle est à peine sensible.

Les ordres de la Syngénésie sont très-souvent d'une difficulté rebutante, pour pouvoir être reconnus avec certitude. D'ailleurs le mélange des fleurs mâles, des fleurs femelles et des fleurs hermaphrodites, en rejette plusieurs dans la diœcie et la polygamie.

Le sixième de ces ordres, la polygamie monogamie, rapproche des Composées des plantes qui n'ont aucune analogie avec elles, telles que les violettes, le *lobelia*, les balsamines, etc.

La vingt-troisième classe, c'est-à-dire la polygamie, est un mélange confus de plantes, qui appartiennent presque toutes aux différentes autres classes.

Si maintenant nous examinons les plantes rassemblées dans chacune de ces classes, nous verrons que le plus souvent les affinités naturelles et reconnues depuis si long-temps, ont été entièrement rompues. Ainsi une des familles les plus naturelles, les Graminées, se trouvent dispersées dans la Monandrie, la Diandrie, la Triandrie, l'Hexandrie, la Monœcie, la Diœcie et la Polygamie. Les Labiées sont en partie dans la Diandrie, en partie dans la Didynamie. Il en est de même d'un grand nombre de familles tout aussi naturelles. Mais comme la classification établie par Linnæus est un système, c'est-à-dire un arrangement méthodique, mais purement artificiel, destiné seulement à faire arriver avec facilité au nom d'une plante que l'on désire connaître, on ne saurait lui faire un reproche fondé d'avoir ainsi éloigné les unes des autres les plantes qui avaient entre elles beaucoup de rapports et d'affinité. Ce n'est donc pas ce système qu'il faut étudier, lorsque l'on désire connaître les rapports naturels des différens végétaux entre eux, tandis que parmi tous les systèmes artificiels il mérite sans coutredit la préférence pour arriver aisément au nom d'une plante.

Désirant faire disparaître de cet ingénieux système une partie des inconvéniens que nous avons signalés, et rendre son application plus facile dans certains points, feu mon père y a fait quelques modifications importantes que nous allons faire connaître. C'est d'après le système de Linnæus modifié, que sont rangées les plantes du jardin de la Faculté de médecine de Paris.

SYSTÈME SEXUEL MODIFIÉ.

Les dix premières classes sont conservées sans aucun changement :

La 11ᵉ classe est la POLYANDRIE ainsi caractérisée : plus de dix étamines insérées sous le pistil simple ou multiple, c'est-à-dire insertion hypogynique. Cette classe, qui remplace la Dodécandrie, correspond parfaitement à la Polyandrie de Linnæus.

La 12ᵉ classe est la CALYCANDRIE ainsi caractérisée : plus de dix étamines insérées au calice, l'ovaire étant libre ou pariétal, insertion périgynique. Cette classe correspond en partie à la Dodécandrie, en partie à l'Icosandrie. On y trouve toutes les vraies Rosacées.

La 13ᵉ classe est l'HYSTÉRANDRIE. Elle a pour caractère d'avoir plus de dix étamines insérées sur l'ovaire tout-à-fait infère, par conséquent insertion épigynique. Cette classe correspond à une partie de l'Icosandrie. Elle renferme les myrtes, les *punica*, *philadelphus*, *psydium*, etc.

Ces trois classes, ainsi caractérisées, sont beaucoup plus précises, et conservent mieux en même temps les rapports naturels, que celles primitivement adoptées par Linnæus, dont les caractères pris dans le nombre des étamines, pouvaient, dans beaucoup de circonstances, induire l'élève en erreur.

La 14ᵉ classe est la DIDYNAMIE dont les ordres désignés par Linnæus, sous les noms de Gymnospermie (*graines nues*), et d'Angiospermie (*graines enveloppées*), donnaient une idée fausse (puisqu'il n'existe pas de graines nues) ; ils ont été remplacés par :

1º *Tomogynie* (ovaire fendu et partagé), ovaire profondément partagé en lobes distincts ; style naissant d'un enfoncement central de l'ovaire ; fruit mur, *tetrakène*. Cet ordre renferme toutes les Labiées.

2º *Atomogynie* (ovaire indivise). Fruit capsulaire, polysperme. Dans cette classe sont les Antirrhinées, les Bignoniacées, etc.

19ᵉ Classe. SYNANTHÉRIE, remplaçant Syngénésie, ainsi caractérisé : étamines réunies par les anthères seulement, de manière à former une espèce de petit tube ; ovaire monosperme.

D'après ce caractère on voit que cette classe ne doit renfermer que les véritables plantes à fleurs dites composées, c'est-à-dire les Flosculeuses, les Sémiflosculeuses et les Radiées de Tournefort.

Les ordres de la Syngénésie de Linnæus étant tirés de caractères trop minutieux, très-difficiles à reconnaître et souvent variables dans le même genre, ont été changés en ceux qui suivent, très-faciles à distinguer :

1er Ordre. *Cerduacées* : capitule composé de fleurons indifféremment hermaphrodites, mâles ou femelles ; phoranthe garni de soies très-nombreuses, style offrant un léger renflement au-dessous du stigmate ; connectif se continuant quelquefois au-dessus des anthères pour former un tube à cinq dents ; tels sont les chardons, les centaurées, etc.

2e Ordre. *Corymbifères* : capitule flosculeux ou radié ; phorante nu ou garni de paillettes dont chacune accompagne une fleur (dans l'ordre précédent, elles étaient plusieurs à la base de chaque fleur). Exemple : le tussilage, les *gnaphalium*, les *érigeron*, etc.

3e Ordre. *Chicoracées* : capitule composé de demi-fleurons. Ex. : la laitue, la chicorée, la scorsonère, etc.

20e Classe. SYMPHYSANDRIE. Cette classe est formée du sixième ordre de la Syngénésie de Linnæus, la Polygamie-monogamie : elle a pour caractères : des étamines soudées ensemble par leurs anthères, quelquefois même aussi par leurs filets, un ovaire pluriloculaire, des fleurs simples ; par exemple, les Lobéliacées, les Violettes.

La Gynandrie, la Monœcie et la Diœcie sont conservées sans changemens.

24e Classe. ANOMALOECIE, fleurs hermaphrodites ou fleurs unisexuées sur le même ou sur des individus différens. Cette classe correspond à la Polygamie de Linnæus.

25ᵉ Classe. AGAMIE, végétaux dépourvus d'organes sexuels et se reproduisant au moyen de petits corpuscules particuliers, analogues aux bulbilles de certaines plantes et qu'on nomme *sporules*.

Tels sont les changemens que mon père a cru convenable de faire au système sexuel de Linnæus, afin d'en faire disparaître, autant que possible, les points qui pouvaient présenter des difficultés dans son emploi.

CLEF DU SYSTÈME

- PLANTES à.....
  - organes sexuels existans.
    - Fleurs toutes hermaphrodites.
      - Étamines séparées du pistil.
      - Étamines uni
    - Fleurs non toutes hermaphrodites.
      - Fleurs unisex
      - Fleurs herma
  - organes sexuels non existans..............

Proportio
indéterminé

bres.

Proportio
déterminée.

par les filet

nies.

par les anthè
par les anthè
polyspern

au pistil...........

s... Fleurs mâles
Fleurs mâles

rodites et fleurs unis

..............5.

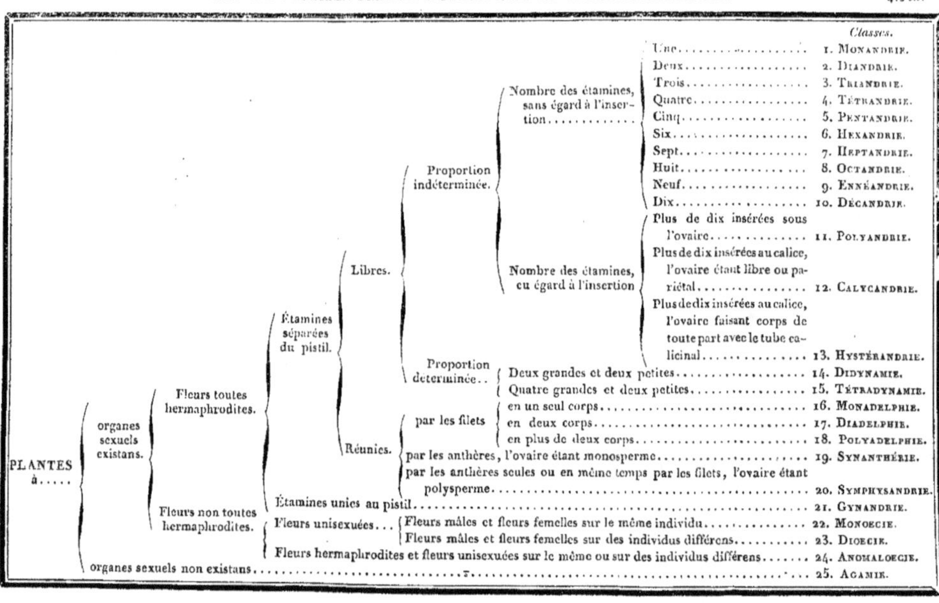

Classes.

Une.............................. 1. MONANDRIE.
Deux.............................. 2. DIANDRIE.
Trois.............................. 3. TRIANDRIE.
Quatre............................ 4. TÉTRANDRIE.
Cinq.............................. 5. PENTANDRIE.
Six............................... 6. HEXANDRIE.
Sept.............................. 7. HEPTANDRIE.
Huit.............................. 8. OCTANDRIE.
Neuf.............................. 9. ENNÉANDRIE.
Dix............................... 10. DÉCANDRIE.
Plus de dix insérées sous l'ovaire.............. 11. POLYANDRIE.
Plus de dix insérées au calice, l'ovaire étant libre ou pariétal.............. 12. CALYCANDRIE.
Plus de dix insérées au calice, l'ovaire faisant corps de toute part avec le tube calicinal.............. 13. HYSTÉRANDRIE.
Deux grandes et deux petites.................. 14. DIDYNAMIE.
Quatre grandes et deux petites................ 15. TÉTRADYNAMIE.
en un seul corps............................. 16. MONADELPHIE.
en deux corps............................... 17. DIADELPHIE.
en plus de deux corps........................ 18. POLYADELPHIE.
par les anthères, l'ovaire étant monosperme.................... 19. SYNANTHÉRIE.
par les anthères seules ou en même temps par les filets, l'ovaire étant polysperme.................... 20. SYMPHYSANDRIE.
Étamines unies au pistil......................... 21. GYNANDRIE.
Fleurs mâles et fleurs femelles sur le même individu.............. 22. MONOECIE.
Fleurs mâles et fleurs femelles sur des individus différens.......... 23. DIOECIE.
Fleurs hermaphrodites et fleurs unisexuées sur le même ou sur des individus différens....... 24. ANOMALOECIE.
organes sexuels non existans................. 25. AGAMIE.

Nombre des étamines, sans égard à l'insertion
Nombre des étamines, eu égard à l'insertion
Proportion indéterminée.
Proportion déterminée..
par les filets
Libres.
Réunies.
Étamines séparées du pistil.
Fleurs toutes hermaphrodites.
Fleurs non toutes hermaphrodites.
Fleurs unisexuées...
organes sexuels existans.
PLANTES à.....

Clé du Système sexuel de Linnæus.

						Classes.
PLANTES à……	Organes sexuels apparens…	Fleurs hermaphrodites.	Étamines distinctes du pistil.	Libres…	proportion indéterminée.	Nombre…… { 1. MONANDRIE. 2. DIANDRIE. 3. TRIANDRIE. 4. TÉTRANDRIE. 5. PENTANDRIE. 6. HEXANDRIE. 7. HEPTANDRIE. 8. OCTANDRIE. 9. ENNÉANDRIE. 10. DÉCANDRIE.
					Nombre et Insertion…	11. DODÉCANDRIE. 12. ICOSANDRIE. 13. POLYANDRIE.
				Proportion déterminée…		14. DIDYNAMIE. 15. TÉTRADYNAMIE.
			Réunies…………	par les filets…		16. MONADELPHIE. 17. DIADELPHIE. 18. POLYADELPHIE.
				par les anthères		19. SYNGÉNÉSIE.
		Étamines soudées avec le pistil………………				20. GYNANDRIE.
	Fleurs unisexuées………………………					21. MONOECIE. 22. DIOECIE. 23. POLYGAMIE.
Organes sexuels cachés…………………						24. CRYPTOGAMIE.

MÉTHODE DE M. DE JUSSIEU, ou DES FAMILLES NATURELLES.

La méthode des familles naturelles diffère essentiellement dans sa marche et ses caractères, des deux systèmes de Tournefort et de Linnæus, dont nous venons de donner l'explication. Dans cette méthode en effet les classes ne sont point fondées d'après la considération d'un seul organe, mais les caractères offerts par toutes les parties des végétaux, concourent à les former. Aussi les plantes qui se trouvent ainsi rapprochées, sont-elles disposées de manière qu'elles ont avec celle qui les précède ou les suit immédiatement, plus de rapport et de ressemblance qu'avec aucune autre.

Cette classification est donc bien supérieure et préférable à toutes celles qui l'ont précédée, par les idées générales et philosophiques, d'ensemble et d'harmonie, qu'elle nous donne sur toutes les productions du règne végétal. En effet elle ne considère plus les êtres isolément, mais elle les réunit et les coordonne en groupes ou familles, d'après le plus grand nombre de leurs caractères communs.

La nature, en imprimant sur la physionomie de certains végétaux un caractère particulier, en rapport avec leur organisation intérieure, semble avoir voulu éclairer aider le botaniste dans la recherche des affinités qui existent entre toutes les productions végétales. En effet il y a un grand nombre de plantes qui ont entre elles tant de ressemblance dans la structure et la conformation de toutes leurs parties, que de tout temps cette analogie a été aperçue, et que l'on a regardé ces différens végétaux comme faisant en quelque sorte partie d'une même famille. Ainsi les Graminées, les Labiées, les Crucifères, les Synanthérées ont toujours été réunies, quand on n'a pas sacrifié les caractères d'analogie et de ressemblance aux bases d'un système artificiel.

Lors donc que l'on s'occupa de réunir et de rassembler tous les végétaux en familles, c'est-à-dire en groupes ou séries de genres se ressemblant par le plus grand nombre de caractères, on n'eut qu'à imiter la nature, qui avait en quelque sorte créé, comme pour servir de modèles, des types de familles essentiellement naturelles. Ainsi les Légumineuses, les Crucifères, les Graminées, les Ombellifères, les Labiées, etc., vinrent d'elles-mêmes se montrer au botaniste comme autant d'exemples dont il devait tâcher de se rapprocher.

Mais tous les végétaux n'ayant point, comme ceux que nous venons de nommer, des caractères extérieurs assez nets ni assez tranchés, pour faire connaître à l'instant leur analogie avec certains autres, on eut cours à l'analyse, et l'on chercha dans tous leurs organes des modifications qui pussent servir de caractères.

C'est dans le *Genera plantarum* de M. de Jussieu,

véritable inventeur de la méthode des familles naturelles, qu'il faut étudier les principes de cette méthode,
dont il est impossible de faire saisir l'esprit dans un
exposé aussi succinct que celui que nous sommes forcés d'en donner.

Nous allons seulement tâcher de faire connaître la
manière dont les caractères ont été envisagés par cet
auteur, et les principes sur lesquels reposent les bases
de cette admirable classification.

Les caractères doivent être considérés, quant à leur
valeur, quant à leur nombre, quant à leur affinité.

Sous le rapport de la valeur des caractères, on
conçoit qu'ils doivent être d'autant plus fixes et plus
importans, qu'ils sont tirés des organes les plus essentiels des végétaux. Or, nous savons que ceux qui
concourent à la reproduction jouent le rôle le plus
important dans la vie végétale ; et que parmi eux encore,
l'embryon, qui est en quelque sorte le but commun
vers lequel sont dirigées toutes les fonctions de la
plante, est celui que son importance place au premier
degré. C'est donc dans l'embryon que M. de Jussieu a
cherché les premières bases de ses divisions. Les
étamines et le pistil occupent le second rang, et fournissent des caractères plus constans et plus précieux
que les enveloppes florales. Enfin, les tiges, les feuilles
et les racines ne peuvent jamais être employées que
comme caractères accessoires.

Quant à leur nombre, les caractères se réunissent,
se groupent et se coordonnent ; et de l'aggrégation
des caractères simples, résultent les caractères géné-

raux, qui servent à réunir sous une dénomination commune un certain nombre de végétaux.

Pusieurs caractères ont entre eux une affinité mutuelle, et semblent inséparables les uns des autres. Ceux que l'on tire de la fleur et du fruit sont principalement dans ce cas. C'est ainsi, par exemple, que l'ovaire infère nécessite constamment un calice monosépale, et une insertion épigynique. La corolle monopétale indique presque constamment que les étamines sont insérées sur elle, et qu'elles sont en nombre déterminé, etc.

D'après la valeur et l'importance dont jouissent les différens caractères, il est facile de prévoir que les plus fixes, les plus constans, ont dû être employés pour les divisions fondamentales du règne végétal. Ainsi l'embryon a servi à former dans les végétaux les trois premières grandes divisions. Les étamines et les enveloppes florales ont ensuite été employées pour subdiviser les trois premières sections établies, d'après la considération de l'embryon.

Voyons maintenant à faire connaître par quels moyens on est parvenu à réunir les végétaux en familles ou groupes naturels. Et commençons par donner une idée des mots : *espèce*, *variété*, *genre*, *ordre* et *famille*.

Les plantes disséminées sur la surface du globe, forment les individus du règne végétal : quand on les examine avec attention, on ne tarde point à s'apercevoir qu'il en existe un grand nombre, s'offrant toujours à nos regards sous le même aspect, avec les mêmes caractères extérieurs et intérieurs, et se reproduisant constamment sous la même forme. C'est à cette réunion d'êtres parfaitement semblables, considérés abstractivement, que l'on a donné le nom d'*espèce*. L'espèce est donc l'ensemble des individus qui se reproduisent constamment de la même manière. Une graine provenue d'une espèce quelconque reproduit toujours un individu qui lui est parfaitement semblable. Les caractères, sur lesquels est fondée la distinction des différentes espèces entre elles, sont en général tirés des organes de la végétation, c'est-à-dire des feuilles, de la tige et des racines. Les espèces qui présentent quelques différences sous le rapport de la couleur de leurs fleurs, du lieu qu'elles habitent, de leur hauteur plus ou moins considérable, constituent les *variétés* qui se distinguent des espèces proprement dites, en ce qu'elles ne se reproduisent point de graine avec tous leurs caractères. Ainsi, par exemple, le lilas a habituellement les fleurs d'une teinte violette tendre; mais quelquefois ses fleurs sont blanches, sans que pour cela aucun de ses autres caractères ait changé; le lilas blanc n'est donc qu'une variété de celui à fleurs violettes. En effet, si l'on sème des graines récoltées sur le lilas à fleurs blanches, elles donneront naissance à des individus dont les fleurs seront indifféremment violettes ou blanches; ce qui prouve que les variétés ne se conservent pas toujours par le moyen des graines.

Le *genre* se compose d'un nombre plus ou moins considérable d'espèces, réunies par des caractères communs tirés des organes de la fructification, mais toutes distinctes les unes des autres par des caractères *spécifiques*, particuliers à chacune d'elles, et fournis par les organes de la végétation. Ainsi le genre *anagallis* a pour caractères une corolle monopétale rotacée, cinq étamines, et pour fruit une *pyxide*, c'est-à-dire une capsule globuleuse s'ouvrant circulairement par une sorte d'opercule. Toutes les espèces de ce genre devront offrir ces différens caractères, mais elles se ditingueront les unes des autres par la forme de leur tige et de leurs feuilles, etc. Il en est de même des autres genres.

En réunissant ensemble les genres, de la même manière que les espèces, c'est-à-dire, en rapprochant tous ceux qui ont des caractères communs et analogues, on forme simplement des *ordres* proprement dits, si l'on n'a égard qu'à un seul caractère, tel que le nombre des stigmates ou de la forme du fruit, etc., et des *familles* ou *ordres naturels*, si l'on fait concourir à cette réunion toutes les considérations que l'on peut tirer de la forme, de la structure, de la disposition respective de tous les organes des végétaux que l'on classe.

On doit donc entendre par ordre ou famille naturelle de plantes, une série ou réunion de genres plus ou moins nombreux, qui offrent tous les mêmes caractères dans les organes de la fructification.

Ainsi la famille des Crucifères a pour caractères un embryon dicotylédoné, un fruit siliqueux ou siliculeux, ordinairement quatre pétales opposés deux à deux, des étamines en nombre déterminé, etc., etc. Tous les genres de cette famille devront offrir les mêmes caractères, mais seulement avec quelques légères modifications, qui n'en altéreront point le ty-

primitif, et qui serviront à établir les différences des genres dont la réunion constitue cette famille.

C'est en suivant une marche semblable que l'on est parvenu à rassembler les végétaux en groupes ou familles naturelles. Mais, comme ces familles sont en assez grand nombre, il a fallu les distribuer en différentes classes plus ou moins nombreuses, en tâchant de conserver entre elles la même analogie et la même affinité. C'est à cette classification des familles que l'on a donné le nom de *Méthode de Jussieu*, ou méthode des familles naturelles. Nous allons voir quels sont les caractères que cet auteur célèbre a employés pour former ces différentes classes.

Cette méthode a été divisée en quinze classes. Les premières divisions reposent sur les caractères que l'on peut tirer de la présence ou de l'absence de l'embryon : de là les *embryonés* et *inembryonés*.

Les plantes embryonées sont distinguées, d'après le nombre de leurs cotylédons, 1° en monocotylédonées, 2° en dicotylédonées. Tous les végétaux sont rangés dans ces trois grandes divisions primordiales :

Les Acotylédonés,

Les Monocotylédonés,

Les Dicotylédonés.

La seconde considération, celle qui sert vraiment à établir les classes proprement dites, est fondée sur l'insertion relative des étamines ou de la corolle monopétale staminifère. Or, nous avons vu qu'il existe trois espèces d'insertion :

1° *Insertion hypogynique* ou celle dans laquelle l'ovaire étant entièrement libre, les étamines ou la corolle staminifère sont insérées au pourtour même de sa base.

2° *Insertion périgynique*, ou celle dans laquelle l'o- vaire étant libre ou pariétal, les étamines ou la corolle monopétale staminifère s'insèrent au calice à une cer- taine distance du pourtour de la base de l'ovaire.

3° *Insertion épigynique*, ou celle dans laquelle l'o- vaire est toujours infère, et où les étamines ou la co- rolle staminifère sont insérées sur la partie supérieure de l'ovaire.

Ces trois sortes d'insertion servent à établir autant de classes.

Les Acotylédonés étant dépourvus d'embryons et par conséquent de fleurs et de fruits, n'ont pu se prêter à cette division. Ils constituent la première classe.

Les monocotylédonés, pouvant offrir ces trois modes d'insertion, ont été partagés en trois classes : 1° Mono- cotylédonés à étamines hypogynes; 2° Monocotylédo- nés à étamines périgynes; 3° Monocotylédonés à éta- mines épigynes.

Les Acotylédonés et les Monocotylédonés forment donc quatre classes, savoir :

Acotylédonés. 1ᵉ

Monocotylédonés { étamines hypogynes. . 2ᵉ
                    { étamines périgynes. . . 3ᶜ
                    { étamines épigynes. . . . 4ᵉ

Les Dicotylédonés étant beaucoup plus nombreux que les Acotylédonés et les Monocotylédonés réunis, on a dû chercher à y multiplier le nombre des divisions. Sans abandonner l'insertion, elle n'est plus devenue qu'un caractère secondaire. Ainsi l'on a remarqué que ces plantes sont dépourvues de corolle ou apétales, ou qu'elles ont une corolle monopétale staminifère, ou bien que leur corolle est polypétale. Cette distinction a servi de base aux trois divisions que l'on a établies d'abord dans les Dicotylédonés, savoir :

1º Dicotylédonés apétales ;

2º —————————— monopétales ;

3º —————————— polypétales.

On s'est ensuite servi de l'insertion comme caractère secondaire pour subdiviser ces trois sections en classes. Ainsi, les Apétales forment trois classes dans lesquelles l'insertion est *épigynique*, *périgynique* et *hypogynique*.

Les Monopétales, dont la corolle porte toujours les étamines, constituent également trois classses, suivant que leur corolle staminifère est hypogynique, périgynique ou épigynique. Cette troisième classe des Monopétales a été encore subdivisée, suivant que les étamines sont libres ou réunies par leurs anthères, ce qui porte à quatre le nombre des classes dans les corolles monopétales, savoir :

$$\text{Monopétales : } \begin{cases} \text{étamines hypogynes} \dots\dots\dots\dots 1 \\ \text{étamines périgynes} \dots\dots\dots\dots 2 \\ \text{étamines épigynes } \begin{cases} \text{anth. soudées} \dots 3 \\ \text{anth. libres} \dots 4 \end{cases} \end{cases}$$

Ces quatre classes réunies aux trois des Dicotylédonés apétales, et aux quatre des Monocotylédonés et Acotylédonés, forment déjà onze classes.

Les Polypétales ont également été divisés en trois classes, d'après leur mode d'insertion, qui est épigynique, périgynique ou hypogynique.

Enfin dans la quinzième et dernière classe, sont rangées toutes les plantes dicotylédonées, dont les fleurs sont essentiellement unisexuées, et séparées sur des individus distincts. On leur a donné le nom de diclines irrégulières.

Telles sont les quinze classes que M. de Jussieu a établies dans le règne végétal, afin de pouvoir disposer méthodiquement les différentes familles de plantes, qu'il avait auparavant créées.

Chacune de ces classes en effet renferme un nombre plus ou moins considérable de familles naturelles toutes réunies par le caractère commun qui constitue la classe. Le nombre de ces familles n'est point définitivement arrêté, et ne peut pas l'être en effet. De nouvelles découvertes, des observations plus précises et plus exactes, en faisant connaître des objets nouveaux, ou en démontrant les différences qui existent entre des végétaux auparavant réunis et confondus, augmenteront continuellement le nombre des familles de plantes. Lorsqu'en 1789, M. de Jussieu (1) publia

---

(1) On avait reproché à M. de Jussieu de n'avoir point donné de nom propre à chacune de ces quinze classes, comme Linnæus l'avait fait pour celles de son système. Ce célèbre botaniste a trop bien senti la justesse de cette observation, pour ne point y remédier. Il a donc donné à chacune de ses classes un nom particulier. C'est dans une note qu'il a eu la bonté de nous communiquer, que nous avons puisé ces noms, que l'on trouvera en tête de chaque classe dans la liste suivante. Le seul changement que nous nous soyons permis c'est de leur donner une terminaison substantive. Ainsi, nous avons dit *Monohypogynia* au lieu de *Monohypogynes*, *Peristaminia* au lieu de *Peristaminées*, etc., etc.

son *Genera plantarum*, il décrivit 100 familles ; aujour-
d'hui la liste que nous en allons donner en contient
environ 160, et encore ce nombre est-il susceptible
d'augmentation. M. de Candolle a également publié
une série de familles rangées dans un ordre particulier, presqu'inverse de celui adopté par M. de Jussieu.
Sans vouloir nullement prononcer sur la supériorité de
l'une ou del'autre de ces classifications, nous exposé-
rons celle de M. de Jussieu, comme étant la plus généralement adoptée, et comme étant d'ailleurs conforme
aux classes que nous venons d'indiquer.

LISTE

Des Familles naturelles des plantes rangées suivant la méthode d'Antoine-Laurent de JUSSIEU.

PREMIÈRE SECTION.

PLANTES ACOTYLÉDONES.

PREMIÈRE CLASSE.

Acotylédonie.

1. Les ALGUES ; exemple : *Fucus.*
2. Les CHAMPIGNONS ; ex. *Agaricus.*
3. Les HYPOXYLÉES ; ex. *Verrucaria.*
4. Les LICHENS ; ex. *Usnea.*
5. Les HÉPATIQUES ; ex. *Marchantia.*
6. Les MOUSSES ; ex. *Polytrichum.*
7. Les LYCOPODIACÉES ; ex. *Lycopodium.*
8. Les FOUGÈRES ; ex, *Pteris.*
9. Les CHARACÉES ; ex. *Chara.*
10. Les ÉQUISÉTACÉES ; ex. *Equisetum.*
11. Les SALVINIÉES ; ex. *Salvinia.*

DEUXIÈME SECTION.

PLANTES MONOCOTYLÉDONES.

DEUXIÈME CLASSE.

Monohypogynie.

12. Les FLUVIALES ; ex. *Potamogeton.*

13. Les Saururées; ex. *Saururus.*
14. Les Pipéritées; ex. *Piper.*
15. Les Aroïdées; ex. *Arum.*
16. Les Typhinées; ex. *Typha.*
17. Les Cypéracées; ex. *Cyperus.*
18. Les Graminées; ex. *Triticum.*

TROISIÈME CLASSE.

Monopérigynie.

19. Les Palmiers; ex. *Phœnix.*
20. Les Asparaginées; ex. *Asparagus.*
21. Les Restiacées; ex. *Restio.*
22. Les Joncées; ex. *Juncus.*
23. Les Commélinées; ex. *Commelina.*
24. Les Alismacées; ex. *Alisma.*
25. Les Butomées; ex. *Butomus.*
26. Les Juncaginées; ex. *Scheuchzeria.*
27. Les Colchicées; ex. *Colchicum.*
28. Les Liliacées; ex. *Lilium.*
29. Les Broméliacées; ex. *Bromelia.*
30. Les Asphodélées; ex. *Asphodelus.*
31. Les Hémérocallidées; ex. *Hemerocallis.*

QUATRIÈME CLASSE.

Monoépigynie.

32. Les Dioscorées; ex. *Dioscorea.*
33. Les Narcissées; ex. *Narcissus.*
34. Les Iridées; ex. *Iris.*
35. Les Hémodoracées; ex. *Hæmodorum.*

36. Les MUSACÉES ; ex. *Musa*.
37. Les AMOMÉES ; ex. *Amomum*.
38. Les ORCHIDÉES ; ex. *Orchis*.
39. Les NYMPHÉACÉES ; ex. *Nymphæa*.
40. Les HYDROCHARIDÉES ; ex. *Hydrocharis*
41. Les BALANOPHORÉES ; ex. *Cynomorium*.

TROISIÈME SECTION.

PLANTES DICOTYLÉDONES.

§ I. APÉTAES.

CINQUIÈME CLASSE.

Epistaminie.

42. Les ARISTOLOCHIÉES ; ex. *Aristolochia*.

SIXIÈME CLASSE.

Peristaminie.

43. Les OSYRIDÉES ; ex. *Osyris*,
44. Les MIROBOLANÉES ; ex, *Terminalia*
45. Les ELÉAGNÉES ; ex. *Elæagnus*.
46. Les THYMÉLÉES ; ex. *Daphne*.
47. Les PROTÉACÉES ; ex. *Protea*.
48. Les LAURINÉES ; ex. *Laurus*.
49. Les POLYGONÉES ; ex. *Polygonum*,
50. Les BÉGONIACÉES ; ex. *Begonia*.
51. Les ATRIPLICÉES ; ex. *Atriplex*.

SEPTIÈME CLASSE.

Hypostaminie.

52. Les AMARANTHACÉES ; ex. *Amaranthus*.
53. Les PLANTAGINÉES ; ex. *Plantago*.

54. Les Nyctaginées ; ex. *Nyctago.*

55. Les Plumbaginées ; ex. *Statice.*

§ II. MONOPÉTALES.

HUITIÈME CLASSE.

Hypocorollie.

56. Les Primulacées ; ex. *Primula.*

57. Les Lentibulariées ; ex. *Utricularia.*

58. Les Rhinanthacées ; ex. *Rhinanthus.*

59. Les Orobanchées ; ex. *Orobanche.*

60. Les Acanthacées ; ex. *Acanthus.*

61. Les Jasminées ; ex. *Jasminum.*

62. Les Pédalinées ; ex. *Pedalium.*

63. Les Verbenacées ; ex. *Verbena.*

64. Les Myoporinées ; ex. *Myoporum.*

65. Les Labiées ; ex. *Salvia.*

66. Les Personnées ; ex. *Antirrhinum.*

67. Les Solanées ; ex. *Solanum.*

68. Les Borraginées ; ex. *Borrago.*

69. Les Convolvulacées ; ex. *Convolvulus.*

70. Les Polémoniacées ; ex. *Polemonium.*

71. Les Bignoniacées ; ex. *Bignonia.*

72. Les Gentianées ; ex. *Gentiana.*

73. Les Apocinées ; ex. *Apocinum.*

74. Les Sapotées ; ex. *Sapota.*

75. Les Ardisiacées ; ex. *Ardisia.*

NEUVIÈME CLASSE.

Péricorollie.

76. Les Ébénacées ; ex. *Diospyros.*

77. Les **Klénacées** ; ex. *Sarcolæna.*
78. Les **Rhodoracées** ; ex. *Rhododendrum.*
79. Les **Epacridées** ; ex. *Epacris.*
80. Les **Éricinées** ; ex. *Erica.*
81. Les **Campanulacées** ; ex. *Campanula,*
82. Les **Lobéliacées** ; ex. *Lobelia.*
83. Les **Gessnériacées** ; ex. *Gessneria.*
84. Les **Stylidiées** ; ex. *Stylidium.*
85. Les **Goodenoviées** ; ex. *Goodenia.*

DIXIÈME CLASSE.

Epicorollie. — Synanthérie.

86. Les **Chicoracées** ; ex. *Cichorium.*
87. Les **Cinarocéphales** ; ex. *Carduus.*
88. Les **Corymbifères.** ; ex. *Aster.*
89. Les **Calycérées** ; ex. *Calycera.*

ONZIÈME CLASSE.

Epicorollie — Corisanthérie.

90. Les **Dipsacées** ; ex. *Dipsacus.*
91. Les **Valérianées** ; ex. *Valeriana.*
92. Les **Rubiacées** ; ex. *Rubia.*
93. Les **Caprifoliacées** ; ex. *Caprifolium.*
94. Les **Loranthées** ; ex. *Loranthus.*

§ III. POLYPÉTALES:

DOUZIÈME CLASSE.

Epipétalie.

95. Les **Araliacées** ; ex. *Aralia.*

96. Les Ombellifères ; ex. *Daucus.*

TREIZIÈME CLASSE.

Hypopétalie.

97. Les Renonculacées ; ex. *Ranunculus.*
98. Les Papavéracées ; ex. *Papaver.*
99. Les Fumariacées ; ex. *Fumaria.*
100. Les Crucifères ; ex. *Brassica.*
101. Les Capparidées ; ex. *Capparis.*
102. Les Sapindacées ; ex. *Sapindus.*
103. Les Acérinées ; ex. *Acer.*
104. Les Hippocratées ; ex. *Hippocratea.*
105. Les Malpighiacées ; ex. *Malpighia.*
106. Les Hypéricées ; ex. *Hypericum.*
107. Les Guttifères ; ex. *Cambogia.*
108. Les Olacinées : ex. *Olax.*
109. Les Aurantiacées ; ex. *Citrus.*
110. Les Ternstromiées ; ex. *Ternstromia.*
111. Les Théacées ; ex. *Thea.*
112. Les Méliacées ; ex. *Melia.*
113. Les Vinifères ; ex. *Vitis.*
114. Les Géraniacées ; ex. *Geranium.*
115. Les Malvacées ; *Malva.*
116. Les Buttneriacées ; ex. *Buttneria.*
117. Les Magnoliacées ; ex. *Magnolia.*
118. Les Dilléniacées ; ex. *Dillenia.*
119. Les Ochnacées ; ex. *Ochna.*
120. Les Simaroubées ; ex. *Quassia.*
121. Les Anonacées ; ex. *Anona.*

122. Les Ménispermées ; ex. *Menispermum.*

123. Les Berbéridées ; ex. *Berberis.*

124. Les Hermaniées ; ex. *Hermania.*

125. Les Tiliacées ; ex. *Tilia.*

126. Les Cistées ; ex. *Cistus.*

127. Les Violariées ; ex. *Viola.*

128. Les Polygalées ; ex. *Polygala.*

129. Les Diosmées ; ex. *Diosma.*

130. Les Rutacées ; ex. *Ruta.*

131. Les Caryophyllées ; ex. *Dianthus.*

132. Les Trémandrées ; ex. *Tremandra.*

133. Les Linacées ; ex. *Linum.*

134. Les Tamariscinées. ex. *Tamariæ.*

QUATORZIÈME CLASSE.

Péripétalie.

135. Les Paronychiées ; ex. *Paronychia.*

136. Les Portulacées ; ex. *Portulaca.*

137. Les Saxifragées ; ex. *Saxifraga.*

138. Les Cunoniacées ; ex. *Cunonia.*

139. Les Crassulées. ; ex. *Crassula.*

140. Les Opuntiacées ; ex. *Cactus.*

141. Les Ribésiées ; ex. *Ribes.*

142. Les Loasées ; ex. *Loasa.*

143. Les Ficoïdées ; ex. *Mesembryanthemum.*

144. Les Cercodienes ; ex. *Cercodea.*

145. Les Onagraires ; ex. *OEnothera.*

146. Les Myrtées ; ex. *Myrtus.*

147. Les Mélastomées ; ex. *Melastoma.*

143. Les Lythraires ; ex. *Lythrum.*

28

149. Les Rosacées; ex. (1) *Rosa.*

150. Les Calycanthées; ex. *Calycanthus.*

151. Les Blackweliacées; ex. *Blackwelia.*

152. Les Légumineuses; ex. *Pisum.*

153. Les Térébenthacées; ex. *Terebenthus.*

154. Les Pittosporées; ex. *Pittosporum.*

155. Les Rhamnées; ex. *Rhamnus.*

QUINZIÈME CLASSE.

Diclinie.

156. Les Euphorbiacées; ex. *Euphorbia.*

157. Les Cucurbitacées; ex. *Cucurbita.*

158. Les Passiflorées; ex. *Passiflora.*

159. Les Myristicées; ex. *Myristica.*

160. Les Urticées; ex. *Urtica.*

161. Les Monimiées; ex. *Monimia.*

162. Les Amentacées; (2) ex. *Salix.*

163. Les Conifères; ex. *Pinus.*

164. Les Cycadées; ex. *Cycas.*

---

(1) La famille des Rosacées de M. de Jussieu a été divisée en cinq sections que l'on peut regarder comme autant de familles distinctes, savoir : leá *Spiréacées,* les *Sanguisorbées,* les *Prunacées,* les *Pomacées,* et les *Rosacées vraies.*

(2) Les botanistes modernes ont et avec raison divisé la famille des Amentacées en plusieurs autres familles très-distinctes, telles que les *Cupulifères,* ex. : le chêne, le noisettier; *les Salicinées,* ex. : le saule; les *Bétulinées,* ex. : le bouleau; les *Celtidées* ou *Ulmacées,* ex. : l'orme; les *Myricées* ou *Casuarinées,* ex. : le myrica, etc.

CLEF DE LA MÉTHODE DES FAMILLES NATURELLES

DE MONSIEUR ANT.-LAUR. DE JUSSIEU.

ACOTYLÉDONÉS. . . . . Classe I. Acotylédonie.

MONOCOTYLÉDONÉS. . . . . { Étamines hypogynes. . . . . : II. Monohypogynie.
——— périgynes. . . . . III. Monopérigynie.
——— épigynes. . . . . IV. Monoépigynie.

DICOTYLÉDONÉS.

Apétales. . . . { Étamines épigynes. . . . . . .V. Épistaminie.
——— périgynes. . . . . VI. Péristaminie.
——— hypogynes. . . . VII. Hypostaminie.

Monopétales. { Corolle hypogyne. . . . . . VIII. Hypocorollie.
——— périgyne. . . . . . . IX. Péricorollie.
—épig. { Épicorollie. { anthères réunies. X. { Synanthérie.
——— distinctes. XI. { Corisanthérie.

Polypétales. { Étamines épigynes. . . . . . XII. Épipétalie.
——— hypogynes. - . . XIII. Hypopétalie.
——— périgynes. . . . XIV. Péripétalie.

Diclines irrégulières. . . . . XV Dicline.

CONSIDÉRATIONS GÉNÉRALES

SUR L'ORGANISATION

DES PLANTES AGAMES.

Nous comprenons sous le nom de *plantes agames*, toutes les plantes acotylédonées de M. de Jussieu, c'est-à-dire toutes celles qui ont été rangées par Linnæus dans la Cryptogamie ou dernière classe de son système.

Plusieurs auteurs les ont divisées en deux classes, savoir : les cryptogames et les agames proprement dites. Au nombre des premières ils rangent les *Salviniées*, les *Equisétacées*, les *Mousses*, les *Hépatiques*, les *Lyco-podiacées*, et les *Fougères*, qu'ils regardent comme pourvues d'organes sexuels, mais très-petits et peu distincts. Dans la seconde classe se trouvent les plantes véritablement agames, selon eux, telles que les *Algues*, les *Lichens*, les *Hypoxylées* et les *Champignons*, dans lesquels on ne distingue rien qu'on puisse comparer à des étamines ou à des pistils. Mais nous n'admettons point cette distinction. L'organisation de tous ces végétaux est trop manifestement différente de celle des Phanérogames, pour qu'on y retrouve les mêmes organes, ou seulement leurs analogues ; nous pensons donc, comme Necker, que les plantes désignées par

le nom de cryptogames sont entièrement dépourvues
d'organes sexuels ; que rien en elles ne peut être rai-
sonnablement assimilé à ces mêmes parties dans les
phanérogames.

Plus d'une fois, dans le cours de cet ouvrage, nous
avons montré l'extrême différence qui existe entre
toutes les parties de ces végétaux et celles des plantes
phanérogames. Nous avons fait voir que les corpuscules
regardés par les auteurs comme des graines, n'en sont
point réellement, puisqu'ils ne contiennent pas d'embryon. Ils donnent cependant naissance à des êtres parfaitement semblables à ceux dont ils se sont détachés.
Mais, comme nous l'avons dit plusieurs fois, les bulbilles de certaines plantes vivaces, un grand nombre de
bourgeons produisent le même phénomène, sans que
pour cette raison on puisse les assimiler aux véritables
graines. D'ailleurs, comment s'opère cette prétendue
germination des plantes agames? Peut-on la comparer
à celle des végétaux pourvus d'embryon? Un corpuscule reproductif d'une Fougère, d'un Champignon, etc.,
placé sur la terre, s'y développera ; mais ce ne seront
point, comme dans l'embryon d'une plante phanérogame, des parties déjà formées, seulement réduites en
quelque sorte à leur état rudimentaire, qui acquerront
successivement un plus grand développement ; mais
au contraire des parties entièrement nouvelles seront
produites. Ce ne sera point un accroissement d'organes déjà existans, mais le tissu même de la *sporule*
ou corpuscule reproductif, s'allongeant d'un côté pour
s'enfoncer dans la terre et former une racine, lorsque

le végétal doit en avoir une, formera de l'autre côté une tige en s'allongeant en sens inverse. Dans quelque position qu'une sporule soit placée, le point en contact avec la terre s'allongera constamment pour former la racine, et le point opposé deviendra la tige. Ces deux organes n'existaient donc point encore avant ce développement ; elles se créent par l'influence de certaines circonstances, qui paraissent comme fortuites et étrangères à la nature même du corps qui les produit.

Si nous passons à l'examen des parties regardées comme les fleurs par les différens auteurs, nous verrons la diversité la plus grande régner dans leurs opinions. Les uns en effet appellent fleurs mâles ce que les autres décrivent comme des fleurs femelles. Ainsi dans les Mousses, Linnæus regarde l'urne comme une fleur mâle, Hedwig comme une fleur femelle, de Beauvois comme une fleur hermaphrodite.

Toutes les fois que ces végétaux présentent, comme les Mousses par exemple, deux espèces bien distinctes d'organes particuliers, regardés comme ceux de la fructification, les auteurs n'ont dû être embarrassés que sur le choix, et la fonction qu'ils devaient attribuer à chacun d'eux. Mais dans les Jongermanes où l'on trouve trois et quatre sortes de fructifications différentes entre elles par leur forme extérieure, comme il n'existe que deux espèces d'organes sexuels, les organes mâles et les organes femelles, on serait donc ici forcé d'en admettre quatre. Car si l'on a donné le nom d'organes sexuels à deux de ces parties, pourquoi le refuser aux deux autres, dont la structure intérieure est la même, mais qui diffèrent seulement par leurs formes extérieures ou leur disposition.

Dans les Fougères au contraire, où il n'existe évidemment qu'une seule espèce de fructification entièrement formée par des petits grains, ordinairement renfermés dans des espèces de petites poches membraneuses, et que l'on a regardés comme des séminules, où sont les étamines? où est le stigmate qui a reçu l'influence du pollen? où sont les cordons pistillaires qui l'ont transmis aux ovules? Est-ce répondre à cette question d'une manière satisfaisante pour la raison, que de dire, comme Micheli et Hedwig, que les poils que l'on observe sur les jeunes feuilles sont les étamines; comme Hill et Schmidel, que les fleurs mâles sont les anneaux qui entourent les réceptacles où sont contenus les sémicules, etc., etc.?

Il faut en convenir, des opinions aussi diverses et même tout-à-fait opposées sur le même sujet, en font tirer une conséquence qui nous paraît nécessaire. C'est que les prétendues fleurs des plantes agames, tantôt regardées comme renfermant des étamines, tantôt comme contenant des pistils, ne sont point réellement des fleurs. Ce sont des organes particuliers, des espèces de bourgeons, auxquels la nature a confié le soin de la reproduction de ces singuliers végétaux. Pourquoi en effet voudrions-nous restreindre, dans les bornes étroites de nos conceptions, la puissance de la nature? Ses moyens sont aussi variés que son pouvoir est grand. Et si elle a donné aux plantes agames une

physionomie si différente de celle des plantes phanérogames, des organes extérieurs qui n'ont souvent rien
de comparable aux leurs, pourquoi ne leur aurait-elle
point accordé aussi un mode particulier de reproduction, qui n'ait d'analogues avec celui des végétaux
phanérogames, que les effets qu'il produit, c'est-à-
dire la formation des organes qui doivent servir à
perpétuer l'espèce ?

Ce n'est point dans un ouvrage comme celui-ci,
consacré seulement à donner une idée générale, mais
succincte, de l'organisation de toutes les productions
végétales, que nous pouvons entrer daus toutes les
discussions nécesaires pour appuyer une semblable
opinion. Nous nous contenterons de présenter en
abrégé une description des organes propres aux plantes
agames, telles qu'elles ont été décrites par les auteurs
en général. L'élève, en voyant la diversité et même
l'opposition totale qui règnent entre les différens
auteurs à ce sujet, pourra alors porter le même jugement que nous.

DES SALVINIÉES.

Quatre genres, que l'on trouve en France, composent
cette famille. Ce sont la pilulaire, le marsilea, le salvinia et l'isoëtes. Tous quatre croissent dans l'eau.

La pilulaire (*pilularia pilulifera*), dont Bernard de
Jussieu a le premier fait connaître l'organisation, est
une petite plante dont la tige est rampante, produisant
des feuilles subulées et cylindriques, d'abord roulées
en volute à la manière de celles des Fougères ; à leur

base on voit de petits corps sphéroïdaux et globuleux, sorte d'involucre qui se partage en quatre pièces et qui contient les organes que l'on a regardés comme des étamines et des pistils.

Le marsilea (*marsilea quadrifolia*), habite les étangs; sa tige est rampante, ses feuilles sont formées de quatre folioles disposées en croix au sommet d'un long pétiole, qui les soulève jusqu'à la surface de l'eau. Les involucres sont ovoïdes allongés et situés au nombre de deux ou trois à la base des pétioles. Ils ne s'ouvrent point. Leur cavité intérieure semble biloculaire et subdivisée en petites loges incomplètes, dans lesquelles sont confondus les petits corpuscules que les botanistes considèrent comme les pistils et les étamines. De ces corpuscules ou sporanges, les uns sont plus gros, au nombre de trois à quatre dans une même loge, ovoïdes et comme réticulés en dehors, renfermant à leur intérieur une sorte de noyau opaque, d'une substance charnue et comme grumeleuse; on les regarde généralement comme les étamines : les autres, plus petits, en plus grand nombre, entremêlés avec les précédens, courtement pédicellés, et comme pyriformes, sont remplis d'un assez grand nombre de globules opaques, irréguliers, engagés et comme nichés dans les cellules du tissu général; ce sont les pistils pour la plupart des auteurs. Mais nous ne saurions partager cette opinion; et même, si nous avions à nous prononcer dans cette circonstance, et à trouver de l'analogie entre ces corps et les organes sexuels des plantes phanérogames, nous serions beaucoup plus tentés, à l'exemple de quelques auteurs, de considérer les plus gros de ces corpuscules, qui ne renferment qu'un seul noyau compact, comme les ovaires ou pistils; et les plus petits comme les étamines, en regardant les globules qu'ils renferment comme des grains de pollen.

Le *Salvinia* nage à la surface des étangs; sa tige porte des feuilles ovales et opposées, parsemées de petites glandes, sur lesquelles sont implantés quatre poils roulés en spirale. Les involucres sont globuleux et indéhiscens. Ils naissent réunis plusieurs ensemble au-dessous de chaque paire de folioles. Un seul de ces involucres renferme des fleurs femelles; tous les autres contiennent des fleurs mâles.

L'*Isoëtes* habite le fond des ruisseaux et des eaux stagnantes. Il forme une espèce de faisceau de feuilles étroites et allongées. C'est dans l'intérieur de la base même des feuilles que sont renfermés, dans un involucre membraneux et cloisonné, deux sortes de corpuscules reproductifs; les uns sous forme de globules chagrinés, transparens; les autres sous celle de poussière anguleuse. Mais quels sont ceux de ces corpuscules qui porteront le nom de pistils et d'étamines?

D'après ce court exposé des organes propres à la reproduction des Salviniées, on peut, je crois, conclure que les corpuscules reproductifs des plantes de cette famille sont renfermés dans des espèces d'involucres situés à la base même des feuilles; que la forme un peu variable de leurs *sporules* les a fait regarder tantôt comme des étamines, tantôt comme des pistils.

DES FOUGÈRES.

Si l'on s'en rapportait uniquement aux caractères extérieurs, ou même à ceux qui sont tirés de l'organisation anatomique des tiges, nul doute que les Fougères, surtout celles qui habitent les régions équatoriales, ne dussent être rapprochées et même réunies aux Monocotylédonés. En effet plusieurs Fougères d'Amérique et d'Afrique ont un tronc ligneux de plusieurs pieds d'élévation, en sorte qu'elles ressemblent parfaitement à de petits Palmiers. Si vous ajoutez à cela que l'organisation intérieure de leur tige est presque tout-à-fait semblable, l'analogie vous paraîtra encore plus grande.

Mais, si nous voulons étudier les organes de la fructification, nous ne trouverons plus dans les Fougères, ni fleurs ni fruits proprement dits. Ces organes sont ordinairement situés sur la face inférieure des feuilles, le long des nervures ou à leur extrémité. Ils se présentent sous la forme de petits tubercules peu proéminens, sessiles ou stipités, qu'on appelle *sores* (sori), et qui se réunissent ensemble et se groupent de diverses manières dans les différens genres. Dans le *pteris*, ils occupent le bord marginal de chaque foliole, sans interruption ; dans les *adianthum*, ils forment des petites plaques saillantes sur le bord replié des feuilles. Dans certains genres, ils sont isolés les uns des autres ; dans d'autres, au contraire, ils sont réunis par plaques ou lignes plus ou moins larges et étendues. Les *sores* commencent à se développer sous l'épiderme qu'ils soulèvent de manière à en être recouverts. On donne le nom d'*indusies* (indusia), aux portions d'épiderme qui servent ainsi d'involucre aux sores.

Quelquefois les conceptacles sont nus ; d'autres fois ils sont recouverts d'un involucre qui le plus souvent s'ouvre en deux valves ; enfin, ils sont assez souvent entourés d'un anneau élastique, sorte de bourrelet circulaire, ou semi-circulaire, qui, à l'époque de la maturité, en se détendant avec force, lance les corpuscules renfermés dans les conceptacles.

Dans quelques Fougères, telles que les *Osmunda*, les *Botrychium*, les *Ophioglosses*, etc., les fructifications sont disposées en grappes ou en épis.

Les Fougères de nos climats, lorsqu'elles ne sont point annuelles, ont toutes une tige souterraine ou rizome plus ou moins développée ; c'est ce que l'on peut très-bien observer dans les *polypodium*, les *aspidium* : c'est cette souche qui s'allonge et se développe à l'air, dans les Fougères des tropiques, et leur forme un tronc souvent d'une hauteur assez considérable.

Hedwig appelait étamines, dans les Fougères, de petites écailles fines et déliées, diversement figurées, éparses sur les nervures des feuilles à l'époque de leur déroulement, et il considérait les sores ou sporanges comme les organes femelles, et les corpuscules pulvérulens renfermés dans leur intérieur comme les graines. Mais ces prétendues étamines n'existent pas constamment, ou du moins ne sont pas toujours apparentes ; en second lieu, leur forme, leur structure ne nous semblent avoir aucune analogie avec les étamines des Phanérogames. Enfin, si les sores sont les fleurs femelles, les graines sont nues dans un grand nombre de genres comme les *Acrostichum*, par exemple; et dans ce cas comment les graines ont-elles pu être fécondées?

DES LYCOPODIACÉES.

Les Lycopodiacées ont été long-temps réunies aux Mousses, à cause de leur port et d'une ressemblance exterieure très-frappante; mais elles en diffèrent par la disposition de leurs organes reproducteurs.

Elles ont des racines et des tiges à la manière des Fougères, tantôt rampantes à la surface de la terre et s'y enracinant, tantôt s'élevant et se soutenant droites et sans appui. Comme les Mousses, elles recherchent l'ombre et l'humidité, et se plaisent dans les forêts fraîches et sombres.

Leurs fructifications consistent dans des espèces d'involucres ordinairement à deux ou trois loges, situés dans les aisselles des feuilles, et disposés en épis simples ou rameux. Dans leur cavité qui s'ouvre naturellement à la maturité, on trouve des sporules lisses ou hérissées de pointes, de forme et de couleur variées. Ces sporules, qui sont extrêmement fines, jetées sur des charbons ardens, s'enflamment avec rapidité.

On trouve encore sur certaines Lycopodiacées, des conceptacles plus petits. Ils contiennent plusieurs petites sporules globuleuses.

DES MOUSSES.

De toutes les plantes agames, les Mousses sont, sans contredit, celles sur lesquelles on a fait le plus d'observations et d'expériences, et ce sont peut-être aussi celles qui partagent encore le plus l'opinion des botanistes, à l'égard de leurs organes reproducteurs.

Les Mousses sont de petites plantes qui aiment les lieux humides et ombragés; elles croissent à terre, sur le tronc des arbres ou sur les murs et les vieilles habitations ; par leur port, elles ressemblent à de petites plantes phanérogames en miniature ; leurs racines sont très-fines et touffues ; leur tige est simple ou rameuse ; elles sont couvertes de feuilles très-petites, de forme variée, mais ordinairement étroites et subulées.

Beaucoup d'auteurs on fait des Mousses l'objet spécial de leurs études et de leurs recherches : Dillenius, Hill, Hedwig, Necker, Bridel, Beauvois, Schwaëgrichen, se sont particulièrement occupés de cette partie intéressante de la Botanique; mais presque tous ont eu un système particulier, souvent même des opinions entièrement opposées, sur les fonctions des différens organes de ces plantes et sur le nom qu'on devait leur imposer. Nous allons exposer ici la théorie d'Hedwig sur la structure des organes de la reproduction des Mousses, comme étant la plus répandue et la plus généralement adoptée; nous ferons ensuite connaître les opinions différentes des auteurs les plus remarquables, sur cette famille de plantes.

Hedwig regarde les Mousses comme pourvues de fleurs unisexuées, tantôt réunies sur le même individu, tantôt séparées sur deux pieds différens. Les Mousses sont donc monoïques, rarement elles sont dioïques; ces fleurs sont situées ou à l'extrémité des tiges et des rameaux, ou bien elles occupent l'aisselle des feuilles : elles sont portées sur une sorte de *clinanthe*, et entourées d'un involucre polyphylle nommé *périchèse* (perichætium).

Plusieurs fleurs sont souvent réunies dans le même périchèse; le plus souvent ces fleurs sont toutes mâles ou toutes femelles, rarement sont-elles mélangées; quelquefois elles sont entremêlées de poils articulés et fistuleux, qu'on a nommés *paraphyses*.

Dans chaque fleur femelle on a cru reconnaître un ovaire, une espèce de style et un stigmate évasé à sa partie supérieure; l'ovaire est de forme globuleuse, le style est grèle et court.

Les fleurs mâles se composent d'un seul grain de pollen oblong, porté sur un filet très-court; cette espèce de vésicule se rompt à une certaine époque, et la fécondation s'opère; alors on voit l'ovaire grossir; le style et le stigmate se flétrissent, l'épiderme extérieur de l'ovaire se fend circulairement en deux parties; la supérieure, qui porte encore les restes du style et du stigmate, prend le nom de *coiffe* (calyptra); l'inférieure reçoit le nom de *vanigule* (vaginula).

De l'intérieur de la vaginule, part un petit pédicule qui élève l'ovaire recouvert de la coiffe, à mesure qu'il se développe. Ce pédicule très-grêle et filiforme se nomme *soie* (seta).

L'ovaire, parvenu à son état de maturité ou transformé en fruit, prend le nom d'*urne* (theca). Sa forme est assez variable; cependant l'*urne* est ordinairement ovoïde allongée. Sa cavité intérieure est occupée à son centre par une sorte de petite colonne charnue, autour de laquelle sont rangées les séminules; on l'appelle columelle (*columella*). Sa partie supérieure est recouverte par un *opercule*, sorte de petit couvercle circulaire, qui se détache de lui-même à l'époque de la maturité des séminules. On a admis dans l'urne une double paroi, dont l'une emboîte l'autre, en sorte que cet organe semble formé de deux vases, dont l'un contiendrait l'autre. Le plus extérieur a reçu le nom de *sporangium;* le plus intérieur est appelé *sporangidium*. Le bord circulaire de l'orifice de l'urne a reçu le nom de *péristome* (péristoma). Il est quelquefois garni de lanières qui portent le nom de *dents*, quand elles sont formées par le *sporangium*, et de *cils* quand elles procèdent du *sporangidium* ou vase interne. Quelquefois cependant le péristome est nu, c'est-à-dire dépourvu de dents et de cils, comme dans les genres *gymnostomum*, *sphagnum*. Dans quelques genres, l'orifice est bouché par une sorte de membrane mince, étendue transversalement, et qui a recu le nom d'*épiphragme* (epiphragma), comme dans les *Polytrichum*.

En résumé, on voit qu'en adoptant la théorie d'Hedwig, les Mousses ont des fleurs mâles et des fleurs femelles ; qu'elles sont monoïques ou dioïques ; que les fleurs femelles sont formées d'un ovaire, d'un style et d'un stigmate ; qu'un seul grain de pollen pédiculé compose une fleur mâle ; que l'ovaire fécondé se change en un fruit qui porte le nom d'*urne*.

Palisot de Beauvois au contraire considérait l'urne comme une fleur hermaphrodite. Il voyait dans la columelle centrale de l'urne un pistil, et autant de grains de pollen dans les séminules qui l'entourent. Ce célèbre botaniste regardait comme de simples bourgeons les prétendues fleurs mâles d'Hedwig.

Dillenius au contraire décrit l'*urne* comme une fleur mâle. Hill y voit une fleur hermaphrodite dont les séminules seraient les ovules, et les cils du péristome les étamines, etc., etc.

Chacune de ces théories et un grand nombre d'autres, qu'il n'est pas de mon but de faire connaître ici, se combattent mutuellement et se détruisent en quelque sorte l'une par l'autre. Il s'élève en effet une foule d'objections contre chacune d'elles. Quant à l'opinion d'Hedwig, si l'urne n'est qu'un fruit provenant d'un ovaire fécondé, pourquoi le fruit est-il souvent déjà parvenu à son état de maturité, quand les prétendues étamines, qui doivent les féconder, commencent à peine à paraître ? Comment s'opère la fécondation dans les espèces où l'on n'a point pu découvrir de fleurs mâles ? etc., etc. Si l'urne est une fleur hermaphrodite, que la columelle soit le pistil, et les séminules des grains de pollen, pourquoi, dans certains genres, cette colu-

melle est-elle entièrement solide et formée d'une substance dure et parfaitement homogène ?

Si, comme le pense Hill, les dents du péristome en
sont les étamines, où sont ces étamines dans les genres
dont le péristome est nu ? etc., etc.

DES HÉPATIQUES.

Nous remarquerons une très-grande analogie entre
les plantes de cette famille et les Mousses. Leur port,
surtout dans les Jongermannes, ressemble beaucoup à
celui des plantes de la famille précédente, et leur fructification a aussi beaucoup de rapports avec elles.

Les Hépatiques ont quelquefois des feuilles et des
tiges à la manière des Mousses; c'est ce que l'on observe
dans la plupart des Jongermannes ; d'autres fois elles
en sont privées, et n'ont que des expansions vertes et
planes, que l'on a désignées sous le nom de *frondes*,
comme on l'observe dans les *marchantia*, etc. : en général ces frondes sont grasses et succulentes.

Les Hépatiques ont des fleurs mâles et des fleurs
femelles ; les premières sont formées par de petites
bourses membraneuses, qu'Hedwig a comparées aux
étamines des Mousses. Les fleurs femelles sont entourées
d'un périchèse comme dans les Mousses ; elles sont
formées d'un ovaire, d'un style et d'un stigmate ; après
la fécondation, la membrane extérieure qui recouvrait
l'ovaire, et que quelques auteurs désignent sous le nom
de calice, s'entrouvre à son sommet, pour laisser sortir
la capsule, qui est portée sur un pédicule plus ou moins

allongé ; dans les Jongermannes, cette capsule s'ouvre en quatre valves régulières, d'où s'échappent un grand nombre de *sporules;* dans les *marchantia*, cette capsule se rompt irrégulièrement.

Nous venons d'exposer l'opinion d'Hedwig sur la fructification des Hépatiques ; celles de Micheli et de Linnæus sont diamétralement opposées, c'est-à-dire qu'ils voient une fleur mâle dans la capsule, dont les séminules sont pour eux des grains de pollen ; et un pistil dans la bourse pollinique, regardée comme une fleur mâle par Hedwig.

DES ALGUES.

Cette famille est toute composée de plantes qui végètent dans l'eau des marais, des ruisseaux ou des mers.

M. Lamouroux les divise en deux grandes sections ; savoir : les *Thalassiophytes* ou celles qui habitent les eaux salées et saumâtres ; et les *Conferves* que l'on trouve dans les eaux douces. Mais cette division, fondée principalement sur l'habitation particulière de ces végétaux, est loin d'être rigoureuse. En effet les espèces d'Ulves qui habitent les eaux salées ne nous paraissent point différer essentiellement de celles qui vivent dans les eaux douces. La classification proposée par M. Agardh (*Synopsis Algarum Scandinaviæ*. Lund., 1817,) nous semble préférable, étant particulièrement établie sur les modifications de la structure des Algues.

Ce célèbre botaniste partage cette famille en cinq sections, qu'il désigne sous les noms de : 1° Fucoïdées ;

2° Floridées; 3° Ulvoïdées; 4° Confervoïdées; 5° Trémellinées.

I. Les *Fucoïdées* ont les organes de la fructification
plongés immédiatement dans la substance des feuilles
ou frondes, quelquefois renfermés dans des espèces
de capsules contenues dans des conceptacles particuliers. Les frondes sont sans articulations, formées
de fibres longitudinales entrecroisées; leur substance
est coriace ou cartilagineuse; leur couleur est olivâtre
et noircit lorsqu'elle est en contact avec l'air extérieur.
A cette section se rapporte le genre *Fucus* et ses
nombreuses divisions, telles que les Laminaires, les
Furcellaires, etc.

II. Les *Floridées* nous sembleraient devoir être
réunies aux Fucoïdées dont elles ne diffèrent que par
les fructifications qui s'offrent constamment sous deux
formes, par leur couleur toujours purpurine ou rose.
Les genres *Delesseria* et *Lamourouxia* appartiennent à
cette section.

III. Les *Ulvoïdées* se présentent sous la forme de
lames membraneuses, planes ou tubulées, sans articulations; elles sont minces, celluleuses, de couleur
verte. Leurs fructifications sont engagées dans le parenchyme des frondes ou renfermées dans des capsules.
Le genre *Ulva* de Linnæus constitue cette section.

IV. Les *Confervoïdées* sont faciles à reconnaître à
leurs frondes filamentiformes et articulées, d'une substance membraneuse; leurs fructifications sont ou
renfermées dans l'intérieur du tissu des frondes ou
dans des espèces de coques ou capsules : telles sont

les espèces du genre Conferve, les *Ceramium*, les oscil-
latoires, etc.

V. Enfin les *Trémellinées* ont des frondes gelati-
neuses d'une figure souvent régulièrement déterminée,
renfermant dans leur intérieur des filamens semblables
à ceux des conferves, telles sont les Trémelles, etc.

Les organes sexuels des Algues, malgré les travaux de MM. Lamouroux, Dawson-Turner, Mertens,
Agardh, etc., n'ont pu encore être découverts ; leur
fructification consiste simplement en des sporules
contenues dans des réceptacles particuliers groupés
ou distincts les uns des autres ; ces réceptacles sont
quelquefois percés à leur sommet, d'une ouverture que
l'on nomme *ostiole*, par laquelle s'échappent les sporules à l'époque de leur maturité ; d'autres fois ils se
rompent irrégulièrement. Ils sont ordinairement en-
châssés dans l'épaisseur même du tissu de la fronde, ou
représentent une sorte d'épi, plus ou moins distinct
de la fronde. Les séminules renfermées dans ces conceptacles nagent dans une liqueur gélatineuse, que
plusieurs auteurs regardent comme propre à les féconder ; ces séminules, sorties de leurs conceptacles, se
développent souvent sur la fronde même du pied dont
elles se sont détachées.

Les *Conferves* ou algues d'eau douce sont ordinairement libres et étendues à la surface de l'eau ; leur
aspect est extrêmement varié. Tantôt ce sont des filamens déliés comme des cheveux, tantôt des lames
membraneuses plus ou moins étendues. C'est principalement aux travaux de Vaucher, de Dillwin, etc., que

l'on doit la connaissance de l'organisation de ces singuliers végétaux. Elles se reproduisent également au moyen de séminules qui se développent dans l'épaisseur de leur tissu.

DES LICHENS

La forme et le port des Lichens offrent les variétés les plus singulières et les plus nombreuses. Le plus souvent ce sont des expansions planes et coriaces, recouvrant le tronc des arbres ou la surface de la terre; d'autres fois ils représentent des petits troncs rameux, quelquefois tellement fins et déliés, qu'ils ressemblent à de longues barbes, comme dans les usnées; enfin ils s'offrent encore sous l'aspect d'une poussière fine, formant une espèce de couche farineuse, qui s'attachent aux colonnes, aux statues et aux autres monumens des arts.

On a donné le nom de thalle (*thallus*) à la fronde des Lichens. Elle est fixée à la terre ou aux autres corps solides, au moyen de fibrilles grêles qui, évasées à leur partie inférieure, s'y appliquent intimement, sans toutefois s'y enfoncer.

La fructification des Lichens consiste en des receptacles, qui, affectant des formes diverses, ont reçu des noms particuliers. Les principaux sont :

1° La pelte (*pelta*) se développe sur le bord même de la fronde. Elle est orbiculaire, recouverte d'une membrane mince, n'ayant point de bourrelet saillant à son contour; comme dans le genre *Peltidea* (Achar.)

2° La scutelle (*scutella*) paraît sur la surface même

de la thalle, d'abord sous la forme d'un point, qui s'élargit insensiblement; elle est bordée par la substance même de la thalle. Exemple : les *Lecanora* (Achar.) dans lesquelles rentre la quatrième section des patellaires de la Flore française.

3° L'orbille (*orbilla*) est une scutelle dont les bords sont frangés et ciliés, comme dans les usnées (*usnea*).

4° La patellule (*patellula*) se distingue de la scutelle par un bourrelet saillant, formé par sa propre substance, et non par celle de la thalle. Exemple : le genre *Lecidea* (Achar.) qui comprend les trois premières sections des patellaires de la Flore française.

5° Le céphalode (*cephalodium*), conceptacle bombé, sans bordure ni bourrelet, tantôt sessile, tantôt porté sur une sorte de petite tige nommée *podetium*, qui naît de la thalle. Exemple : les *stereocaulon* et *cœnomyce*.

6° La gyrôme (*gyroma*) forme une protubérance orbiculaire sur laquelle sont des lignes saillantes, disposées en spirales, et s'ouvrant longitudinalement pour laisser sortir les séminules ; comme par exemple dans le genre *Gyrophora* (Achar.) ou *Umbilicaria*. (D. C.).

7° Le globule (*globulus*), conceptacle globuleux, porté sur un prolongement de la thalle, et dans le sommet duquel il est enchâssé, comme dans le genre *isidium*.

Enfin il est encore quelques autres variétés de réceptacles, mais qui, étant beaucoup plus rares que les précédentes, méritent moins de fixer notre attention.

Tous ces réceptacles renferment des séminules plus ou moins fines, qui servent à la régénération de l'espèce. Quelques Lichens se reproduisent au moyen de *propagules*, et sont dépourvus de conceptacles, ou du moins on n'est point encore parvenu à leur en reconnaître. Tel est le genre *variolaria*.

DES CHAMPIGNONS.

Les Champignons affectent des formes extrêmement variées. Ce sont, tantôt des corps globuleux ou claviformes, tantôt ils ressemblent à des chapeaux, à des parasols, à des coupes, à des branches de corail, etc., etc.

Leur consistance est plus ou moins molle, ils végètent sur la terre, le tronc des arbres morts ou vivans, la surface des eaux, dans l'intérieur même de la terre, et sur les substances animales ou végétales en état de décomposition.

Toute la plante, avant son parfait développement, est souvent renfermée dans une enveloppe générale qui la recouvre entièrement et se déchire pour la laisser sortir ; on l'appelle *volva* ou *bourse*.

Les conceptacles, dans lesquels sont renfermés les séminules, affectent des formes très-variées. On donne le nom de *péridion* à un conceptacle creux ou en forme de sac membraneux, renfermant les sporules à son intérieur, et constituant à lui seul tout le champignon, comme, par exemple, dans les *Lycoperdon*. D'autres fois ces sporules sont étendues sous forme d'une poussière fine et délicate sur une lame mince qui porte le nom d'*hymenium*.

On nomme *chapeau*, dans les Champignons, leur

partie supérieure, souvent large et circulaire, tantôt convexe, tantôt concave. Il est quelquefois soutenu sur une sorte de tige qu'on appelle *pédicule* (pediculus). En dessous, le chapeau est garni de lames rayonnantes comme dans les Agarics, de tubes comme dans les Bolets, ou même de pointes ou de pores, sur lesquels sont attachées les *séminules*.

Les champignons microscopiques, tels que les *uredo*, les *œcidium*, les *puccinia*, ont encore une organisation plus simple. Ils se développent d'abord sous l'épiderme qu'ils soulèvent, et finissent par se montrer au-dehors sous l'aspect de points à peine perceptibles.

On a voulu aussi admettre des fleurs, et par conséquent des organes sexuels dans les champignons. Micheli regarde comme des étamines les rebords frangés qu'on observe quelquefois sur les lames ou les pores de certaines espèces. Hedwig au contraire appelle ces corps des stigmates ; il donne le nom d'étamines à des espèces de filets succulens chargés de petits grains. Les pistils sont renfermés entre les lames. Bulliard dit au contraire que les graines sont en contact immédiat avec le fluide fécondant, comme dans beaucoup de *fucus* et d'autres Thalassiophythes.

La famille des Champignons, surtout d'après les recherches et les travaux récens d'un grand nombre de botanistes du nord de l'Europe, s'est enrichie d'un nombre considérable d'espèces et de genres nouveaux. Les ouvrages de Micheli, de Paulet, de Batarra, de Todde, de Linck, de Bulliard, de Persoon, de Nees d'Essembeck, d'Erenberg, de Fries, etc., ont puissamment contribué aux progrès de cette partie de la Botanique. Dans un ouvrage comme celui-ci, il nous est impossible d'entrer dans de plus grands détails sur l'organisation de ces êtres singuliers.

Nous venons d'exposer d'une manière trop abrégée, sans doute, pour en donner une idée complète, l'organisation des plantes agames. Il ne nous a pas été possible d'entrer dans de plus grands développemens, parce que notre intention était seulement de donner une idée générale de leur structure, afin de faire voir l'extrême différence qui existe entre elles et les végétaux phanérogames. C'est aux ouvrages des Dillenius, des Hedwig, des Briedel, des Persoon, des Hoffmann, des Vaucher, des Beauvois, des Agardh, des Hooker, des Lamouroux et de tant d'autres auteurs célèbres, qui s'en sont occupés spécialement, qu'il faut recourir pour prendre une idée complète de la structure et de l'organisation de ces végétaux, aussi intéressans que difficiles à étudier.

HORLOGE DE FLORE,

OU

TABLEAU DE L'HEURE DE L'ÉPANOUISSEMENT DE CERTAINES FLEURS, A UPSAL, PAR 60° DE LATITUDE BORÉALE.

HEURES. du lever, c'est-à-dire de l'épanouissement des fleurs.	NOMS des PLANTES OBSERVÉES.	HEURES du coucher, c'est-à-dire, où se ferment ces mêmes fleurs.	
MATIN.		MATIN.	SOIR.
3 à 5. . .	Tragopogon pratense.	9 à 10	
4 à 5. . .	Leontodon tuberosum.		3
4 à 5. . .	Picris hieracioides.		
4 à 5. . .	Cichorium intybus.	10	
4 à 5. . .	Crepis tectorum.	10 à 12	
4 à 6. . .	Picridium tingitanum.	10	
5. . . .	Sonchus oleraceus,	11 à 12	
5. . . .	Papaver nudicaule.		7
5. . . .	Hemerocallis fulva.		7 à 8
5 à 6. . .	Leontodon taraxacum.	8 à 9	
5 à 6. . .	Crepis alpina.	11	
5 à 6. . .	Rhagadiolus edulis.	10	1
6. . . .	Hypochœris maculata.		4 à 5.
6. . . .	Hieracium umbellatum.		5.
6 à 7. . .	Hieracium murorum.		2.
6 à 7. . .	Hieracium pilosella.		3 à 4.
6 à 7. . .	Crepis rubra.		1 à 2.
6 à 7. . .	Sonchus arvensis.	10 à 12	
6 à 8. . .	Alyssum utriculatum.		4.
7. . . .	Leontodon hastile.		3.
7. . . .	Sonchus lapponicus.	12	
7. . . .	Lactuca sativa.	10	
7. . . .	Calendula pluvialis.		3 à 4.
7. . . .	Nymphæa alba.		5.

HEURES du lever, c'est-à-dire de l'épanouissement des fleurs.	NOMS des PLANTES OBSERVÉES.	HEURES du coucher, c'est-à-dire, où se ferment ces mêmes fleurs.	
MATIN.		MATIN.	SOIR.
7.	Anthericum ramosum.	. . . . . .	3 à 4
7 à 8. . .	Mesembryanthemum barbatum. .	. . . . . .	2
7 à 8. . .	Mesembryanth. linguiforme. . .	. . . . . .	3
8.	Hieracium auricula.	. . . . . .	2
8.	Anagallis arvensis.		
8.	Dianthus prolifer.	. . . . . .	1
9.	Hieracium chondrilloïdes. . . .	. . . . . .	1
9.	Calendula arvensis.	12. . .	3
9 à 10. . .	Arenaria rubra.	. . . . . .	2 à 3
9 à 10. . .	Mesembryanthemum cristallinum	. . . . . .	3 à 4
10 à 11. . .	Mesembryanthemum nodiflorum .	. . . . . .	3
SOIR.			
5.	Nyctago hortensis.		
6.	Geranium triste.		
9 à 10. .	Silene noctiflora.		
9 à 10. .	Cactus grandiflorus.	. . . . . .	12

Selon la remarque d'Adanson, le tableau de Linnæus pour le climat d'Upsal, diffère d'une heure de celui qu'on pourrait faire pour le climat de Paris.

CALENDRIER DE FLORE,

OU

ÉPOQUES DE LA FLORAISON DE QUELQUES PLANTES SOUS LE
CLIMAT DE PARIS, D'APRÈS M. DE LAMARCK.

JANVIER.

L'Hellébore noir (*Helleborus niger*).

FÉVRIER.

L'aune (*Alnus viscosa*).
Le Saule marceau (*Salix capræa*).
Le Noisetier (*Corylus avellana*).
Le Bois-Gentil (*Daphne mezereum*).
Le *Galanthus nivalis*.

MARS.

Le Cornouiller mâle (*Cornus mas*).
L'Anémone hépatique (*Hepatica triloba*).
L'*Androsace carnea*.
La Soldanelle (*Soldanella alpina*).
Le Buis (*Buxus sempervirens*).
La Thuya (*Thuya orientalis*).
L'If (*Taxus baccata*).
L'*Arabis alpina*.
La Renoncule ficaire (*Ficaria Ranunculoïdes*).
L'Hellébore d'hiver (*Helleborus hyemalis*).

L'Amandier (*Amygdalus communis*).
Le Pêcher (*Amygdalus persica*).
L'Abricotier (*Armeniaca sativa*).
Le Groseiller à maquereau (*Ribes Grossularia*).
Le Pétasite (*Tussilago Petasites*).
Le Pas-d'Ane (*Tussilago Farfara*).
Le *Ranunculus auricomus*.
La Giroflée jaune (*Cheiranthus cheiri*).
La Primevère (*Primula Veris*).
La Fumeterre bulbeuse (*Corydalis bulbosa*).
Le *Narcissus pseudo-Narcissus*.
L'*Anemone Ranunculoïdes*.
Le Safran printanier (*Crocus vernus*)
Le *Saxifraga crassifolia*.
L'Alaterne (*Rhamnus alaternus*).

AVRIL.

Le Prunier épineux (*Prunus spinosa*).
Le Rhodora de Canada (*Rhodora Canadensis*).
La Tulipe précoce (*Tulipa suaveolens*).
Le *Draba verna*.
Le *Draba aizoïdes*.
Le *Saxifraga granulata*.
Le *Saxifraga tridactylites*.
Le *Cardamine pratensis*.
L'*Asarum europæum*.
Le *Paris quadrifolia*.
Le Pissenlit (*Taraxacum Dens-Leonis*).
La Jacinthe (*Hyacinthus orientalis*).

L'Ortie blanche (*Lamium album*).
Le Prunier (*Prunus domestica*).
La Sylvie (*Anemone nemorosa*).
L'Orobe printanier (*Orobus vernus*).
La petite Pervenche (*Vinca minor*).
Le Frêne commun (*Fraxinus excelsior*).
Le Charme (*Carpinus betulus*).
L'Orme (*Ulmus campestris*).
L'Impériale (*Fritillaria Imperialis*).
Le Lierre terrestre (*Glecoma hederacea*).
Le *Juncus sylvaticus.*
La *Luzula campestris.*
Le *Cerastium arvense.*
Les Érables.
Le Prunier mahaleb (*Prunus mahaleb*).
Les Poiriers.

MAI.

Les Pommiers.
Le Lilas (*Syringa vulgaris*).
Le Marronier d'Inde (*Æsculus hippocastanum*).
Le Bois de Judée (*Cercis siliquastrum*).
Le Cerisier (*Cerasus communis*).
Le Faux Ébénier (*Citysus laburnum*).
La Filipendule (*Spiræa Filipendula*).
La Pivoine (*Pæonia officinalis*).
L'*Erysimum alliaria.*
La Coriandre (*Coriandrum sativum*).
La Bugle (*Ajuga reptans*).

L'Aspérule odorante (*Asperula odorata*).
La Bryone (*Bryonia dioïca*).
Le Muguet (*Convallaria maïalis*).
L'Épine-Vinette (*Berberis vulgaris*).
La Bourrache (*Borrago officinalis*).
Le Fraisier (*Fragaria vesca*).
L'Argentine (*Potentilla argentea*).
Le Chêne (*Quercus robur*).
Les Iris, etc., et en général le plus grand nombre
des plantes.

JUIN.

Les Sauges.
L'Alkékenge (*Physalis Alkekengi*).
Le Coquelicot (*Papaver rhœas*).
La Cardiaire (*Leonorus Cardiaca*).
La Ciguë (*Conium maculatum*).
Le Tilleul (*Tilia europœa*).
La Vigne (*Vitis vinifera*).
Les Nigelles.
L'*Heracleum sphondylium*.
Les Nénuphars.
La Prunelle (*Brunella vulgaris*).
Le Lin (*Linum usitatissimum*).
Le Cresson de fontaine (*Sisymbrium nasturtium*).
Le Seigle (*Secale cereale*).
L'Avoine (*Avena sativa*).
Le Froment (*Triticum sativum*).
Les Digitales.

Le Pied-d'alouette (*Delphinium consolida*).
Les *Hypericum*.
Le Bleuet (*Centaurea cyanus*).
L'*Amorpha fruticosa*.
Le *Melia azedarach*.

JUILLET.

L'Hysope (*Hyssopus officinalis*).
Les Menthes.
L'Origan (*Origanum vulgare*).
La Carotte (*Daucus Carota*).
La Tanaisie (*Tanacetum vulgare*).
Les OEillets.
La petite Centaurée (*Erythræa Centaurium*).
Le *Monotropa hypopithys*.
Les Laitues.
Plusieurs Inules.
La Salicaire (*Lythrum Salicaria*).
La Chicorée sauvage (*Cicorium intybus*).
La Verge d'or (*Solidago Virga aurea*).
Le Catalpa (*Bignonia Catalpa*).
Le *Cephalanthus*.
Le Houblon (*Humulus lupulus*).
Le Chanvre (*Cannabis sativa*), etc. , etc.

AOUT.

La *Scabiosa succisa*.
Le *Parnassia palustris*.

La Gratiole (*Gratiola officinalis*).
La Belsamine des jardins (*Balsamine hortensis*).
L'Euphraise jaune (*Euphrasia lutea*).
Plusieurs Asters.
Le Laurier-thym (*Viburnum tinus*).
Les *Coreopsis.*
Les *Rudbeckia.*
Les *Sylphium.*

SEPTEMBRE.

Le *Ruscus racemosus.*
L'*Aralia spinosa.*
Le Lierre (*Hedera helix*).
Le Cyclamen (*Cyclamen europæum*).
L'*Amaryllis lutea.*
Le Colchique (*Colchicum autumnale*).
Le Safran (*Crocus sativus*).
L'OEillet d'Inde (*Tagetes erecta*).

OCTOBRE.

L'*Aster grandiflorus.*
Le Topinambour (*Helianthus tuberosus*).
L'*Aster miser.*
L'*Anthemis gradiflora* , etc.
Le *Chrysanthemum indicum.*

TABLE ANALYTIQUE

DES MATIÈRES.

FIN DE LA TABLE ANALYTIQUE.

EXPLICATION DES PLANCHES (1).

PLANCHE PREMIÈRE. Anatomie végétale.

Fig. 1. Vaisseaux moniliformes ou en chapelet.

Fig. 2. Vaisseaux poreux.

Fig. 3. Portion de vaisseau poreux plus grossie.

Fig. 4. Vaisseau fendu ou fausse trachée.

Fig. 5. Le même, plus grossi.

Fig. 7. Vaisseau spirale ou trachée.

Fig. 8. Tissu cellulaire régulier.

Fig. 9. Portion d'épiderme pour faire voir les pores corticaux.

Fig. 6. Portion du tronc d'un arbre dicotylédoné, composé de couches concentriques : on voit en *a* l'écorce; en *b*, l'aubier ou faux bois; en *c*, le bois proprement dit; en *d*, le canal médullaire.

Fig. 10. Portion de stipe d'un arbre monocotylédoné, formé de faisceaux de fibres ligneuses épars au milieu de la substance médullaire.

PLANCHE DEUXIÈME : Racines, Souche, Bulbes.

Fig. 1. Racine rameuse, pivotante.

Fig. 2. Racine du radis (*Brasica napus*). Elle est pivotante, simple napiforme.

Fig. 3. Racine de la rave (variété de l'espèce précédente). Elle est simple, charnue, *fusiforme* et pivotante.

Fig. 4. Racine de la carotte. (*Daucus carota*, L.) Elle est simple, charnue, pivotante, *conique*.

Fig. 5. Racine tubérifère (*Orchis militaris*, L.) Elle est di-

---

(1) Nous avons emprunté plusieurs de nos figures aux Élémens de Physiologie de M. Mirbel et à l'Iconographie de M. Turpin. Il était impossible de puiser à de meilleures sources.

dyme, à tubercules ovoïdes entiers; *a* est le tubercule qui doit pousser la nouvelle tige ; *b* est celui qui a fourni la tige *c*.

Fig. 6. Racine tubérifère (*Orchis maculata. L.*) à tubercules palmés.

Fig. 7. Souche, rizome, ou tige souterraine du sceau de Salomon. (*Polygonatum vulgare*, Desf.) On voit de distance en distance des empreintes circulaires qui proviennent des pousses des années précédentes. C'est à cette espèce de tige que l'on a donné les noms de racine *progressive*, *sigillée*, *succise*, etc. C'est une véritable tige et non point une racine.

Fig. 8. Bulbe à tuniques de l'ognon commun.(*Allium cepa*,L.)

Fig. 9. Bulbe écailleux du lis. (*Lilium candidum*, L.) Il est composé d'écailles charnues et imbriquées à la manière des tuiles d'un toit.

PLANCHE TROISIÈME : FEUILLES SIMPLES.

Fig. 1. Foliole du rosier. (*Rosa centifolia*, L.) Elle est ovale, obtuse, dentée en scie ou *serrée*.

Fig. 2. Feuille *elliptique*, obtuse, entière.

Fig. 3. Feuille de la paquerette. (*Bellis perennis*, L.) Elle est *spatulée*.

Fig. 4. Feuille du sceau de Notre-Dame ou Taminier. (*Tamus communis*, L.) Elle est *cordiforme*, aiguë, entière, *basinerve*.

Fig. 5. Feuille du nénuphar. (*Nymphæa alba*, L.) Elle est *cordiforme*, obtuse.

Fig. 6. Feuille de l'asaret. (*Azarum europæum*, L.) Elle est *réniforme*, obtuse et *émarginée* au sommet.

Fig. 7. Feuille *sagittée* ou en fer de flèche.

Fig. 8. Feuille *hastée*.

Fig. 9. Feuille de l'écuelle d'eau. (*Hydrocotyle vulgaris*, L.)

Elle est *orbiculaire* , doublement crénelée et *peltée.*

Fig. 10. Feuilles supérieures du chevrefeuille. (*Lonicera caprifolium.*) Elles sont *connées.*

Fig. 11. Feuille du *Buplevrum rotundifolium* , L. Elle est ovale , aiguë , *perfoliée.*

Fig. 12. Feuille de l'*hydrocotyle tripartita* , Thunb. Elle est *cunéiforme* , quniqué dentée.

Fig. 13. Feuille du pissenlit. (*Taraxacum dens leonis.*) Elle est pinnatifide et *roncinée.*

Fig. 14. Feuille du seneçon vulgaire. (*Senecio vulgaris* , L.) Elle est pinnatifide , *lyrée.*

Fig. 15. Feuille de la Passiflore glauque. (*Passiflora glauca* , Jacq.) Elle est *tripartite* à lobes lancéolés aigus , dentés en scie.

Fig. 16. Feuille de la passiflore bleue. (*Passiflora cærulea* , Jacq.) Elle est *quinqué partite digitée* , à lobes lancéolés , *sinueux.*

PLANCHE QUATRIÈME : Feuilles composées.

Fig. 1. Feuille de l'oranger. (*Citrus aurantium* , L.) Elle est composée *unifoliée.*

Fig. 2. Feuille *paripennée* ou pennée sans impaire, bijuguée.

Fig. 3. Feuille du frêne. (*Fraxinus excelsior* , L.) Elle est *imparipennée* , ou pennée avec impaire.

Fig. 4. Feuille unijuguée.

Fig. 5. Feuille digitée trifoliolée.

Fig. 6. Feuille du marronier d'Inde. (*Æsculus hippocastanum* , L.) Elle est digitée , septemfoliolée ; à folioles obovales , aiguës , dentées.

Fig. 7. Feuille du *mimosa Julibrizin* , L. Elle est décomposée, *bipennée.*

Fig. 8. Feuille décomposée, *triternée.* (*Epimedium alpinum.* L.)

PLANCHE V. — FLEURS.

Fig. 1. Lilas (*Syringa vulgaris*, L.) Corolle monopétale régulière *hypocratériforme*.

Fig. 2. Tabac. (*Niticotiana tabacum*, L.) Corolle monopétale régulière *infondibuliforme*.

Fig. 3. Campanule. Corolle monopétale régulière, *campanulée*.

Fig. 4. Arbousier : corolle monopétale régulière en grelot.

Fig. 5. Fleuron d'un chardon.

Fig. 6. Demi-fleuron.

Fig. 7. Corolle monopétale irrégulière *personnée* de la linaire (*Antirrhinum linaria*, L.)

Fig. 8. Corolle monopétale irrégulière *bilabiée*.

Fig. 9. Giroflée rouge. (*Cheiranthus annuus*) Corolle polypétale régulière, *cruciforme : a* un des pétales.

Fig. 10. OEillet. (*Dianthus caryophyllus*) Corolle polypétale régulière, *cariophyllée*.

Fig. 11. Fraisier. (*Fragaria vesca*, L.) Corolle polypétale régulière, *rosacée*.

Fig. 12. Corolle polypétale irrégulière, *papilionacée*.

PLANCHE VI. — ÉTAMINES ET PISTILS.

Fig. 1. Lis. (*Lilium candidum*, L.) Ovaire libre à trois côtes, style élargi au sommet et terminé par un stigmate trilobé.

Fig. 2. Rosier des haies. (*Rosa canina*, L.) Plusieurs ovaires pariétaux attachés aux parois d'un calice monosépale urcéolé.

Fig. 3. Gratiole. (*Gratiola officinalis*, L.) Ovaire libre : style très-long, stigmate bilamellé.

Fig. 4. Groseiller épineux. (*Ribes grossularia*, L.) Ovaire infère surmonté d'un style biparti.

Fig. 5. Ovaire à trois loges, *triloculaire*.

Fig. 6. Étamine dont l'anthère est biloculaire, cordiforme.

Fig. 7. Anthère d'un *solanum* s'ouvrant par un petit trou au sommet de chaque loge.

Fig. 8. Laurier. (*Laurus nobilis*, L.) Anthère biloculaire, dont les loges s'ouvrent au moyen de petits panneaux; *a*, *a'* ouvertures des loges *b*, *b'* panneaux.

Fig. 9. Éphémère de Virginie. (*Tradescantia Virginiana.*) Étamines dont le filet est chargé de poils articulés ; l'anthère est biloculaire didyme ; les deux loges *b b* sont écartées l'une de l'autre par un connectif *a*.

Fig. 10. Dix étamines *monadelphes*.

Fig. 11. Dix étamines *diadelphes*.

Fig. 13. Cinq étamines *synanthères*.

Fig. 14. Aristoloche clématite. (*Aristolochia clematitis.*) Ovaire infère, relevé de côtes; étamines soudées avec le style et le stigmate, c'est-à-dire *gynandres*.

Fig. 15. Graminée. Épilet uniflore : *a a* les deux valves de la lépicène; *b b* celles de la *glume* embrassant le pistil et les trois étamines.

Fig. 16. Le même dépouillé de la lépicène et de la glume. *a a* les deux écailles de la glumelle.

PLANCHE VII. — GRAINES ET GERMINATION.

Fig. 1. Graine de haricot. *a* hile, *b* micropyle.

Fig. 2. La même dépouillée de son tégument propre ou épisperme , c'est-à-dire embryon seul ; *a* radicule , *b b* les deux cotylédons.

Fig. 3. La même, dont on a séparé un des cotylédons; *a* la radicule, *b* la gemmule , *c* le second cotylédon.

Fig. 4. La même dont on a détaché les deux cotylédons ; *a* radicule, *b* tigelle , *cc* la gemmule.

Fig. 5. Haricot germant. On voit sortir la radicule.

Fig. 6. Ricin (*Ricinus communis*, L.) : *a* caroncule arilliforme.

Fig. 7. La même coupée longitudinalement : *a* caroncule, *b* endosperme, *c* embryon.

Fig. 8. Embryon, séparé de l'intérieur de l'endosperme ; *a* radicule, *b b* cotylédons, *c* gemmule.

Fig. 9. La même graine, coupée transversalement.

Fig. 10. Graine de balisier (*Canna indica.* L.), coupée longitudinalement : *a* son épisperme, *b* son endosperme, *c* son embryon, qui est monocotylédon.

Fig. 11. L'embryon monocotylédon de la graine précédente séparé ; *a* le cotylédon, *b* la gemmule renfermée dans le cotylédon, qui en s'allongeant percera le cotylédon latéralement et deviendra *b'* : *c* la radicule renfermée dans une coléorhize, qu'elle doit percer en *c'* pour s'enfoncer dans la terre.

Fig. 12. Le blé (*Triticum sativum*) dont on a mis à nu l'embryon qui est monocotyledoné.

Fig. 13. Haricot déjà germé ; *a* la radicule, *b b* les deux cotylédons, qui sont devenus les feuilles séminales, *c* la tige, *dd* les folioles de la gemmule formant les deux feuilles primordiales.

Fig. 14. Graine de maïs (*Zea maïs* L.) germant : *a* le corps de la graine formé par l'endosperme farineux, *b* le cotylédon qui s'est allongé, et contenait dans son intérieur la gemmule qui l'a percé à sa partie supérieure et latérale (*c*) ; *d* la coléorhize qui renfermait la radicule principale, *e* point où la radicule *f* a percé le coléorhize ; *g g g radicelles.*

PLANCHE VIII. — Fruits.

Fig. 1. Silique.

Fig. 2. Silicule.

Fig. 3. Gousse ou légume du pois.

Fig. 4. Capsule d'un lychnis s'ouvrant par des dents à sa
partie supérieure.

Fig. 5. Capsule biloculaire polysperme.

Fig. 6. Samare.

Fig. 7. Gland d'un chêne.

Fig. 8. Drupe du pêcher.

Fig. 9. Mélonide ou pomme.

Fig. 10. Pyxide ou capsule en boëte à savonette.

Fig. 11. Follicule.

Fig. 12. Akène couronné d'une *aigrette sessile plumeuse*:
a un des poils détachés.

Fig. 13. Akène couronné par une aigrette *stipitée, poilue.*

FIN.

Sous presse pour paraître le 15 mai prochain.

BOTANIQUE MÉDICALE

OU

DESCRIPTION, HISTOIRE ET PROPRIÉTÉS

DES MÉDICAMENS, DES POISONS ET DES ALIMENS TIRÉS DU

RÈGNE VÉGÉTAL.

Par A. RICHARD,

DOCTEUR EN MÉDECINE, DÉMONSTRATEUR DE BOTANIQUE, ETC.

2 VOLUMES IN-8º.

Le titre seul de cet ouvrage suffit pour en faire pressentir l'utilité. Offrir les caractères distinctifs de tous les végétaux employés comme médicamens, comme poisons ou comme alimens, faire connaître le mode d'action et les doses des différentes substances médicamenteuses tirées du règne végétal, présenter l'ensemble de ces connaissances dans un ordre méthodique et régulier, tel a été le plan que l'auteur a suivi et le but qu'il s'est efforcé d'atteindre. Cet ouvrage forme la suite nécessaire des Élémens de Botanique et de Physiologie végétale de M. Richard, et complète ainsi le cours qu'il fait depuis plusieurs années pour la Faculté de médecine de Paris.

L'auteur a cru devoir adopter dans cet ouvrage l'ordre des familles naturelles, comme infiniment supérieur, puisque le plus souvent toutes les plantes rassemblées par leurs caractères d'organisation dans un même ordre, jouissent des mêmes propriétés médicales. On trouvera donc dans la Botanique médicale les caractères de toutes les familles et de tous les genres de plantes tant indigènes qu'exotiques, qui fournissent des médicamens, des poisons ou des alimens, et la description exacte et détaillée de toutes les espèces de chaque genre qu'il est utile que le médecin connaisse. Cet ouvrage est nécessaire non-seulement à tous ceux qui se destinent à l'art de guérir, mais encore aux médecins déjà lancées dans la pratique, qui y trouveront l'indication des substances indigènes, que l'on peut substituer aux médicamens exotiques et les caractères propres à distinguer et à faire reconnaître les plantes vénéneuses. Il n'est pas moins utile et même indispensable aux pharmaciens, qui par état doivent encore plus spécialement s'occuper des plantes officinales, et par conséquent en bien connaître les caractères.

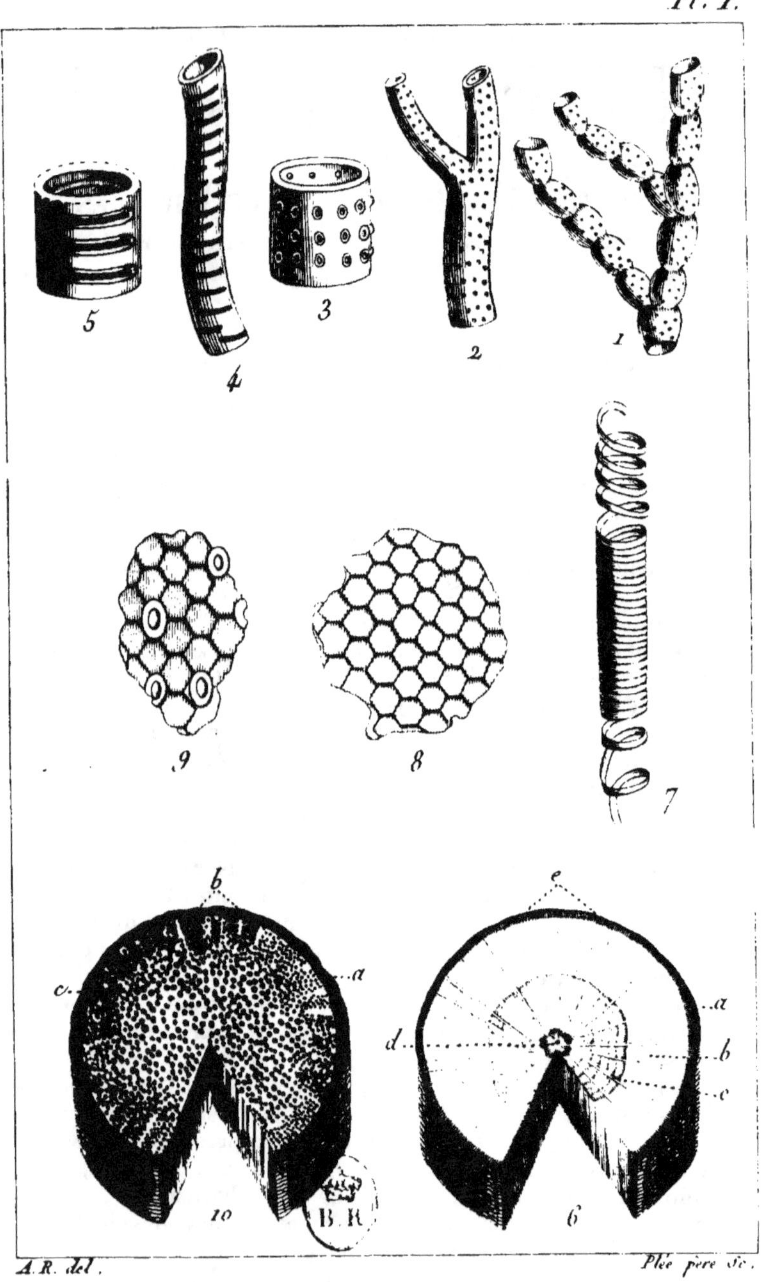

ANATOMIE VÉGÉTALE.

A.R. del.

Plée père sc.

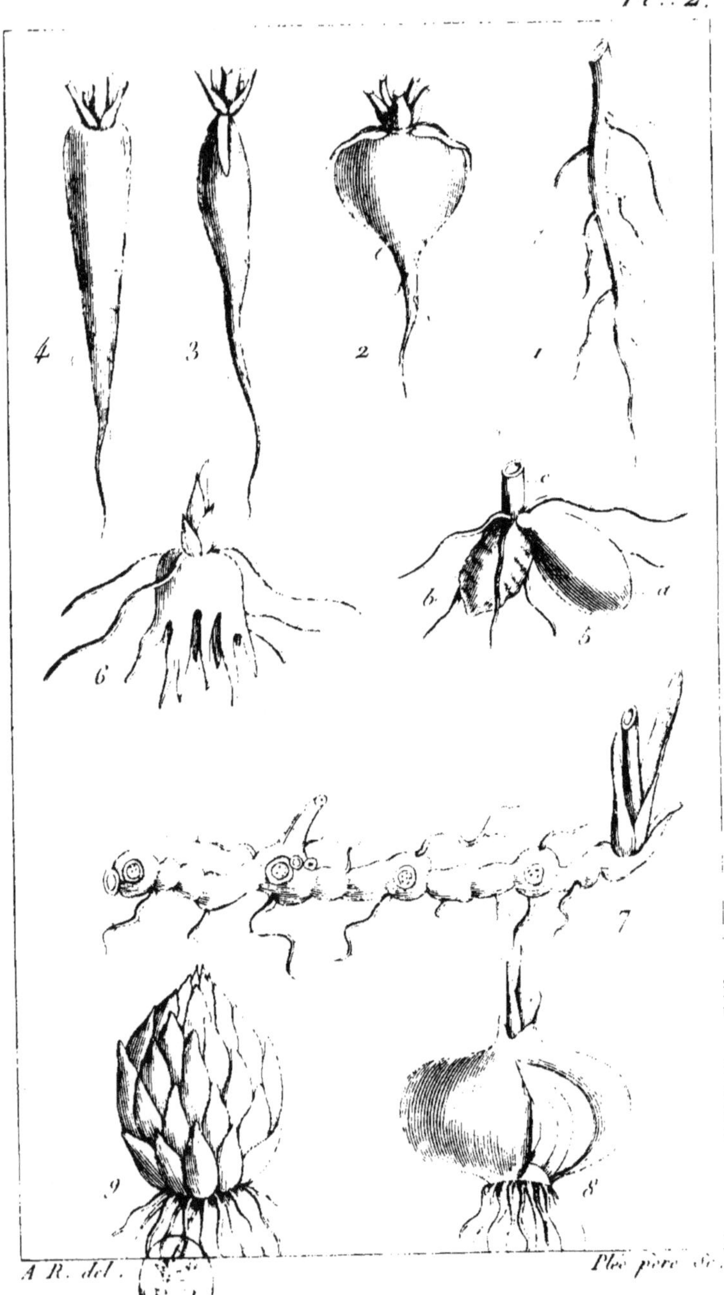

RACINES, SOUCHE, BULBES.

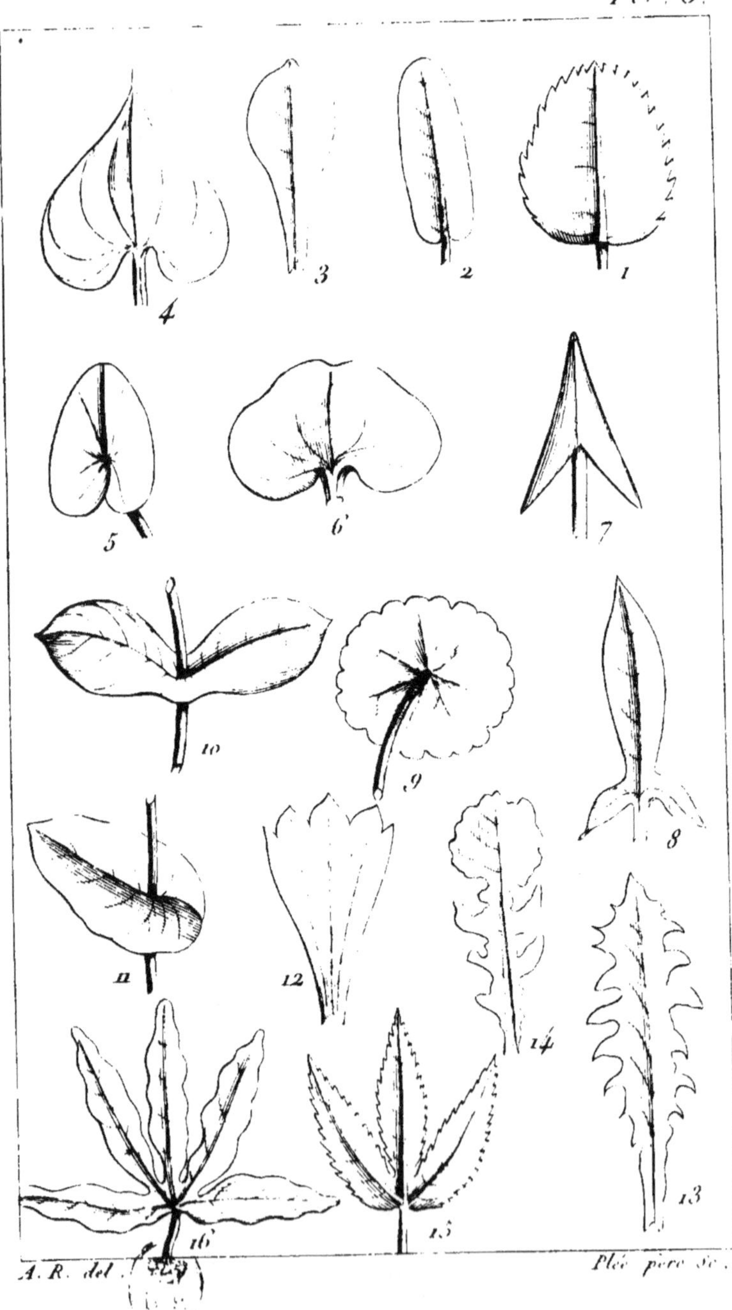

FEUILLES SIMPLES.

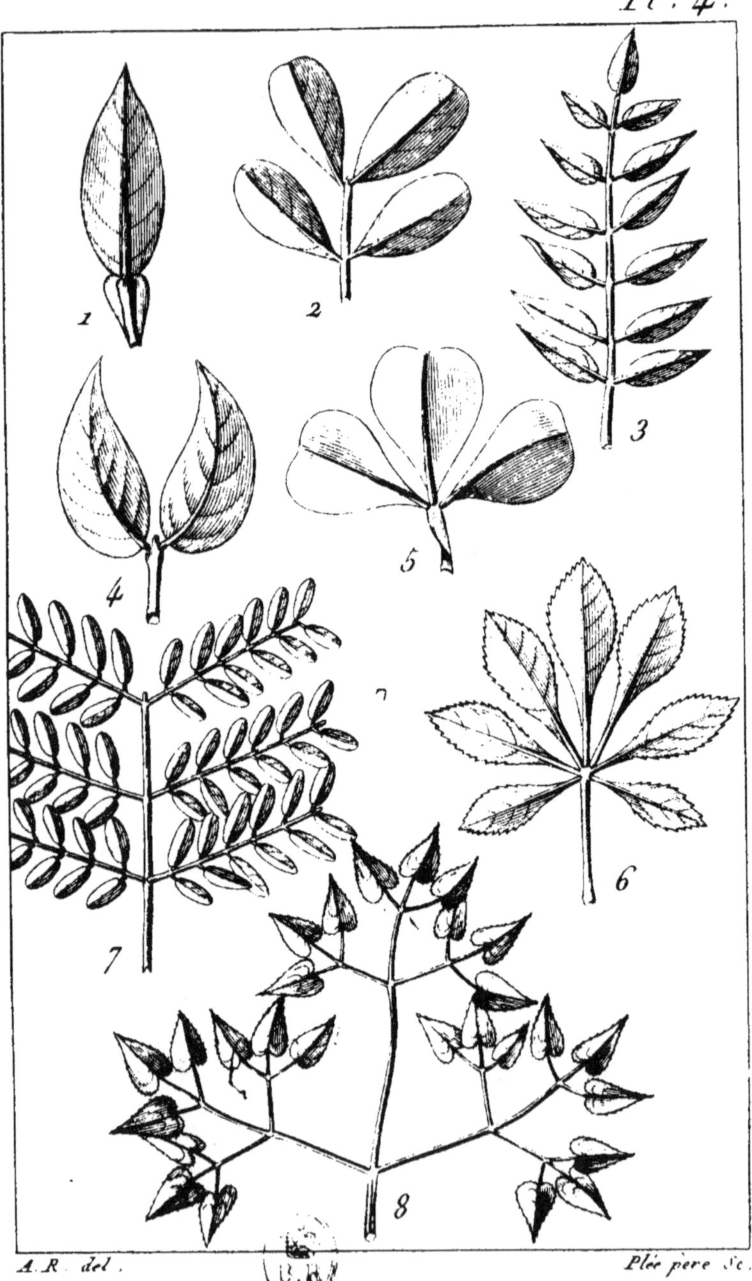

FEUILLES COMPOSÉES.

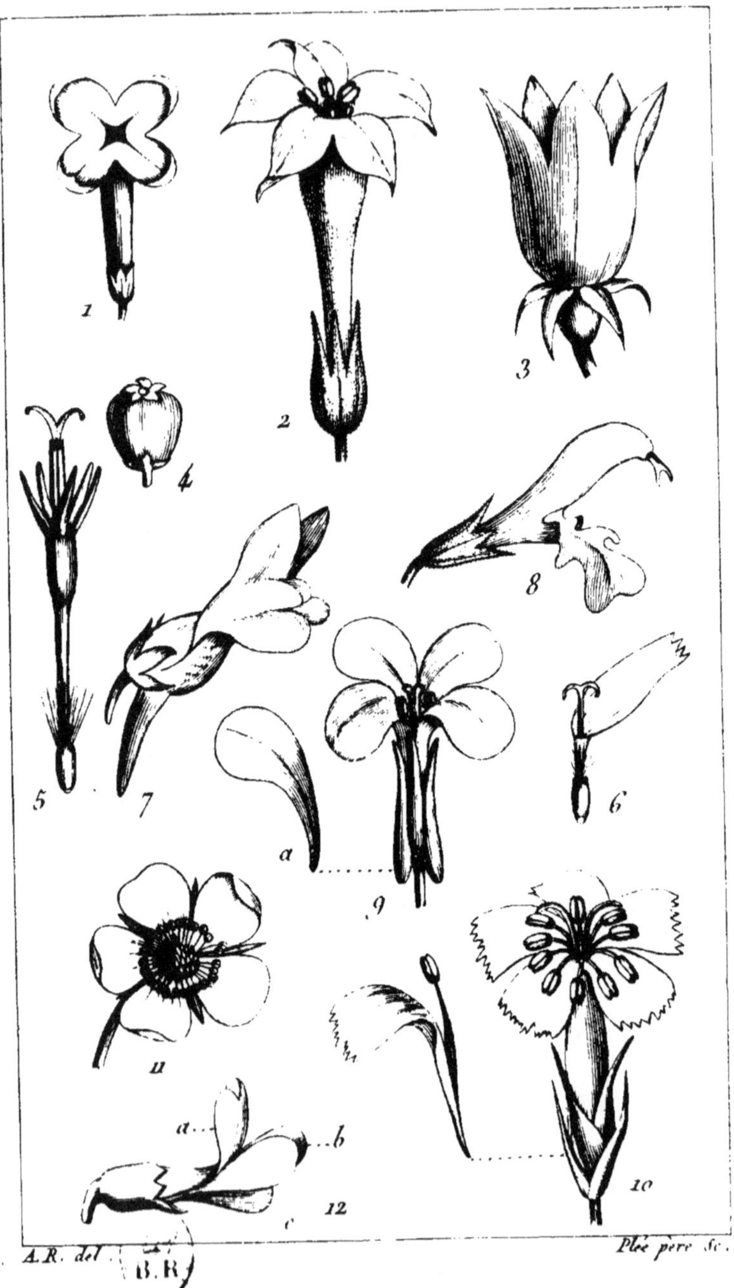

FLEURS.

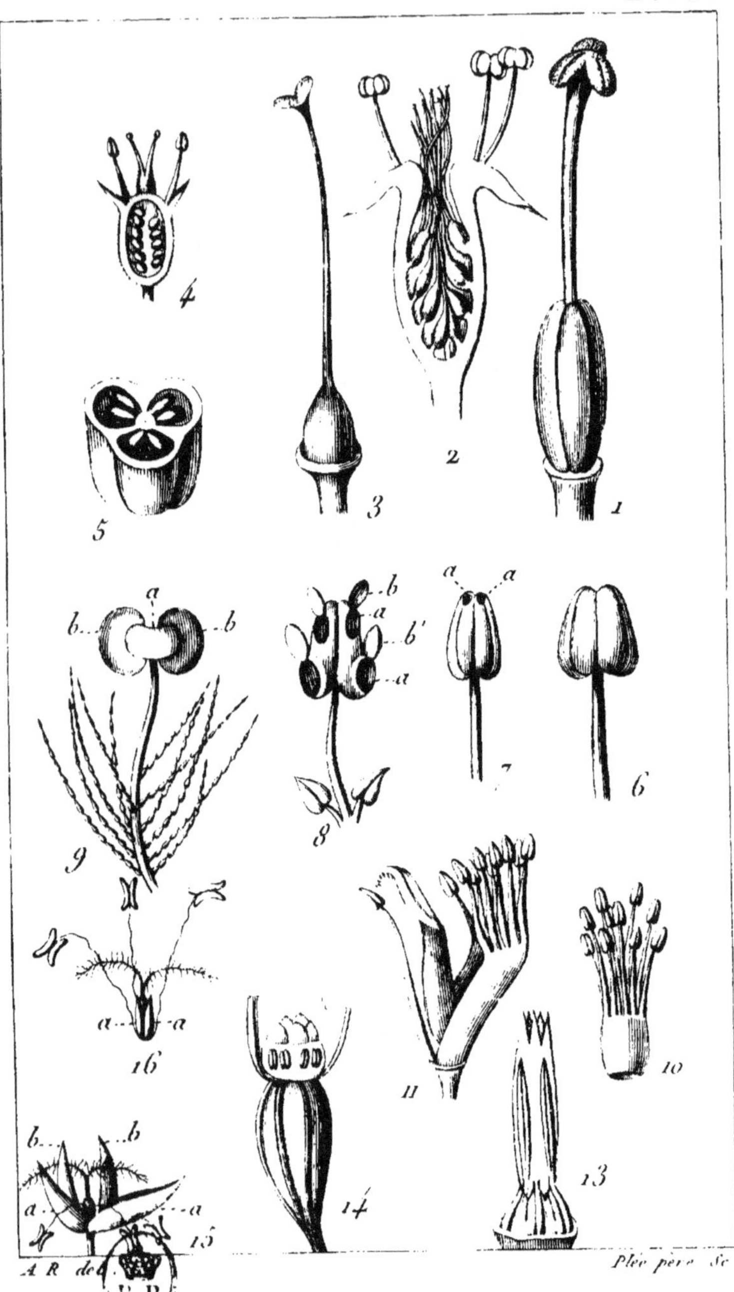

ÉTAMINES et PISTILS.

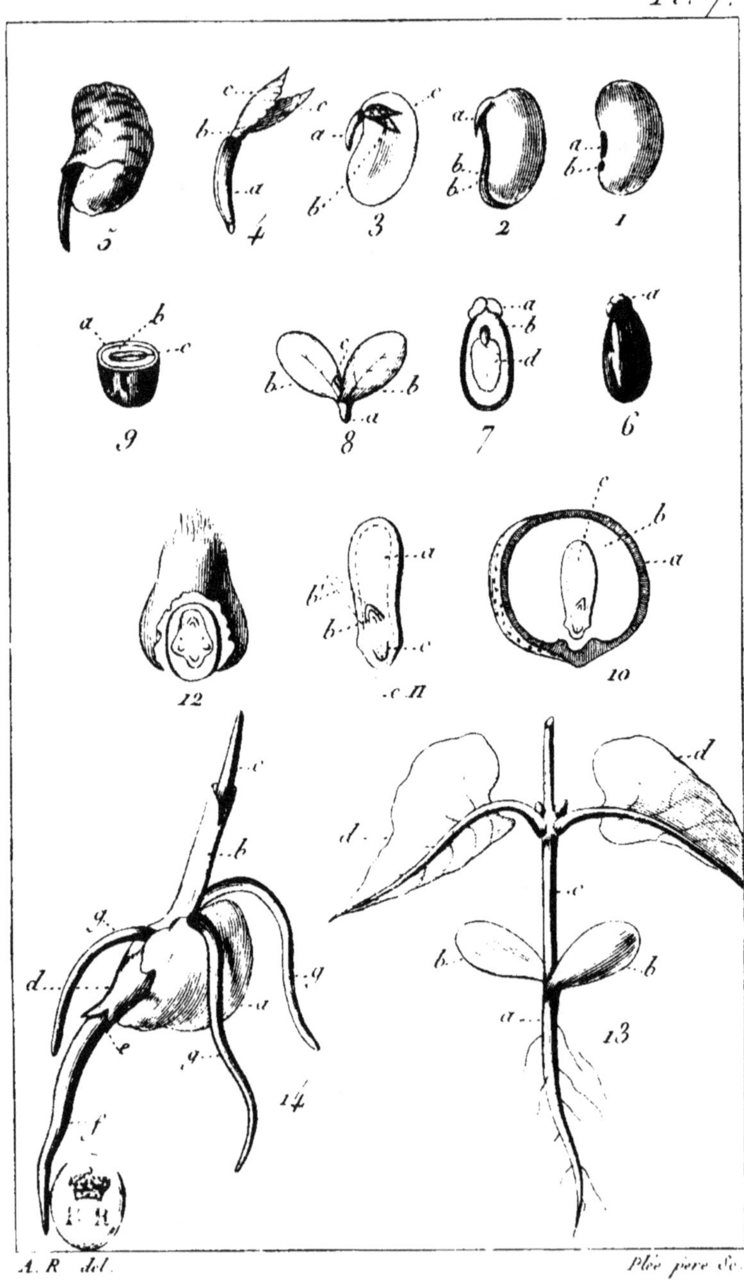

GRAINES et GERMINATION.

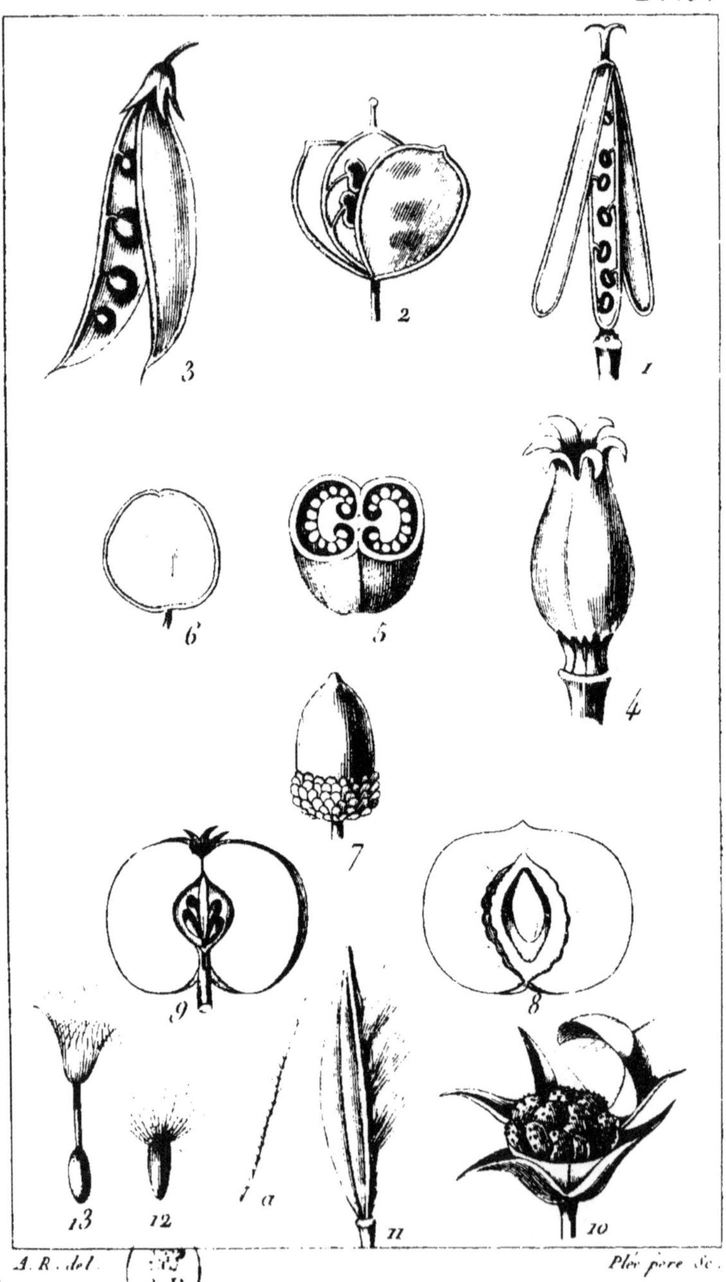

FRUITS.